遺伝子の社会

THE SOCIETY OF GENES

Itai Yanai and Martin Lercher

イタイ・ヤナイ＋マルティン・レルヒャー
野中香方子 訳

NTT出版

ミハルとヴェロに、そして
わたしたちの子どもたちに

遺伝子の社会　目次

序文

わたしたちが食事をとれるのは、肉屋、醸造家、パン屋の博愛精神ゆえではなく、彼らが自らの利益を追求しているからだ。
——アダム・スミス

太古の昔よりこの世界には遺伝子の社会が存在し、それはわたしたち人類の社会と切っても切れない関係にある。この遺伝子社会のメンバーが、あなたの身体、脳、本能、欲望を形作った。それらは今日まで人類を導いてきたが、その未来を見据えているわけではない。遺伝子社会はこれまで人類にどんな影響を及ぼしてきただろう。そして人類はどうすれば、その影響を振り切ることができるだろう。それを理解するには、個々の遺伝子の行いを理解する必要があると、あなたは考えるかもしれない。

だが、そのアプローチはうまくいかないだろう。なぜなら、わたしたちは遺伝子の単なる総計ではないからだ。遺伝子社会のメンバーは、孤立して生きているわけではない。遺伝子は、共に働き、ライバル意識とパートナーシップを育むことによって人間を形成し、数十年にわたってそれを宿主とした末に、次世代へと伝えられてきたのだ。

ほぼ二五〇〇年前にアダム・スミスは、効率的な市場を支えているのは、個人の利己的な相互作用であることに気づいた。同様に、人類の存続を後押ししているのは、自らの存続のために奮闘する遺伝子の競争と協力なのだ。

現在では、テクノロジーの進歩により、かつては想像も及ばなかったゲノム情報が解明され、遺伝子社会の構造について、多くのことが明かされた。遺伝子社会の工場では勤勉な工員が働いている。たとえばヘモグロビンは細胞の炉に酸素を運び、ポリメラーゼは、他の遺伝子の忠実なコピーを作っている。その社会には、増殖信号を記録して伝えるFGFR3のようなメッセンジャーもいる。その他、言語をつかさどるFOXP2や、性別の決定に関与するSOX9のようなマネジャーもいる。それぞれ重要な役目を担っており、ゆえに、FGFR3が壊れると、さまざまな遺伝性疾患が引き起こされるし、SOX9が壊れると、性転換が起きる。また、わたしたちのゲノムには、フリーローダー（ただ乗りするもの）も大量に紛れ込んでいる。それらは元はと言えば、他の遺伝子社会メンバーなのだが、たとえばLINE1はあなたのゲノムの中に五〇万コピーも散らばっている。さらには、BRCA1のような危険分子もいて、その遺伝子を持つ女性は、乳がんに一歩近づく。

人間のゲノムについて理解したいのであれば、これらの遺伝子の戦略を理解することが欠かせない。これから見ていくように、ゲノムは利己的な遺伝子の集合体で、緻密な協力のネットワークで結びついている。本書が語るのは、遺伝子社会についての物語であり、そのメンバーの勝利や敗北、終わることのない闘いと協力についての物語なのだ。

遺伝子の社会

序章

今から二〇年近く前、ハイデルベルクの欧州分子生物学研究所で互いと出会うずっと前に、わたしたち二人はそれぞれ、一九七六年に出されたリチャード・ドーキンスの傑作、『利己的な遺伝子』〔邦訳・紀伊國屋書店〕を読んだ。その本はわたしたちの人生を変えた。当時、一人はコンピュータ科学者、もう一人は物理学者だったが、それぞれ分野を離れて、進化生物学者を目指すようになったのだ。『利己的な遺伝子』は、生物とは実際のところ何であるかについて、壮大な見解を語った。生物とは生存機械、すなわち「遺伝子と呼ばれる利己的な分子を保存するべく盲目的にプログラムされたロボット機械」である、と。この驚くべき事実は、あまりに長大な進化的タイムスケールで働くために、人々に気づかれていなかったが、今でもわたしたちを当惑させる。量子力学の奇妙な統計的世界になじむのが難しいのと同様に、ドーキンスの見解は、その尺度があまりに微小であるため、受け入れがたく思えるのかもしれない。

ドーキンスが『利己的な遺伝子』を書いたとき、分析できるゲノムは一つもなかった。彼がそのロジックの土台としたのは、基本的な原理、そして、過去にやはり基本的な原理に基づいて持論を築いた先人たちの業績だった。しかしゲノム革命が起きた後も、『利己的な遺伝子』は依然として、本質的に正しいままだ。ゲノム革命は、山のようなゲノム配列を公開データベースに収め、生物学的情報の宝庫をわたしたちに与えた。最初のゲノム配列は、生存機械の下敷きとなっている遺伝子セットを正確に詳述した。続いて多くの種のゲノムが公表され、それらを比べることで、類似と相違について驚くべき洞察がもたらされた。その洞察から、遺伝子がどのように進化するかを推理できるようになった。わたしたち人類では、数百人のゲノム配列が解読されている。

　時が経つにつれて、生物のシステムと進化を深く理解するには全体論的《ホーリスティック》な視点が必要とされることが明らかになった。遺伝子はまさに利己的と言うべき方法で行動する。だが遺伝子は人間と同じく、孤立しては生きられない。単独で生きていける遺伝子は存在しない。長い年月を生き延びるために、遺伝子は互いと協力して、生存機械を次から次へと作り、操作しなければならないのだ。人類のゲノムすべてに同じ遺伝子が含まれている。しかし、個々のコピーは、変異ゆえに異なる可能性があり、それらは、将来の世代のゲノムにおける優位をめぐって、互いと激しく競いあう。その複雑な相互作用、競争と協力ゆえに、遺伝子は社会のメンバーと見なすことができる。それが本書を通してのわたしたちの主張である。利己的な遺伝子という概念は二〇〇〇年代までわたしたちを先導した。この先はその概念を拡大し、「遺伝子の完結した社会」を考えることで、もっと容易に進んでいくことができるだろう。ドーキンスは明らかにこの見方の重要性に気づいていた。また、一九九六年に刊行されたマット・リドレーの名著、『徳の起源』［邦訳・翔泳社］では、この主題についての章は「遺伝子の社会」と題され、生存機械は多数の遺伝子の協調的な行動の産物であることを示唆している。とはいえ、当時、遺伝子の相互作用はあまり研究されておらず、リドレーはそれを明確に理解するには至らなかった。

マーヴィン・ミンスキーの著書『心の社会』〔邦訳・産業図書〕は、知性は個々のエージェントの行動の結果である、と説く。同様に本書では、ゲノムが個々の遺伝子の相互作用の結果であることを示していきたい。遺伝子社会の概念を詳しく説明しながら、生物を包括的に理解する視点を提供しよう。わたしたちの体内の一つの細胞の進化から始めて、空間も時間もズームアウトし、最終的には生命そのものの誕生にまでさかのぼりたい。

本書は一般読者向けのものであり、読むのに生物学の知識は必要としない。しかし、遺伝子とゲノムの進化を新たな角度で捉えているので、生物学を専門とする人の興味もそそるはずだ。わたしたちが『利己的な遺伝子』に触発されたのと同じように、本書を読んだ学生たちが、ゲノム研究に興味を持つようになれば幸いだ。

わたしたちと親しいある人物は、小説を読むときには、途中で結末を読んでおくそうだ。もし読み終わる前に死んでも、少なくとも結末はわかるからだという。その理由には納得しがたいが、本書については、ここであらかじめ概要を語ることでドラマ性を排除し、生物システムについて考えるときに、遺伝子社会という比喩がいかに有益であるかを説明しておこう。

最初のテーマは、協力の破滅的な失敗である。ゲノムは、わたしたちを構築するのに必要な情報をすべて含む、六〇億字の長さを持つ「百科事典」だ。そしてがんは、このゲノムの疾患である。第1章では、がんがどのように生じるかを論じつつ、本書の主役となる三つの事象を紹介する。それは、増殖してあなたの身体を作る細胞、それを制御する遺伝子とその相互作用、そして遺伝子の文字配列を変えることで進化の土台をもたらす変異、である。がんが生命を脅かすようになるには、がん細胞にいくつかの変異が起きる必要がある。それらの変異は、細胞の野放しの増殖に対抗する身体の防御機構を段階的に乗り越え、がん細胞の成長を加速させる。細胞がこうした変異を一挙に獲得する可能性はきわめて低い。ではなぜ、がんはこれほど蔓延しているのだろう。この厄介な謎を解く鍵となるのは、チャールズ・ダーウィンが初めて詳述した自然選択の論理だ。ひとたびある細胞が必要な変異を獲得すると、その細胞は、周囲の細胞より速く分裂し始める。最終的に、その子孫が多数派になるので、次の変異がそれらに起きる可能性が高くなるのだ。かくして、ゲノムのがん対抗策は、ドミノ倒しのように崩れる。

がんの力学が示すように、ゲノムは不変ではない。一生のうちでも変わる。第2章は、遺伝子社会という喩えを紹介する。遺伝子社会とは、ヒトゲノムに見られる多種多様な遺伝子コピーによって形成される「コミュニティ」のことだ。どの社会も、境界の定義が必要だ。細菌の免疫システムと、脊椎動物の免疫システムは、遺伝子社会のメンバーと危険な侵略者を見分ける二つの方法を示している。どちらの免疫システムも基本的には、ゲノムに保存された鋳型に遺伝子を照合するという手法を用いる。もっとも、わたしたちの免疫システムは、自然選択の原理を利用するが、細菌の巧みなシステムは、侵略者のゲノム情報を自らのゲノムにそのまま組み込む。これは環境が直接ゲノムを形成する稀な例だ。短い時間尺度では、こうしたラマルク主義的な原則［獲得形質の遺伝］は、人間においても作用する。母親は授乳を通じて赤ちゃんに、自らが獲得した免疫を伝えているのだ。

遺伝子が何より欲しているのは、次世代への継承である。「毒／解毒剤」遺伝子のペアは、まさにその目的のために、ライバルになる精子細胞や卵細胞を全滅させる。第3章では、そのような不正行為を抑え、次世代へ伝わる機会をすべての遺伝子に均等に与えるために、遺伝子社会が進化させた方法を見ていく。この徹底した平等主義ゆえに、有性生殖《セックス》は繁殖のための効率的な戦略になった。一見、セックスは愚かな考えのように思える。母親は、自分のクローンを作る代わりに、自分のゲノムの半分だけ子に与え、子育てに貢献しそうにない父親に、残り半分のゲノムを提供させるのだから。しかし、何百万年という遺伝子の歴史のタイムスケールで見れば、セックスは優れた考えであることがわかる。絶えず変化する世界では、世代ごとに変異の新たな組み合わせを試みることには、コストを超えた利益が伴うからだ。新たな変異の大半は、父親のゲノムからもたらされる。精子の製造段階で何度も繰り返される細胞分裂の間に、コピーの誤りが生じるからだ。その大半は無害なので、遺伝子社会に組み込まれていく。

自然選択は重要だが、遺伝子社会におけるコピーの運命に影響する唯一の要因ではない。第4章で述べるように、単なる偶然もまた、等しく大きな影響を及ぼすのだ。以下の明らかな矛盾について考えてみよう。この惑星に暮らす人間のゲノムは、誰のものともほぼ九九・九パーセント同じなのに、なぜ人はしばしば他の人を別の種に属しているかのように扱うのだろう。異なる地域の人々のゲノムに見られる違いは、この一〇万年間に人類がアフリカから他の地域へ、どのように拡散したかを教えてくれるが、それらはまた、特定の地域への適応についても教えてくれる。紫外線を防ぐことと、日光を利用してビタミンDを作ることの微妙なバランスで決まる肌の色、それに、牧畜に関連するラクトース耐性は、環境によって優勢となる遺伝子の型が決まった二つの例だ。だが、ゲノムの違いの大半に実際的な意味はない。通常、遺伝子は中立的な傍観者で、ゲノム上のお隣りさんの成功に便乗して拡散することも多い。遺伝的に見て自分と遠い人間を区別すること、すなわち人種差別を促す遺伝子を、自然選択は後押しする。だが、間違ってはいけない。そのような行為を促す遺伝子は、自らの利己的な目的のためにそうしているのであって、その行為があなたと人類全体にとって最善でなくても、おかまいなしなのだ。

遺伝子社会は複雑につながった網を形成する。与えられた任務を果たすには、通常、複数の遺伝子の協力が必要とされ、また、大半の遺伝子は複数の異なる責任を担っている。第5章では、遺伝子とその機能との複雑なつながりについて説明しよう。人間の遺伝子疾患の中には、単独の遺伝子の機能不全によるものも多いが、一般に遺伝子疾患の多くは、複数の遺伝子の相互作用が歪んだ結果であり、しばしば環境要因も関わってくる。さらに、一つの遺伝子が複数の機能を担っているために、同じ遺伝子に起きた異なる変異が、一方は性転換、もう一方は顔面変形、というようにまったく異なる結果につながることもある。遺伝子の複雑な相互作用は、疾病の原因になるだけでなく、細菌から人間まで、すべての生物の遺伝子社会を支配している。

遺伝子社会が静止することはない。川で分断された個体群は、遺伝子の混合ができなくなり、やがて二つの種に分かれる。新たな種が形成される主因となるのは、二つの遺伝子社会が協同できなくなることだ。第6章では、そのように共通の祖先の遺伝子社会が分断されたせいで、人類とチンパンジーの進化が導かれたことを見ていこう。原始の人間と原始のサルの遺伝子社会は、いったいいつ、混合できなくなったのだろう。人間とサルの雑種（チューマン）という発想は、今ではタブロイド紙の記事にしかならないが、人間とサルのゲノムを詳しく調べると、古代にスキャンダラスな事件が起きたことがわかる。もっと近い過去でも、種が分かれる直前に同様の事件が起きた。最後のチューマンから数百万年後に、「現生」人類がアフリカの外でネアンデルタール人と再会した。わたしたちはネアンデルタール人と聞くと、ヨーロッパやアジアに暮らしていた獣じみた猿人というイメージを思い浮かべがちだが、彼らと新参者は、大いに惹かれあったようだ。両者の親密な交流は、今もわたしたちのゲノムにその痕跡を残し、ヨーロッパとアジアの細菌と戦うのを助けてくれている。

遺伝子社会のメンバーは、マネジャーと労働者に二分できる。身体の新たな機能の大半は、同じ遺伝子の扱いをやや変えるだけで、こなせるようになった。第7章では、種の違いは、労働者ではなくマネジャーの違いによるものであることを述べたい。人間が大きな脳と言語を持つようになったのも、当該遺伝子の扱いが変わった結果にすぎない。HOX遺伝子は人間をはじめ、多くの動物の身体を作る作業を統括するマネジャーである。このHOX遺伝子に変異が起きると、ハエの頭に脚が生えることもある。細菌には脚も頭もないが、苦難に見舞われると、タイムカプセルのようになって、休眠状態に陥り、好機の到来を待つものがいる。この推移を管理するのも、HOX遺伝子の遠い親戚なのだ。

遺伝子社会は新しい遺伝子をどのようにして補充しているのだろう。第8章では、遺伝子の重複が、新たな機能の獲得をもたらす理由を述べる。結果として、わたしたちのゲノムの大半は、他の遺伝子のコピーに手を加えたもので構成されている。この重複戦略は目覚ましい成功をもたらした。人間の色覚は同じ遺伝子の三つのコピーが土台となっており、嗅覚は、数百のコピーが土台となっているのだ。細菌は、その遺伝子社会を拡大するために、重複に似た戦略を頻繁に利用する。彼らは、他の細菌のゲノムから遺伝子をコピーするのだ。一種の知的窃盗である。こうすることで細菌は新たなメンバーを増やし、抗生物質に対する防衛や、新たな食料資源の開拓を可能にしている。

社会が分断して、新種が生まれることがある一方で、種と種が融合して驚異的な結果をもたらすこともある。第9章では、わたしたちの細胞が、一〇億年前に起きた、まったく異なる二種のバクテリアの融合の結果であることを見ていこう。合併した遺伝子社会は、その後の共生によって、いずれの親も進み得ない方向に進化した。あなたの細胞の一つ一つは、多くの真正細菌を中に住まわせ、エネルギーを生産させて大きくなった古細菌にすぎない。そうやって数十億年にわたって親密な接触を続けるうちに、間借り人のゲノムの多くが、家主のゲノムに混ざり込んだ。企業合併が成功した場合と同じく、融合は、個々の総計より、はるかに強いものをもたらし得るのだ。

フリーローダー［居候やただ乗りする人］はどの社会にとっても避けられない脅威だ。第10章で示すように、過去四〇億年にわたって、驚くほど多様なフリーローダーが細胞を食い物にして生き延びてきた。遺伝子社会がフリーロードされた結果の一つは、ヒトゲノムの過剰な大きさである。自らコピーし、ゲノムにペーストできる遺伝子が、人間の生存に貢献しないままヒトゲノムに住みつき、数を増やし、負荷をかけているのだ。このようなフリーローディングはどこでも起きている。タマネギのゲノムはこうした寄生の結果、あなたのゲノムの五倍も大きい。ウイルスの先祖――すべてのフリーローダーの母――は、四〇億年前に深海の熱水噴出孔の周りの岩の穴で誕生した、最初の単純な有機分子にすでに紛れ込んでいたはずだ。

以上は、おおまかな概要だ。詳しくは、この先をお読みいただきたい。

第1章

八つの簡単なステップを経て進化するがん

大いなる権力には大いなる責任が伴う。

――ヴォルテール

ボブ・マーリー&ザ・ウェイラーズは、レゲエを世界に知らしめ、マーリーの言葉は多くの人に人生を見つめ直させた。だが悲しいことに、マーリーの音楽の道は三六歳で断たれた。全身を皮膚がんに冒されたのだ。その四年前に、足の爪の下に見つかったがんは、それほど悪性のものとは思えなかった。サッカーで怪我をしたせいだと、マーリーは楽観し、その指を切断すべきだという医師の勧めを無視した。ラスタファリアニズム〔ジャマイカで発祥したアフリカ回帰を軸とする宗教運動〕を信奉する彼は、旧約聖書の一節「自らの体を傷つけてはならない」に忠実であろうとしたのだ。野放しにされたがんは、自然選択のルールに従って他の細胞を打ち負かし、マーリーの全身に広がった。がんがどのように進化するのかを知っていたら、彼は早々にそれを取り除いていただろう。そうすれば一九九四年にロックの殿堂入りを果たしたときに、祝典に出席できたはずだ。

がんはよくある病気の中で最も恐ろしい病気かもしれない。少なくとも予防と治療が最も難しい病気であるのは確かだ。現在、多くの病気は薬で治せるようになったが、がんに対して、その戦略はうまくいかない。なぜがんは狙い撃ちにできないのだろう。

がんは、外から体を攻撃しているわけではないし、体内で恐ろしい異常事態が起きたわけでもない。むしろそれは進化の力を体現するものなのだ。がんは、動物や植物の進化を支配する、逃れようのないルールに従って成長していく。遺伝子社会をテーマとするこの本の導入として、本章では、この危険な病気のレンズを通して、細胞、遺伝子、進化を見ていこう。

がんの予防と治療が難しいのは、それがわたしたちの体の一部だからだ。人間の体は、「細胞」と呼ばれる何十兆ものブロックでできた建物と見なすことができる。細胞は、栄養素と化学シグナルを互いと交換している。それぞれが小さな工場のようなもので、種類によって異なる仕事を請け負い、そのいずれもが体全体の働きに貢献している。しかしがんになると、細胞の一部が、他の細胞との協力を放棄し、無軌道に増殖し始める。

あなたの体を構成する細胞は、樹形図に描くことができる。既存の細胞が二つに分裂して、新しい細胞が生まれる。その起源となるのは、あなたという存在をもたらした一個の細胞、すなわち母親の受精卵だ。図１・１は、あなたよりはるかに単純な生物である「線虫」の細胞の樹形図、「細胞系譜」である。その系譜には、たった一個の細胞からスタートして、細胞分裂を繰り返し、線虫ができあがるまでが記されている。

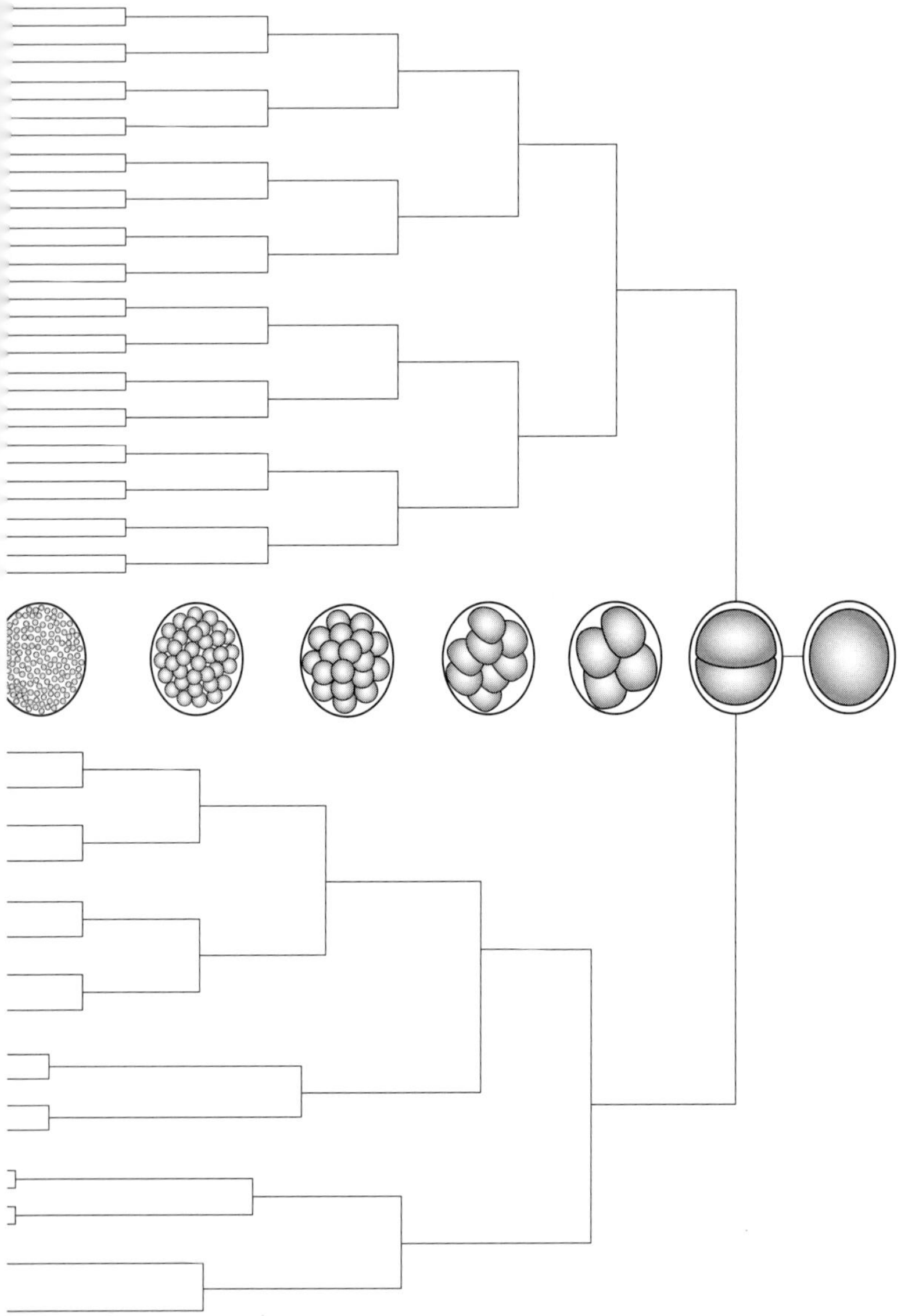

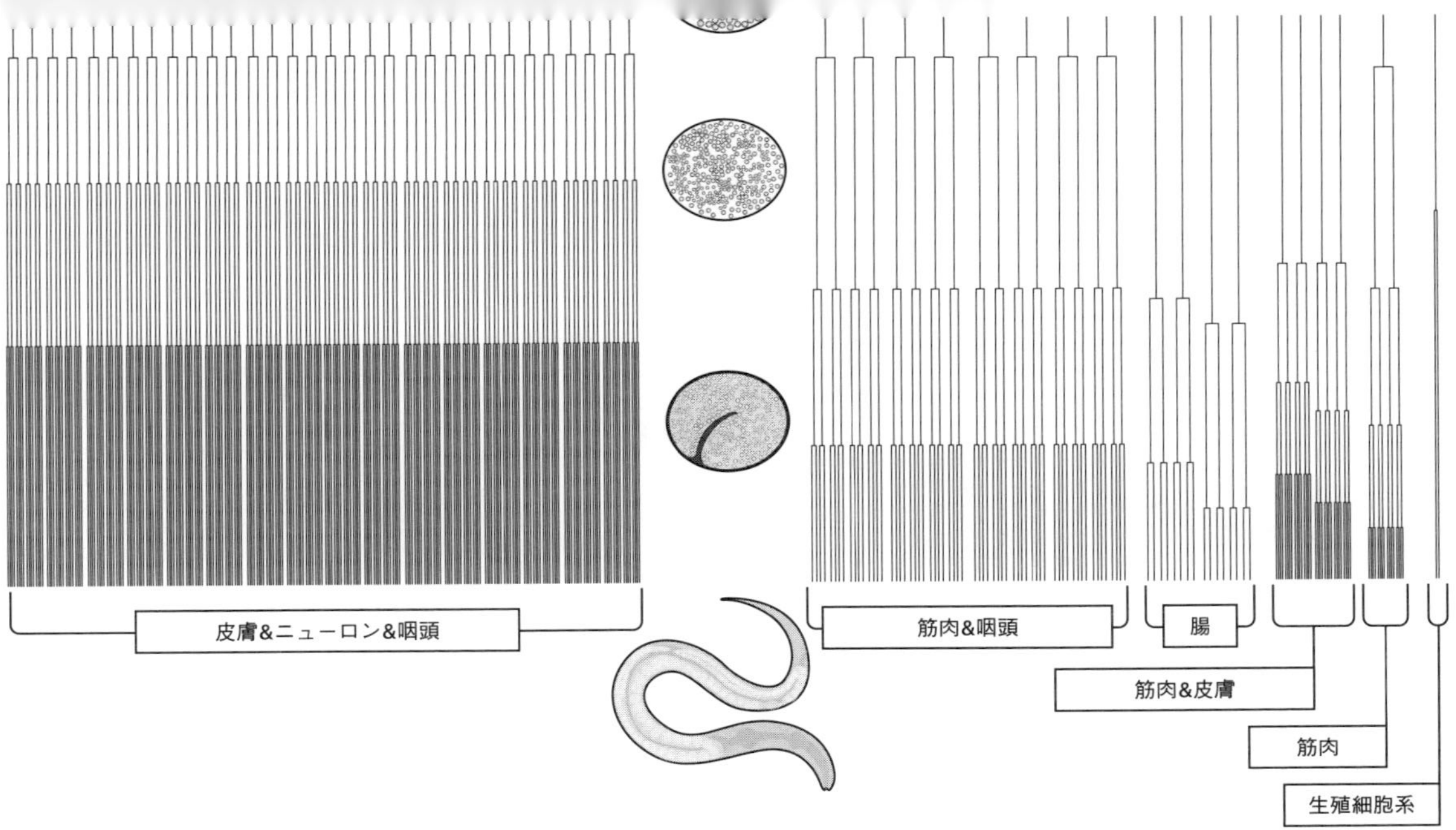

図1・1
小さい線虫、カエノラブディティス・エレガンスの細胞系譜。この単純な生き物はわずか13時間で1個の細胞（一番上）から558個の細胞を持つ成体になる。中央の絵は、胚が成長していく過程で、球状のものがそれぞれ1個の細胞である。両側の系図が細胞系譜だ。縦線は細胞の成長、横線は細胞の分裂を示す。喉（咽頭）の細胞や神経細胞（ニューロン）など、細胞の集団ごとに担当する器官が決まっている。人間の細胞系譜はこれよりずっと大きく複雑だが、原理は同じだ。生殖細胞系については第3章で述べる。

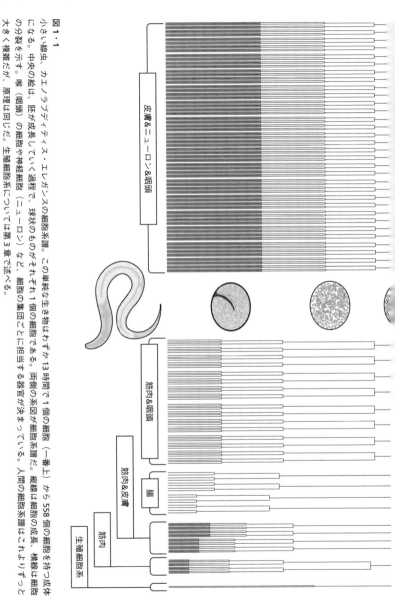

人間の場合も、たった一個の受精卵が細胞分裂を繰り返して、完全な人間になっていく。そこには現場監督もいなければ、建築家もいない。新たに生まれる細胞が、それぞれ責任を分担し、互いと連携して働くのだ。言うなれば、ブロック、ワイヤー、パイプが、これから作る建物の構造をすっかり把握していて、互いと相談しながら居場所を決めていくようなものだ。

がんは患者の細胞系譜の枝の一本であり、育ちすぎた細胞なのだ。どのがんも、その系譜の一個の細胞としてスタートする。その細胞と子細胞は分裂しつづけ、普通なら分裂をやめる時点になってもやめない。増殖を続けるがん細胞は全身に広がり、酸素などの必要な資源へのアクセスを確保する。そしてついに体全体に広がり、資源の大部分を使ってしまうので、他の細胞は飢餓状態になり、衰弱し、分業体制が崩壊するのだ。

では、正常な細胞は、いつ分裂し、いつ分裂をやめるかを、どうやって知るのだろう。細胞分裂はきわめて繊細なプロセスで、微調整を必要とする。たとえば、顔や手の細胞の半分が一回余分に分裂しただけで、あなたはジョゼフ・メリックのようになる。一九世紀にエレファント・マンとして見世物小屋に出ていた人物だ。このような望ましくない細胞分裂は、通常、地域民主主義によって制御されている。つまり細胞は、周囲の細胞の許可が得られたときだけ成長し、分裂するのである。この細胞間のコミュニケーションは「成長因子」と総称されるメッセンジャー分子によってなされる。それは細胞内で生産され、細胞壁から送り出される。細胞が分裂するのは、周囲の複数の細胞から同時にこのシグナルを受け取ったときに限られる。この仕組みがセーフガードとなり、個々の細胞の誤った判断から体を守っているのだ。

遺伝子の病気

しかし、がん細胞は周りの細胞からのシグナルにはおかまいなく増殖する。それは、がん細胞が他の細胞とは違うからだ。すべての生物の、あらゆる細胞の中心にはゲノムがある。それは「染色体」と呼ばれる傷つきやすい分子の集合体だ。人間のゲノムは、六〇億文字からなるテキストと見なすことができる。シェイクスピアの全作品の文字数の一〇〇〇倍だ。これらの文字が四六巻に分かれており、その一巻が、一本の染色体だ。このゲノムは、バックアップ・コピーを持っている。四六本の染色体は、ほぼ同一の染色体のペア、二三組で成り立っているのだ。唯一の例外は男性の性染色体で、X染色体とY染色体が組になっている。ゲノムのテキストはA、T、C、Gのたった四文字で書かれている。A、T、C、Gは、「核酸塩基」（もしくは「塩基」）と呼ばれる四つの分子の頭文字だ。Aはアデニン（adenine）、Tはチミン（thymine）、Cはシトシン（cytosine）、Gはグアニン（guanine）である。この塩基が鎖状につながり、デオキシリボ核酸（deoxyribo-nucleic acid）、すなわち、DNAと呼ばれる分子になる［図1・2］。

染色体は、互いとしっかり結合した二本のDNAの鎖からなる。その鎖は、鏡に映したように対称になっており、AはTと、CはGと向きあっている。ゲノム情報を文字列にするときは、片方の鎖だけ見ればそれで十分だ。もう一方は、このルールに従って、容易に再現できる。ゲノムのテキストがどうなっているかを把握するために、九番染色体のごく一部を見てみよう。

……ACCAGTTCTCCATGATGTGAATTTCCATTGTATGACTGAACCAC
AATATCTCAGGACCCATAAAT……

この文字列から情報を読み取るのは難しい。実のところ、このテキストの個々の文字をどう解釈すればいいのかは、ほとんどわかっていないのだ。現時点で意味がすっかり解読されたゲノムは皆無で、それが何をコードしているのか、わたしたちはまだ完全には理解できていない。

人間の言語テキストは、ほぼ一貫した意味を持つパラグラフに分割できる。同様に、ゲノムも一貫した情報を持つ断片に分けることができる。その断片を遺伝子と呼ぶ。人間は約二万個の遺伝子を持っており、それらには、タンパク質と呼ばれる大きな分子を作るための指示が記されている。タンパク質は細胞の機能の大半を担っており、これらのタンパク質をコードする遺伝子が、本書の主役だ。

これらの遺伝子の文字配列は二つの部分に分けられる［図1・3］。青写真の部分（タンパク質をコードする配列）と、分子スイッチの部分だ。分子スイッチは、遺伝子の活動を調節している。青写真部分がタンパク質を作るテンプレートにコピーされるかどうか、されるとしたらどの程度コピーされるかを調節しているのだ。たいていの遺伝子は、こうしたスイッチをいくつも持っている。本書を読み進めるうえで覚えておいていただきたいのは、遺伝子には、タンパク質を作るための指示と、どのような条件でその遺伝子をオンにしたりオフにしたりするかを決めるスイッチが含まれるということだ。

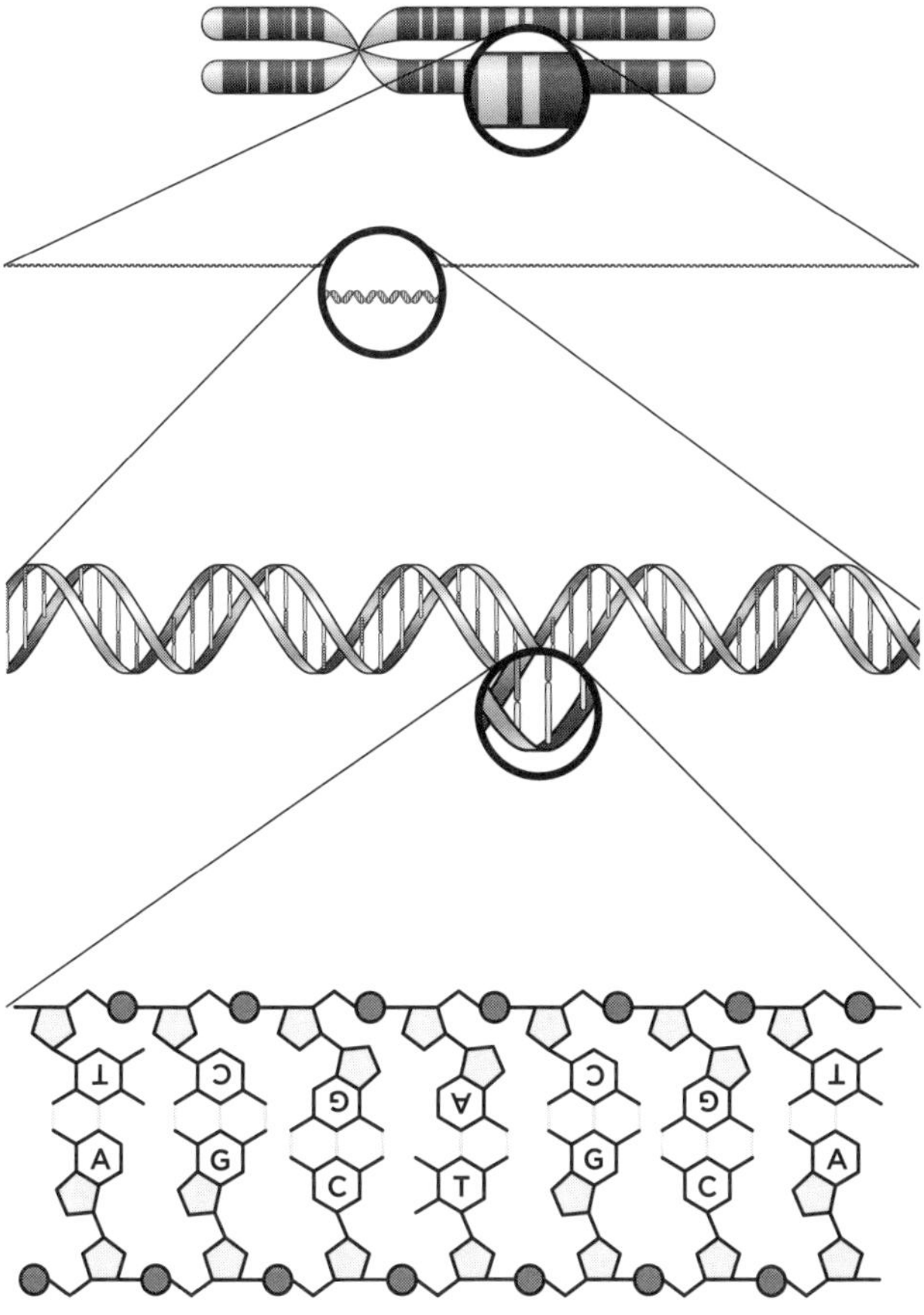

図1・2
染色体は巨大な分子で、A、T、C、G という四つの塩基からなる2本の相補性の鎖が、何百万個も集まっている。細胞のライフサイクルを通じて、染色体は形が変わる。一番上は最も簡略化した図で、DNA 鎖がぎっしり詰まっている。その下の二つの図は、染色体の一部を二段階で拡大したものだ。一番下の図は、相補性の鎖2本を示す。A はTと、C は G と対になる。

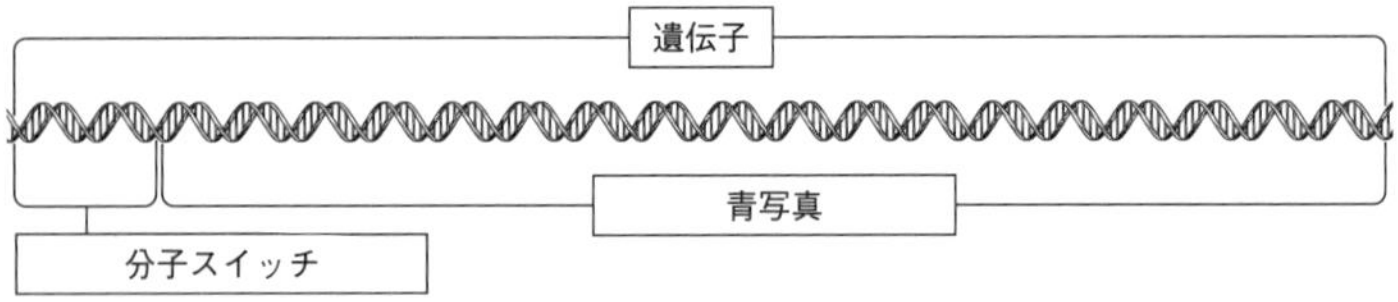

図1・3
タンパク質をコードする遺伝子は、タンパク質を作るためのテンプレートとして使われる青写真部分（コード配列）と、タンパク質生成をオンにしたりオフにしたりする分子スイッチ部分からなる。

細胞が分裂して増えるとき、それぞれの細胞がなすべき重要な仕事の一つは、染色体のコピーを作ることだ。ＤＮＡポリメラーゼと呼ばれる酵素が、二本鎖をほどき、一本になった鎖を鋳型として、相補的な鎖を新たに合成していく。

他の分子と同じく、染色体は、傷ついたり、壊れたりすることがある。鉄の酸化に喩えればわかりやすいだろう。酸素の原子が鉄の原子とくっつくと、さびの分子ができる。さびと正常な鉄を見分けるのは簡単で、また、さび転換剤を使えば、さびを化学的な保護剤［酸化が進まない安定した状態］に変えることができる。染色体に起きる多くの変化は、さびに似ていて、発見も修復も容易だ。しかし、ＤＮＡには他の変化も起きる。ふとしたはずみで、ある文字が別の文字に入れ替わってしまうのだ。このような「変異」は、エラーチェック担当のタンパク質に見逃されやすく、往々にして、修復されないまま残る。下記はその変異の例だ。

（変異前）……ACCAGTTCTCCATGATGTGAATTTT……
（変異後）……ACCAGCTCTCCATGATGTGAATTTT……

六番目の文字がＴからＣに変わった。ちょっとした変化のようだが、わずか一文字のタイプミスが、どんな結果を招くか、よく知られる例を見てみよう。

（変異前）……MY KINGDOM FOR A HORSE……「馬と引き換えに、我が王国などくれてやる」〔シェイクスピア『リチャード三世』より〕
（変異後）……MY KINGDOM FOR A HOUSE……「家と引き換えに、我が王国などくれてやる」

わたしたちの遺伝子の一パーセントは、もっぱら染色体の間違い探しと修正に専念している。しかし、それほど監視していても、ＤＮＡの複製は完璧ではない。それも無理からぬことで、細胞が一回分裂するごとに、六〇億対もの文字を複製し、チェックし、もし間違っていれば修復しなければならないのだ。あるＤＮＡの文字のペアが、複製の過程で変異する確率（変異率）は約一〇〇億分の一だ。そしてゲノムを複製するたびに、少なくともある文字がタイプミスを犯す確率は、およそ七〇パーセント。しかもこれは、あなたが健康な生活を送っていることを前提とした、楽観的な数字だ。もし、有毒な化学物質（タバコの煙や焼いた肉に含まれる）や紫外線（太陽や日焼けサロンによって）に頻繁にさらされているようなら、ゲノムはいっそう変異しやすくなる。このような変異は、先に示したように、一文字変わるだけの場合もあるが、文字列全体が消えたり、ランダムな場所で重複や追加が起きたりすることもある。こうした変異ゆえに、あなたは、一種類のゲノムではなく、わずかに異なる数十億個のゲノムを、各細胞に一つずつ持っているのだ。

ゲノムが複製されるたびにエラーが蓄積される。これは、手書きで複製された中世の書物の変化に似ている。写本が作られるたびに、意図しない改変が起こり、年月を経てこうした改変が蓄積すると、写本は原本とは違う意味を持つようになる。同様にゲノムも、複製を経るうちにエラーを蓄積していく。さらにまずいことに、間違い探しと修正を担当する遺伝子が変異によって傷つくこともある。そうなると変異の発生はいっそう加速する。

大半の変異は、それほど影響はない。Kingdom の i が y に変わっても、意味がわからなかったり間違えられたりしないのと同じだ。しかし時には、遺伝子に変異が起きたせいで、人の左右の瞳（虹彩）の色が違うというようなことも起こる。同様に、たいていの人は体のどこかにアザがあるが、それは、皮膚を作る細胞に変異が起きたせいなのだ。

だが、ある細胞のゲノムに変異が起きたとして、多くの細胞からなる虹彩や、ひとまとまりの皮膚に、同時に起きるのはなぜだろう。片目の一部だけ青く、他は茶色という少女は、その部分にある無数の細胞が、同じ変異に見舞われたのだろうか？　この謎の答えは、細胞系譜にある。虹彩が育つ初期の段階で変異が起きると、その後に生まれる細胞はすべて、その変異を受け継ぐのだ［図1・4］。

このような色の異なる部分の細胞は、系譜をさかのぼると同じ一つの細胞に行き着く。この祖先細胞から、色を変える変異を受け継いだので、周囲の正常な細胞とは異なる色になったのだ。つまり、左右の瞳の色が違う少女は、たった一個の細胞が変異したせいでそうなったのである。同様に、ポートワイン母斑

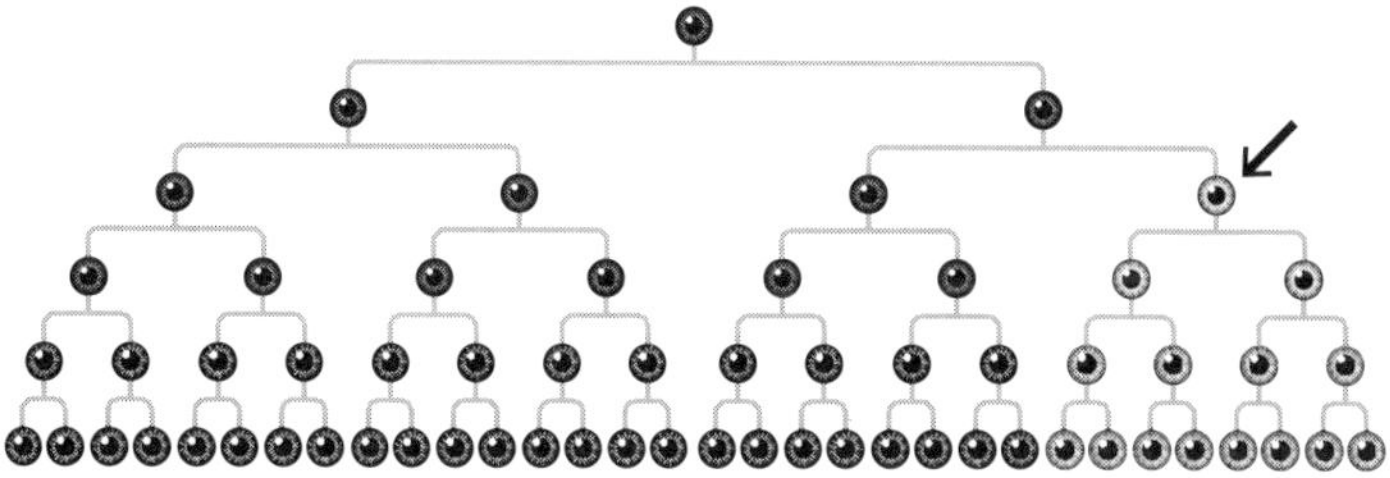

図１・４
虹彩を構成する細胞の系譜。矢印の部分で色素をコードする遺伝子が、変異によって破壊され、それが虹彩のこの部分のすべての細胞に受け継がれる。そのため、虹彩の一部が明るい色になる。

（火炎状母斑）がある人は、血管の発達段階で、一個の細胞に変異が起きたせいで、血管が異常に膨張し、周辺の皮膚が濃い赤色になった。

わたしたちのゲノム複製の大半は、子宮の中にいたときに起きるが、多くの細胞は生涯を通じて再生されつづける。たとえば皮膚細胞は一か月で新しくなる。しかし、皮膚の色素のバランスを崩す変異は、年をとるごとに増える。年をとるとしみが増えるのは、そのためだ。

がん細胞のゲノムに起きている変異は、母斑や瞳の色の違いよりはるかに深刻な影響を及ぼす。がんをもたらす重要な変異が、マウスの細胞を使った実験で確認された。細胞は生体から取り出されても、成長因子（細胞が成長するためのシグナルで、通常は周囲の細胞から出される）を含む培養液の中で生き延びることができる。そのような環境で数代にわたって継代した細胞は、「細胞系」と呼ばれ、細胞の働きを調べるのに役立つ。マウスの細胞系を調べていた研究者らが、たった一つの変異で細胞系ががん性になることを突き止めた。Ｈ－Ｒａｓと呼ばれる遺伝子の特定の場所でＴがＧになっただけで、細胞系は成長因子がなくても成長するようになったのだ。画期的な発見だった。たった一個の変異した遺伝子が出す誤った指示のせいで、正常な細胞群ががん細胞になることがわかったのである。
通常、Ｈ-Ｒａｓは、周囲の細胞から出る成長因子に反応するシステムの一部として働いている。Ｈ-Ｒａｓ遺伝子がコードするタンパク質は、分子スイッチとして働く。そのタンパク質が化学修飾によって活性化すると、他のタンパク質を刺激し、それらのタンパク質が細胞内に成長シグナルを伝達するのだ。Ｈ-Ｒａｓがコードするタンパク質は、通常は、分裂せよというシグナルを出す成長因子を受け取ったときだけ、活性化する。しかし、Ｈ-Ｒａｓが変異すると、そのタンパク質は常に活性化した状態になる。そのせいで、周囲の細胞からのシグナルがあってもなくても、細胞は分裂しつづけるようになるのだ。Ｈ-Ｒａｓは重要な機能を持つ正常な遺伝子だが、たった一か所の変異で、がん性の遺伝子、すなわち発がん遺伝子になってしまうのだ。

成長因子とは関係なく、本来、細胞分裂には限界があるはずだが、がんになるとその限界は破られ、細胞系は永遠に分裂しつづける。たった一か所の変異で、細胞系ががん性になる理由の一つはそこにある。その仕組みを見てみよう。

染色体の両端には、細胞分裂の回数をおおまかに記録する「カウンター」がついている。それは、「テロメア」［ギリシア語の末端《テロス》と部分《メロス》からの造語］と呼ばれ、決まった文字列（哺乳類ではＴＴＡＧＧＧ）が数千回も繰り返される。こんな感じだ。

……TTAGGGTTAGGGTTAGGGTTAGGGTTAGGGTT
AGGGTTAGGGTTAGGGTTAGGGTTAGGGTTAGGGT

TAGGGTTAGGGTTAGGGTTAGGGTTAGGGTTAGGGTTAGGGT
TAGGGTTAGGGTTAGGGTTAGGGTTAGGGTTAGGGTTAGGG
TTAGGG……

染色体が複製されると、テロメアは短くなる。その染色体がもう一度複製されると、テロメアはさらに短くなる。テロメアがどんどん短くなるのは、染色体が複製されるたびに、テロメアの端が切り離されるからだ。言うなれば、テロメアは複製という旅の回数券のようなもので、染色体は新しい細胞に入るたびに、それを一枚ずつちぎってわたさなければならない。そして決められた回数、複製すると、回数券、すなわちテロメアは使い尽くされ、それ以上複製できなくなる。

こうしてテロメアを失った細胞は、自殺するようにプログラムされている。この自殺は、体の他の部分を守るフェイルセーフ・スイッチ〔誤作動が起きたときに、必ず安全に制御するスイッチ〕の役目を果たしている。なぜなら、テロメアがすっかりなくなっても増殖すると、増殖はコントロール不能になるからだ。一方、がん細胞が増殖しつづけるには、どうにかテロメアを再生して、この自殺プログラムから逃れなければならない。その方法は単純で、テロメラーゼという、テロメアの再生を専門とする酵素を利用するのだ〔図1・5〕。テロメラーゼは複数のタンパク質（サブユニット）で構成され、異なる染色体上の遺伝子座にコードされている。

テロメアが短くなるのが、細胞分裂の暴走を抑える仕組みだとすれば、それを無効にする遺伝子が存在するのは、奇妙に思える。しかしさらによく見てみると、なぜそれが必要なのかがわかる。たとえば、次

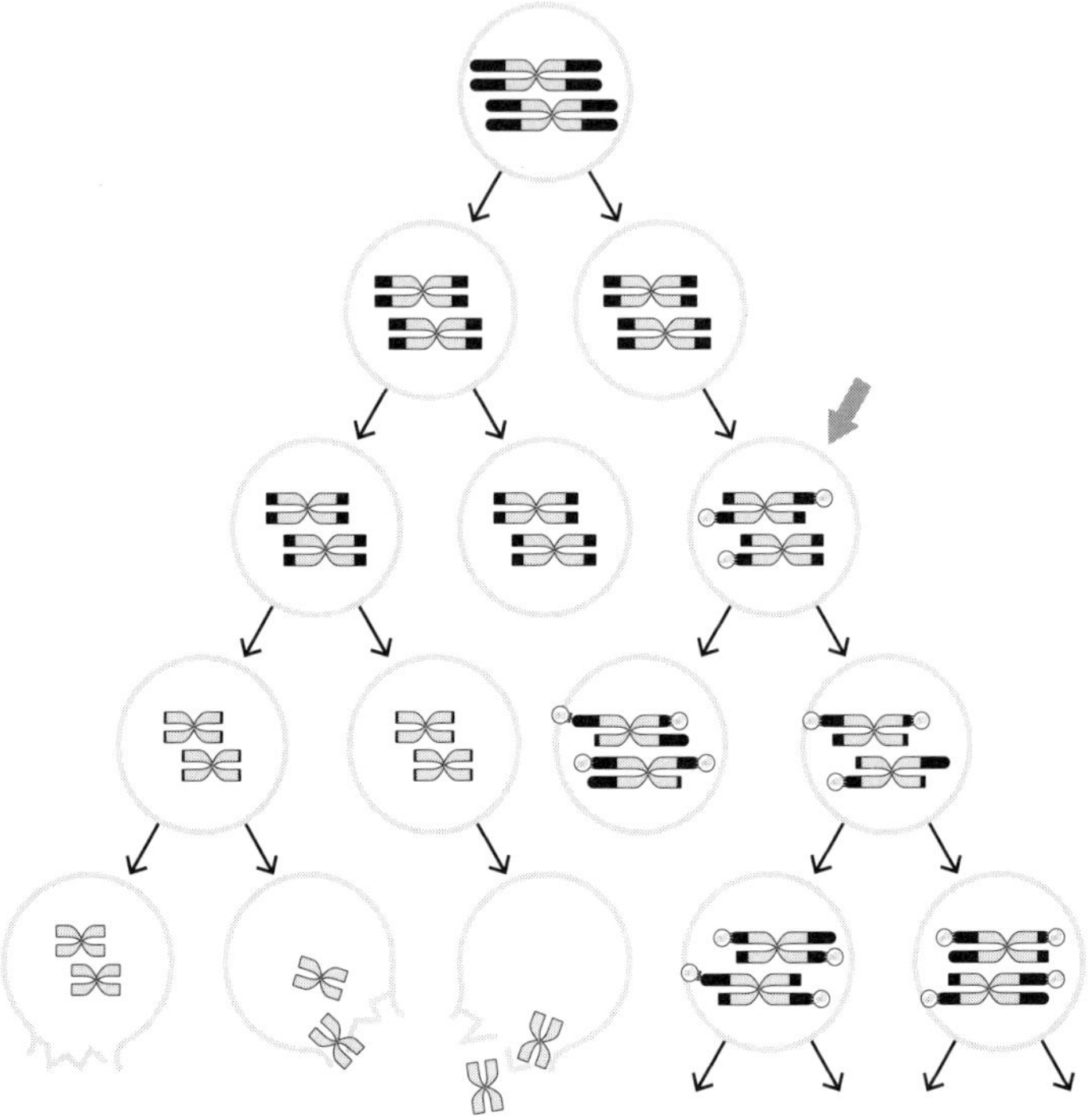

図 1・5
丸と矢印は、細胞の系譜を表している。染色体の端にあるテロメア（黒い部分）は、細胞分裂のたびに短くなり、最終的にすっかりなくなる、そうなると、細胞は自殺する（左の系譜）。しかし、もし、変異（矢印）が起きて、テロメラーゼの遺伝子をオンにすると、テロメアは再建され、細胞系譜は続き、細胞の数は増えていく。

世代が完全な長さのテロメアを持つには、卵子や精子を作る過程で、テロメアを再生しなければならず、そのためにテロメラーゼは大切に保管されている。すなわちそれは、精子や卵子の生成に関わる細胞など、「不死」細胞という選ばれたグループのみで使われ、一般の細胞では働かないようになっているのだ。

だがここで、すべての細胞が同じゲノムを持つことを思い出していただきたい。実のところすべての細胞は、テロメラーゼの遺伝子であるＴＥＲＴ遺伝子を持っているのだ。もっとも、通常、ＴＥＲＴ遺伝子は何もしない傍観者としてそこにいるだけだ。しかし、その遺伝子のある部分が変異すると、それを持つ細胞はがん細胞となり、テロメアを使い切った後も増殖するようになる。ＴＥＲＴ遺伝子を構成する文字の一部はテロメラーゼの作成を指示しているが、変異が起きるのはこの部分ではなく、この遺伝子のオン・オフに関わる分子スイッチの部分だ。このスイッチは、テロメラーゼが精子の前駆体など特別な細胞だけで発現するようにしているが、他の細胞でも、変異によってそのスイッチが変わると、テロメラーゼが生成されるようになる。がんのおよそ九〇パーセントは、テロメラーゼが活性化している。残りのがんは、他の方法でテロメアを維持している。

テロメアは染色体の末端を保護しており、テロメアがなければ、末端どうしがくっついてしまう。変異が起きてテロメラーゼが活性化した細胞では、本来のテロメアはすっかり摩耗し、染色体がくっついて塊になっている。がん細胞を顕微鏡で調べると、異常な染色体が見つかるのは、このためだ［図１・６］。

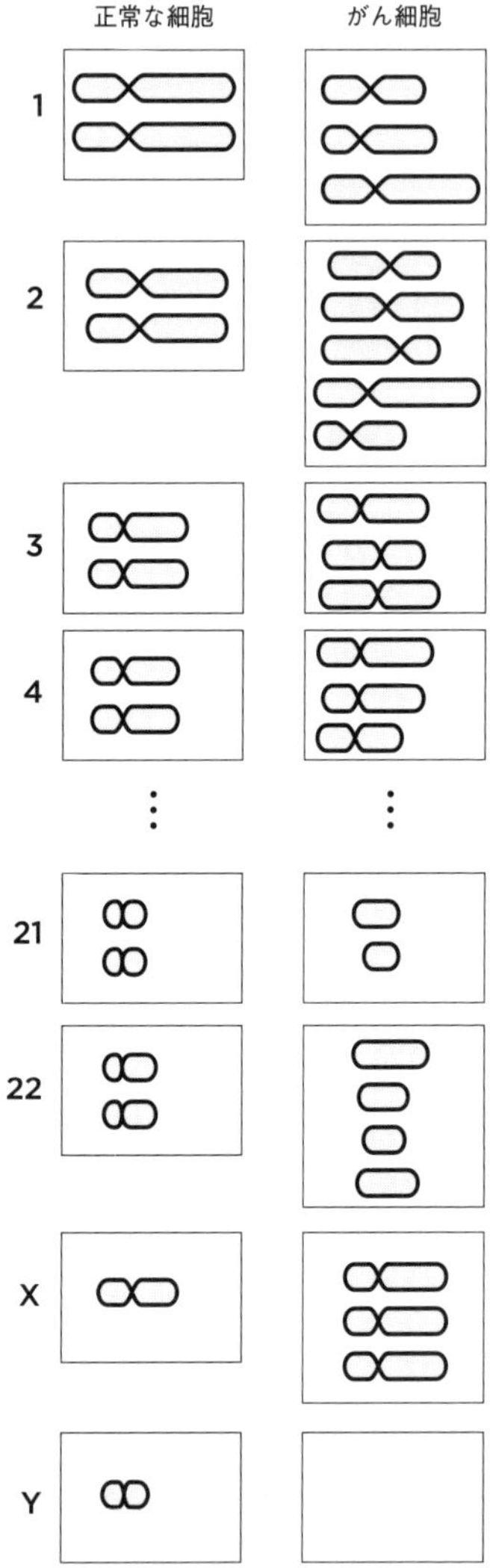

図1・6
正常な細胞（左）とがん細胞（右）の染色体の比較。がん細胞の染色体の推移が無秩序なのは主に、テロメラーゼ遺伝子が発現する前にテロメアが短くなり、染色体が不安定になったせいだ。

がんの欲しいものリスト

Ｈ－Ｒａｓ遺伝子とＴＥＲＴ遺伝子の変異は、がんの原因となる数多くの変異の一例にすぎない。変異は、がんの種類や患者によって大きく異なるが、その影響はひとまとまりの性質に分類することができる。こうした性質はがんの証明《ホールマーク》だ。このよく知られる表現は、がん研究者のダグラス・ハナハンとロバート・ワインバーグの命名による。それぞれのホールマークは、細胞の無闇な増殖を抑える方策を、変異が無効にした結果である。

1　増殖シグナルを自給する――成人の体の細胞は、周囲の細胞から成長因子を受け取ったときだけ分裂する。言うなれば、仲間からの圧力を受けて分裂するのだ。しかし、がん細胞は周囲からのシグナルを無視する。細胞が自らに、分裂せよと指示するのだ。Ｈ－Ｒａｓ遺伝子の変異は、これに該当する。

2　増殖抑制シグナルを無視する――周囲の細胞は、分裂をやめろという指示も出す。がん細胞は、そのようなシグナルも無視する。

3　不死になる――ゲノムはテロメアを短くすることによって、細胞が分裂できる回数を制限している。がん細胞は、この仕組みを乗り越えなければならない。その主な方策となるのが、ＴＥＲＴ遺伝子の変異である。

4　細胞の自殺を避ける――細胞は、危機的な状況を察知するようになっている。そうなると一連の反応を示し、最終的に自滅する。がん細胞は自殺を避けるために、このメカニズムを無効にする。

5　免疫システムによる破壊を避ける――免疫システムの仕事の一つは、がん細胞が広がる前に、それを見つけて破壊することだ。がん細胞が生き延びるには、免疫システムに見つからないようにしなければならない。

6　貪欲にエネルギーを消費する――細胞が無秩序に増殖しつづけるには、エネルギーが必要とされる。がん細胞は糖を好み、より迅速にエネルギーを吸収するが、そうなるとゴミも増え、体の他の部分の負担が増える。

7　新しい血管を引き寄せる――細胞は、血流によって酸素を受け取っている。もし細胞が、娘細胞が必要とする酸素を確保しないまま分裂を続けると、新たに生まれた細胞は酸欠になる。するとがん細胞は、近くの血管を誘導し、そのそばで増殖していく。

8　遠くの部位に侵入する――がんが危険なのは、発生した部位から他の部位に侵入し、中継点を作りながら、全身に広がっていくからだ。

このようなホールマークが少しずつ蓄積され、がんが完全に育つと、ホールマークのすべてが現れる。しかし、H-Ras遺伝子の一か所が変異しただけでマウスの細胞ががんになったことは、がんに八つのホールマークがあることとも、育つ速度が遅いという性質（症状が現れるのに数十年かかることも珍しくない）

とも、矛盾しているように思える。

がんは主に高齢者の病気だ。七〇歳の人に悪性腫瘍ができる確率は、一七歳の人の一〇倍以上高い。がんの発生の遅さを如実に示しているのは、喫煙率と肺がんとの関係である。一九二〇年代、アメリカ全土で喫煙率が年々倍増した。そして、肺がんの発生率も同じようなカーブを描いた――しかし、ほぼ三〇年遅れて、であった。

Ｈ‐Ｒａｓ遺伝子の一か所が変異しただけで、マウスの細胞ががんになるのであれば、なぜ人間のがんは、発達に長い年月がかかり、いくつものステージを経るのだろう。この謎の答えは、実験に使われたマウスの細胞の性質にあった。それらは正常な細胞ではなかったのだ。そもそも、実験で使われる細胞に、正常なものは稀だ。細胞を「不死」にして、ペトリ皿の中で成長しつづけるようにするには、ちょっとしたトリックがいる。そのトリックの一つは、ゲノムを変化させて、テロメアが短くならないようにすることだ。後になってわかったことだが、実験で使われたマウスの細胞は、がん細胞になる直前のものだった。あと一ステップ、つまりＨ‐Ｒａｓ遺伝子に変異が起きればがんになる、という段階にあったのだ。一方、正常なヒト細胞が完全ながんになるには、先に挙げた八つのホールマークのすべてが連続して起きなければならない。

たった一個の裏切り者のゲノム

がんのメカニズムの根底には、それぞれの細胞は、その機能を果たすのに必要な量をはるかに超える情報を持っているという事実がある。変異によってこの情報がいくらか歪むと、分裂すべきでないときに細胞が分裂するようになり、娘細胞と孫娘細胞も分裂しつづけ、ついには体のバランスが崩れる。

どのがんも最初はささやかで、わずか一個の誤って導かれた細胞から始まる。分子生物学者、ロバート・ワインバーグの言葉を借りれば「たった一個の裏切り者の細胞」だ。もっとも、真の裏切り者は、細胞ではなくゲノムである。細胞はいずれもライフサイクルが短く、体全体から見ればそれほど重要な存在ではない。しかし遺伝子は、細胞のライフサイクルを超えて残る。細胞を構成する分子は時とともに崩壊するが、遺伝子は生きつづけるのだ。その本質は情報であり、その情報は、細胞の世代から世代へと伝えられる。そしてあなたの体のすべての細胞において、ゲノム上の全遺伝子の運命は、緊密につながっている。遺伝子は共に栄え、共に滅びる。成功するかどうかは、互いとの協力にかかっているのだ。しかしがん性の遺伝子は、少しばかり変異した少数派の仲間に導かれて誤った道へ進み、細胞分裂の決まりを破って、不当に優位性を手に入れる。

あるゲノムをがん性のゲノムに変える単一の変異などはない。がんが成長するには、体の他のすべてのプロセスと同じように、遺伝子が一丸となって働く必要があるのだ。がんになる八つのステップはどれも、生命体の抵抗を圧倒するが、あるゲノムに八種の変異のすべてが起きる確率を考えてみよう。たとえば、テロメラーゼの活性化を抑えるセーフガードを回避する変異は、どのくらいの確率で起きるのだろう。その仕事をこなせる変異が一〇種類あるとして、一回の細胞分裂で各塩基が変異を起こす確率はおよそ一〇億分の一なので、そのような変異が起きる確率は、およそ一〇億分の一となる。そこで、あるゲノムが八種類の変異のすべてに見舞われる確率は、一〇億分の一を八回かける計算になる。一〇億分の一×一〇億分の一×一〇億分の一×一〇億分の一×一〇億分の一×一〇億分の一×一〇億分の一×一〇億分の一だ。これは宝くじに九回連続で当たるくらい可能性が低い。間違いなく、あなたには起きないはずだ。

これほど確率が低いのに、人はがんになる。その防御メカニズムはなぜ効かないのだろう。その答えは、ゲノムの変化が一度に一ステップずつ、ゆっくり進むところにある。あるゲノムが、がんになるのに必要な変異のすべてを一度に起こすことはまずないが、あなたの体の一つのゲノムが、がんを防ぐメカニズムの一つを無効にする変異に見舞われることは、容易に想像できる。あなたの体には数十億もの似ている（だが同一ではない）ゲノムが存在するが、その違いは変異がもたらしたものだ。概して、細胞分裂するたびに新たな変異が発生し、新しくできたゲノムに入り込む。このように変異が頻繁に起きていることを思えば、いずれかの時点で、いずれかのゲノムの良くない場所で変異が起きて、その細胞ががんに一歩近づくのは、避けようのないことだ。

しかし、このような変異がゲームを変える。覚えておくべきことは、ゲノムが完全ながんを引き起こすには、がんのホールマークをすべて備えていなければならないが、ホールマークを一つだけでも備えていれば、大きな違いがもたらされるということだ。そのようなゲノムは、分裂が速くなる可能性があるのだ。たとえば、変異のせいで、周囲の細胞からの成長因子がなくても分裂するようになると、他の姉妹ゲノムより分裂が速くなる。このような細胞は、無数のクローン・ゲノムを生む。この数の変化が、次のステップを導く。似たような裏切り者ゲノムが大量に存在するようになると、そのうちの一つががんへ向かう次の変異を起こす確率は高くなる［図1・7］。つまり、幾多の裏切り者ゲノムから、完全ながんになるのに必要な八つの変異のうちの二つを備えたゲノムが誕生するのだ。そうなれば、二つ目の防御メカニズムが陥落する。

がんのホールマークの変異を二つ持つゲノムは、さらにスピーディに増殖する。ゲノムの変異を二つ抱えた細胞は、それが一つしかない姉妹細胞より分裂が速い。そういうわけで、二つ変異を持つ細胞は、さらに大量の子孫をもたらし、必然的にそれらが次の変異を起こす確率が高くなる。このプロセスが続き、最終的に、生命体の防御メカニズムのレパートリーは破壊され尽くすのだ。

そういうわけで、がんが本当のがんになるまでには年月がかかるので、そうなる前に前駆体——二重、三重、四重の変異——に気づけば、がんにならずにすむ。しかし、裏切り者のゲノムは体の深部で数を増やすため、こちらが気づいた頃にはすでに手遅れになっていることが多い。だが、時として、裏切り者の細胞が外から見てわかることがある。ボブ・マーリーの足の爪がそうだった。ことの重大さに気づいていれば、彼は、若くして死ぬことにはならなかった。そのがん細胞を取り除くのが、腫瘍の成長を食い止める唯一の手段だったはずだ。また、母斑［アザやホクロ］は通常、無害だが、皮膚がんの半分は、母斑から

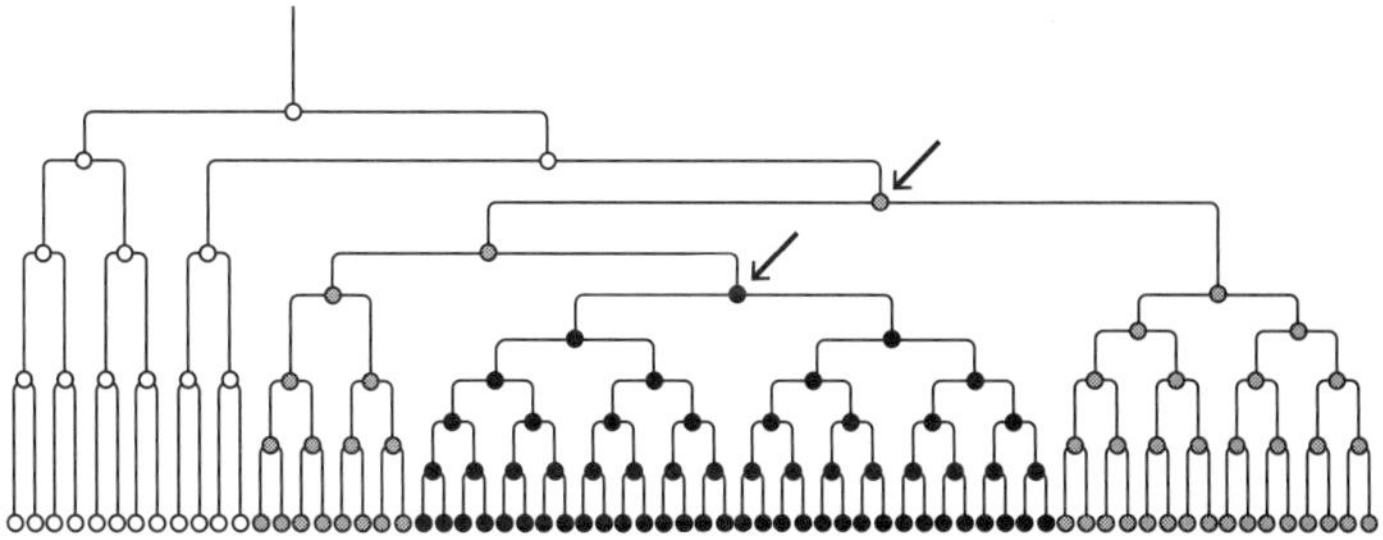

図１・７

がんは段階的に進行する。上から下へ時間は進む。一番上は、この細胞系譜の祖先細胞で、一番下は、子孫細胞すべて。矢印は変異を指し、変異が起きると、他の細胞より分裂が速くなる（変異後の枝分かれの多さが、それを示している）。時が経つにつれて、分裂が速い細胞の子孫が増え、それらでの新たな変異が起きやすくなる。新たな変異は新たな細胞の増殖をいっそう加速させる。このサイクルは、ある１個の細胞が、完全ながんになるのに必要な段階をすべて経るまで続く。

発生する。母斑が大きくなった場合は、がんをもたらす変異が起きている恐れがある。そのようなとき、医師は先制攻撃として母斑の除去を勧めることが多い。

がんが段階的に進行するのは、自然選択の法則に則ってのことだ。その法則は、すべての生物の適応をつかさどっている。自然選択は、花をより魅力的にして、ハチやハチドリを引きつけやすくする。細菌が抗生物質に耐性を持つようになるのも、蛾の羽の色が背景に溶け込みやすい色になるのも、自然選択の働きだ。チャールズ・ダーウィンは、生物がこの法則によって世代ごとにいかに変化するかに気づいた最初の人物だった。彼は博物学者としての経験から、巨大な樹の絡みあった枝に生えている葉のように、すべての生物はつながっている、という洞察に至った。彼の最大の功績は、自然選択の仕組みを、見事なまでに明瞭に説明したことだ。自然選択のプロセスが、生物の世界のすべての奇跡を生み出したと言っても過言ではない。

ダーウィンは動植物を観察して、自然選択のルールにたどり着いた。今日では、細胞とそのゲノムにも、同じルールが働いていることが観察できる。もしダーウィンが顕微鏡でがん細胞を観察できていたなら、そこにも自然選択が働いているという証拠を、生物の観察から得られたのと同じくらい多く見つけることができただろう。自然選択は普遍的なルールで、ある集団のメンバーに遺伝的な違いがあり、その違いが子孫を残す確率に影響する場合、必ず働く。個体はグループ、専門用語では「個体群」に属していて、共に進化していく。個体群は、(ダーウィンの観察では) 動物の種全体を指し、(がんの場合は) 人体の細胞全部を指す。自己複製する試験管内の単純な分子を個体群と見なす場合もある。

ある性質 (たとえば、細胞が分裂するかどうか決める際に、周囲の細胞のシグナルにどの程度依存するか) に自然選択が働く条件として、ダーウィンが定めたのは、その性質が (1) 個体差があり、(2) 遺伝性で、(3) 適応度に影響する、の三つだった。進化の文脈では、適応は、短期的な生殖の成功、すなわち、子孫の生まれやすさを指す。先の三つの条件が揃うと、時が経つうちに、適応度が高い細胞 (平均以上の子孫を残す細胞) の割合が増えていく。生殖面で成功している (つまり、より適応している) 細胞が、最終的にその個体群を支配する。

細胞の個体群において、その大多数は、周囲の細胞が出すシグナルを受けてから分裂して娘細胞を生成するが、ごく少数は、シグナルがなくても分裂する。そうなるのは、これまで見てきたように、たとえばＨ–Ｒａｓ遺伝子の変異のように、遺伝子に変異が起きた結果である。そして変異を持つ細胞のほうが、より多くの子孫を残すので、最終的に優勢になる。このように、がん細胞は、自然選択のルールに従って数を増やしていくので、病院へ行って裏切り者細胞を切除してもらわない限り、その増殖は止まらないのだ。

がんは自然選択の三つの条件（個体差、遺伝性、適応度への影響）が揃わないと進行しない。どの細胞も同じなら、個体群の構成は変わり得ない。細胞分裂の速度に違いがあったとしても、その違いが遺伝しなければ、時とともに分裂が速い細胞が優勢になることはない。細胞に遺伝的な違いがあったとしても、その違いが適応度と結びついていなければ、やはり個体群の構成は、時を経ても変化しないのだ。

がん細胞の場合、自然選択の本質である競争は、母体となる生物のためになるわけではないし、長期的に見れば、がん細胞のためにもならない。母体が死ねば、がんも死ぬからだ。がんを引き起こす変異した遺伝子が、次の世代に受け継がれることは決してない。その遺伝子はがん細胞に閉じ込められ、精子や卵子に入り込むことはできないのだ（睾丸にがんができることはあるが、がんを進化させる複数のゲノムの変化により、機能する精子は生産されなくなる）。もっとも、人間のがん細胞は例外なく短命だが、動物のがん細胞の中には、母体となる生物の寿命を超えて受け継がれていく稀有な例もある。それは、初めて人間に飼われるようになった頃のイヌの一匹にできた腫瘍だ。今でもこの腫瘍細胞の末裔はイヌの皮膚に棲みついていて、親密な接触を通じて他のイヌに伝染していく。言うなれば、がん細胞が寄生種になったのだ。

生物の世界では、成功は、長く生き残れるかどうかで測られる。成功した遺伝子とは、今も存在する遺伝子で、それらは自らの複製を拡散しつづけている。その意味では、伝染する腫瘍という稀な例外を除けば、がんの増殖は、長期的に見ればどの遺伝子にとっても利益にはならず、変異した遺伝子の成功は、肉体の死とともに終わる。しかし、自然選択に長期的な目標などない。体の細胞という個体群は自然選択の条件を満たすので、自然選択が働く。ただそれだけのことなのだ。悩ましいことではあるが、ある程度長く生きれば、がんの発生はほぼ避けられないのである。

がんと種の進化と並走しているのは、自然選択だけではない。生物学者のジェリー・コインは、生命の進化をこう説明した。「地球上の生物は、三五億年以上前に生きていた、たった一つの原始的な種、おそらくは自己複製する分子から始まって、漸進的に進化してきた。時とともに枝分かれを繰り返し、新しい多様な種をいくつも生み出した。そしてこの進化的変化の大半（すべてではない）をつかさどってきたのは、自然選択のルールである」。この文章は、進化の五つの原則を簡潔に捉えている。（1）種は変化する、（2）種は相互につながっている、（3）変化は漸進的に起きる、（4）変化のメカニズムの多くは自然選択だ、（5）進化的変化のすべてが自然選択に則っているわけではない。

この五つの原則は、種の進化を説明するものだが、生物の細胞群におけるがん細胞の進化にも当てはまる。わたしたちの体の細胞は、世代を経るごとに、その遺伝子に変異を蓄積する（原則1　種は変化する）。わたしたち一人ひとりは、細胞の集合体で、一セットの遺伝子を持つ一個の細胞、すなわち有精卵から派生した。がんの場合は、裏切り者細胞をコントロールする遺伝子が謀反を起こし、体の他の部位と協力するのをやめた。この細胞の系譜は、通常の細胞から生まれた新しい「種」と見なすことができる（原則2　共通の祖先を持つ）。しかし、たった一回の変異で、健康な細胞ががん細胞になるわけではない。裏切り者ゲノムは、少しずつ変異を蓄積していくのだ（原則3　進化は漸進的に起きる）。ある細胞の系譜が細胞全体に占める割合は、遺伝性の変異のせいで変わることがある――前がん段階にある細胞は分裂が速く、行儀の良い隣人を凌駕する（原則４　自然選択）。しかし、ゲノムの変化のすべてが、細胞の機能や増殖能力に影響するわけではないので、単なる偶然から、いくつかの変異は個体群に共有される（原則５　偶然の変化が働く）。

遺伝子の言葉

本書ではしばしば、遺伝子に意志や意識があるかのように描いている。もちろん、そのようなものはない。遺伝子はＤＮＡの一部にすぎず、単なる、複雑に絡みあった原子のまとまりなのだ。だが、遺伝子の性質とその影響を調べると、まるで遺伝子が自らの生存を確実にするために行動しているかのように思えてくる。それは、遺伝子の進化が、すべての生物の進化と同様に、自然選択の論理的必然性に導かれているからだ。たとえば、「がん性の遺伝子は…不当に優位性を手に入れる」と書いたのは、「がん遺伝子の変異は、細胞の増殖を速め、時が経つにつれてその細胞が占める割合を高める」ということを手短かに表現したのだ。擬人化によって、さまざまなプロセスを手短かに語ることができる。それは自然選択を直感的に理解する助けとなるが、そのプロセスが実はもっと複雑だということを、忘れてはならない。

一歩進んで一歩下がる

がんは親から子へ遺伝するものではない。がんを促す遺伝子は、精子と卵細胞以外の細胞で発生する。精子と卵細胞は独自の非がん性のゲノムを持っており、がんが親から子へ伝わらないようになっている。しかし、特定の細胞をがんに向かわせる変異は、遺伝する可能性がある。

その一例が乳がんだ。乳がんには、乳がん感受性遺伝子1と2（ＢＲＣＡ1とＢＲＣＡ2）を破壊する変異が関わっている。片方の親からこの変異を受け継いだ女性が、乳がんか卵巣がんを発症するリスクは八〇パーセントだ。ＢＲＣＡ1とＢＲＣＡ2は協力して、壊れた染色体を修復し、修復が不可能な場合は、その細胞を自殺させる。しかし、この二つの遺伝子に変異が起きると、細胞は自殺を回避するようになる。こうして、がんのホールマークの一つが確立する。これらの遺伝子が変異したせいでがんになるのが、乳房と卵巣に限られる理由は、まだよくわかっていないが、この遺伝子を受け継いだ女性は、がんに一歩近づいた段階から人生をスタートすることになるのだ。

ところで、がんのゲノムはなぜ、八つのホールマークをすべて獲得する必要があるのだろう。また、四〇代を過ぎるまで、たいていのがんを抑制する防御策が働いているように見えるのはなぜだろう。まるで、生殖可能な年齢を過ぎるまでがん性腫瘍の増殖を抑えるメカニズムを、ゲノムが備えているかのようだ。おそらくそうなのだろう。がん細胞が乗り越えるべき八つの防御策は、わたしたちの祖先の中で自然選択によって進化した。もし、このメカニズムに効果がなければ、二〇代や三〇代でがんで亡くなる人はもっと多かっただろう。その年代は、進化の歴史を通じて、人間が最も子どもを生みやすい年代だ。がんを防ぐメカニズムが今より少なかった遠い昔に、効果的ながん防御策をもたらす変異を持つ女性が一人いたとしよう。彼女は出産適齢期が過ぎるまでがんにならないので、より多くの子を残すことができる。自然選択の三つの条件――個体差、遺伝性、適応度への影響――が揃い、次第にこのがんを防御するメカニズムが人類全体に伝わったのだろう。

産業革命以前、抗生物質以前の時代には、がんが完全に成長するまで生きる人は少なかった。それでも、死ぬ頃には出産という仕事はほぼ終えていたので、自然選択の観点に立てば、今わたしたちが持っているものより強力な防御システムを持つ必要性はなかった。つまり、九番目の防御メカニズムの発達を促す自然選択が働かなかったのだ。

ハダカデバネズミは比較対象として興味深い。一般にネズミの寿命は二、三年程度だが、東アフリカに棲むこのネズミは寿命が三〇年だ。同じくらいの大きさの親戚、ハツカネズミの一〇倍以上も長生きする。その長寿ぶりは、寿命が六〇〇歳のサルのようなものだ。

長年観察したが、ハダカデバネズミは一匹もがんにならなかった。対照的に、マウスはがん研究でよく使われる。それは、マウスが人間と同じ八つの防御メカニズムを備えているからだ。ハダカデバネズミががんにならずに長生きするのは、八つの防御メカニズムの一つを強化したか、九つ目の防御メカニズムを備えているかのどちらかだろう。いつの日かその詳細が明らかになれば、それを元にがんの新薬が開発されるかもしれない。

進化は過去のものではない。いつでも、どこでも起きている。今、あなたの体でも起きているのだ。そのせいで、わたしたちががんになるのは避けられない。しかし、がんで死ぬのを避けられないわけではない。がんは普遍的な脅威であるため、生命科学の分野でがん研究は最も重視され、最も進んだ領域の一つになっている。新たな治療法も次々に開発されている。最近登場した免疫療法は、あらゆる種類のがんを治すブレークスルーをもたらす可能性がある。それは体が本来備えている防御メカニズムを強化して、増殖中のがん細胞を撃退しようとするものだ。それほど遠くない将来、がんは慢性疾患と見なされるようになり、HIVと同じく、先進的医療を使える人にとっては、恐れるに足らないものになるだろう。がん治療の鍵を握ると見なされている免疫系が、次章のテーマだ。そこでは、進化を理解するために、遺伝子社会という比喩も導入しよう。

第2章 敵はあなたをどう見ているか

外見で人を判断しないのは愚か者だけだ。
——オスカー・ワイルド

一九九三年、マサチューセッツ工科大学の大学院生六人が、ある計画を胸に秘めてラスベガスのカジノに乗り込んだ。ブラックジャックのテーブルについた六人は、「カードカウンティング」といういかさまをやった。それは一七〇〇年代から使われている古典的な手法で、まずテーブルが「ホット」かどうか、つまり、まだ出ていない絵札（キング、クイーン、ジャック）が何枚あるかを調べる必要がある。五人はそれぞれ違うテーブルについて少額を賭けた。六人目は脇で控えている。五人のうちの誰かが、自分のテーブルがホットだとわかったら、六人目にサインを送る。すると六人目は、そのテーブルに割り込み、多額の金額を賭ける。学生たちは数か所のカジノでこのいかさまをやって、三〇〇万ドル儲けた。

カジノは、プレーヤーに不当な優位性を与えるとして、カードカウンティングを禁じている。そして、そのいかさまをするプレーヤーを見つけ、ブラックリストに載せるための対策を講じている。最も簡単な方法は、それをやった人間を締め出すことだ。カジノにしてみれば「二度だまされるのは自分の恥」といったところだろう。昔は、警備員がブラックリストに照合して、いかさま師を見つけていた。現在の大型カジノでは、監視カメラとコンピュータの顔認識プログラムを併用している。

　カジノと正直な客は、一つの社会のようなものだ。いかさま師は、この社会を搾取しようとする。いかさま師を締め出すには、まず境界を引かなければならない。搾取を防ぐために、社会は内部の人間と外部の人間を区別する必要があるのだ。同じく免疫系も、外からの侵入者を識別して、それらから体を守らなければならない。免疫系は、自然選択の力によって、その仕事をこなすように進化した。ところが驚くことに、がんも同じ方法で増殖していくのだ。

遺伝子の社会

　本書では、ゲノムを構成する遺伝子は社会と見なすことができるとわたしたち二人が考える理由を述べたい。ヒトゲノムは二万個の遺伝子を有し、それらの遺伝子は、それぞれ一つかそれ以上の役目を担っている。遺伝子は、協力して体を作り、作動させ、それを土台として自らを複製していく。その仕事には、複雑な組織と巧妙な分業が必要とされる。だが、遺伝子の共存を、調和と見なすのは間違いだ。

　ヒトゲノムは基本的に同じ種類の遺伝子のセットからなる。しかし、遺伝子そのものは同じではない。遺伝子は変異を起こし、対立遺伝子《アレル》と呼ばれる異なるバージョンで現れる。たとえば、人間の半分は、ある遺伝子の四番目にCがあり、残り半分はその場所にGがあるといった具合だ。このたった一文字の違いが、遺伝子の機能にわずかな違いをもたらすことがあり、たとえば、Cアレルの保有者が、Gアレルの保有者よりも有利だった場合、世代を経るうちに、Gアレルは消えていく。

遺伝子は人間社会の経済活動の分野（パン屋、薬局、ホームセンター等々）に喩えることができる。そして、ある地域で、いくつかのパン屋が競争するように、アレルは互いと競いあう［図2・1］。たとえば、「ベティのベーカリー」というパン屋が町で一番おいしいクロワッサンを焼いていれば、その店は繁盛し、ライバル店がいくつかつぶれるだろう。

遺伝子社会は、ある個体群の全ゲノムに見られる全アレルの集合体だ。四六本の染色体上にアレルがあるあなた自身のゲノムも、体を作り稼働させる指示の完全なセットの一つだ。アレルによって、人間の体には無数の異なるバリエーションが生まれる。自分と他者の違い（その多くは、遺伝子を通じて受け継がれた）を見れば、それは一目瞭然だ。アレルが成功しているかどうかは、遺伝子社会における頻度を見ればわかる。あるアレルを持つゲノムが多いようなら、そのアレルは成功を収めたと言える。

自動車を構成する部品と一緒で、それぞれのアレルが存続できるかどうかは、仲間が正しく機能するかどうかにかかっている。アレルは遺伝子社会の他のメンバーが形づくる環境で競いあっている。たとえば、二つのアレルが協力して分子機械を作る場合、ある二つのアレルの組み合わせが、とりわけうまくその仕事をこなせたら、その二つを持つ人間は成功し、ひいては、それらのアレルはどちらも繁栄する。これは、コーヒーショップチェーンと書店チェーンのように異なる業種が、手を結んで繁盛するのに似ている。よ

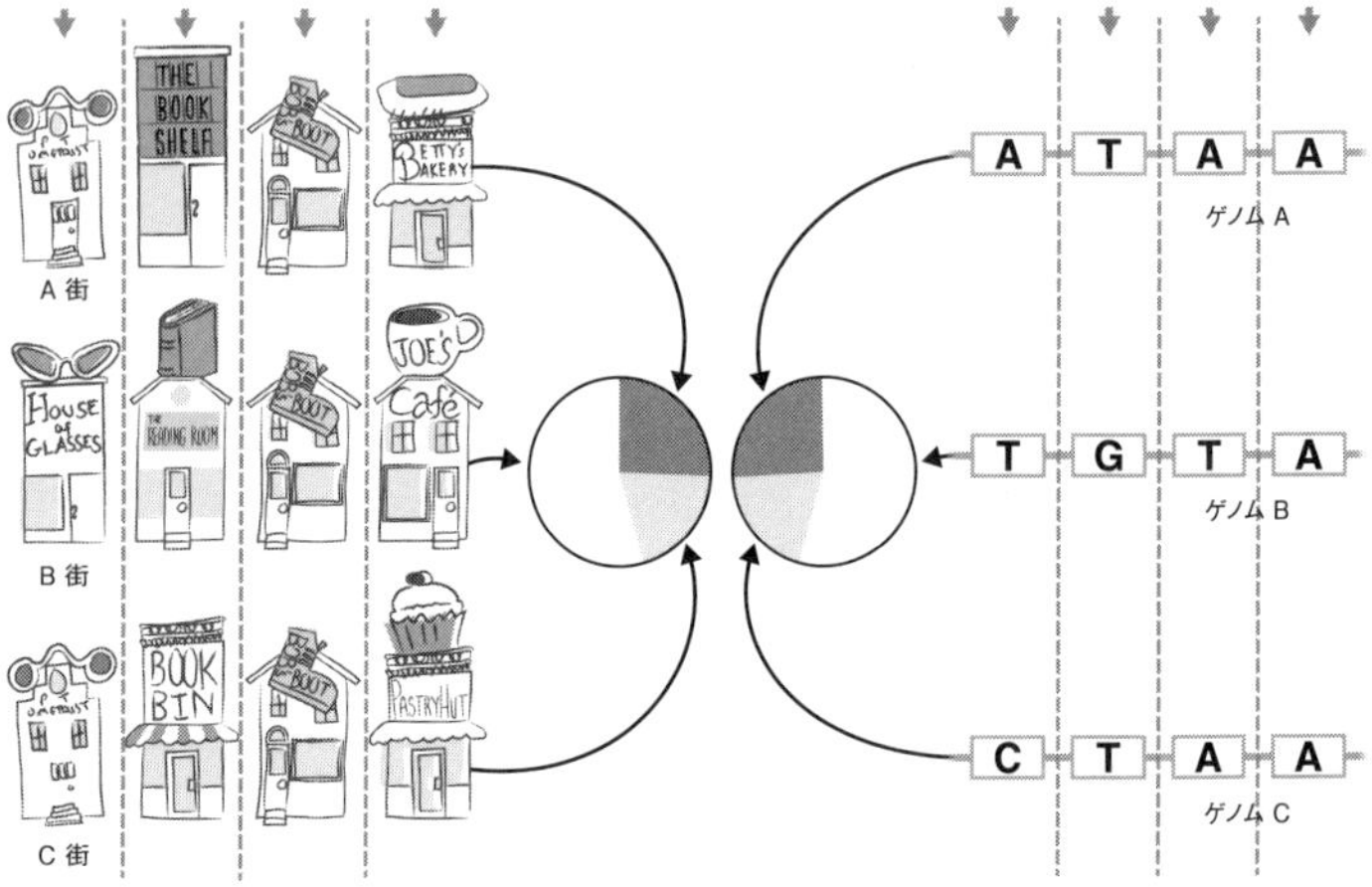

図 2・1
遺伝子社会の喩え。左は三つの異なるショッピングモールで営業している店舗。縦の並びは、眼鏡店、書店、靴店、パン屋と、同じ業種の店になっている。ボブの靴屋は、他の店より成功していて、三つのモールに店を出している。円グラフは、市場全体における、三つのパン屋のシェア。右は異なるヒトゲノムに見られるアレル。変異によって文字が異なっている。縦列の文字の違いが、対立遺伝子を示している。右端の A は成功したアレルで、ゲノム A、B、C すべてに見られる。円グラフは、ヒトゲノムにおける、左端の三つのアレル（A、T、C）の頻度を示す。

り一般的には、同じ遺伝子のアレルは競いあい、異なる遺伝子のアレルは協力しあうと予測できる。このような遺伝子社会の複雑な相互作用を理解し、それらを通じて生命への洞察を深めるのが、本書の目指すところだ。

第1章で取りあげたがんの例や、本章で取りあげる免疫系の病原菌への適応など、わたしたちの体内で起きている進化は短期的なものだ。これらのプロセスは、機能にまつわる遺伝子どうしの重要な関係について教えてくれるが、それを遺伝子社会の進化と見なすことはできない。と言うのも、わたしたちの体内で新たに生まれる細胞は、既存の母細胞のクローンであり、母細胞とまったく同じゲノムを受け継いでいるからだ。異なる細胞に属するアレルと出会うことはなく、ゆえに遺伝子社会は変化しない。遺伝子の観点に立てば、わたしたちの体には何の意味もないのだ。遺伝子社会の働きを理解するには、長期的な進化に目を向けなければならないのである。

遺伝子社会こそが、進化が起きる場所だ。個々のゲノムは現れては消えていくが、この遺伝子社会が長年にわたって成功や失敗を積み重ねた結果が、進化上の変化として現れるのだ。どのようなルールがその社会を支配しているのだろう。アレルは、利他的な夢想家などではない。アレルが保有者の適応度を上げると、自然選択はその努力に報いるべく、遺伝子社会におけるその人気（市場シェア）を高めてやる。したがって、アレルは、仲間と協力しながらも、実は自分に有利になるように「働いて」いる。アダム・スミスが述べたように、個々の利己的な行動の集積が、結果的に社会の利益をもたらすのだ。

細菌はどのように恨みを募らせるか

免疫系が崩壊すると、わたしたちは敵のなすがままとなる。エイズ(後天的免疫不全症候群)はまさにそれが起きた状態で、ゆえに非常に危険なのだ。エイズを招くＨＩＶウイルスは、人の免疫細胞に感染する。免疫細胞は体を病原菌から守るのが仕事だが、ＨＩＶはこの細胞を自分にとって都合がいいように変える。その結果、感染者の免疫系はＨＩＶに対して無力になるだけでなく、細菌、真菌、がんなど、健康な人ならはねのけられるはずの、さまざまな脅威をかわせなくなるのだ。

ＨＩＶから風邪のウイルスまで、あらゆるウイルスは、自己複製のゲームでいかさまをするのがじつにうまい。細胞が自己複製するには、複雑で込み入ったプロセスが必要とされるが、ウイルスはそんな面倒なことはしない。自己複製に必要な遺伝子を持たないので、他の遺伝子社会にただ乗りするのだ。ウイルスは、汚染された食物(胃腸炎の原因となるロタウイルスなど)、くしゃみの飛沫(風邪の原因となるライノウイルスなど)、体液(エイズを発症させるＨＩＶなど)に忍び込んで、あなたの体内に入る。そして、あなたの細胞のどれかにくっつき、内部に自分のゲノムを送り込み、複製機構をハイジャックして自己複製する。その細胞の資源を使い果たすと、新しく生まれたウイルスの軍団は細胞から逃げ出す。ハイジャックした細胞を哀れむことさえせず、多くは逃亡する際に、その細胞を破裂させる。そうして外に出たウイルスの一部は、また別の細胞に感染し、その中で数を増やし、破壊して伝染するというサイクルを繰り返す[図2・2]。

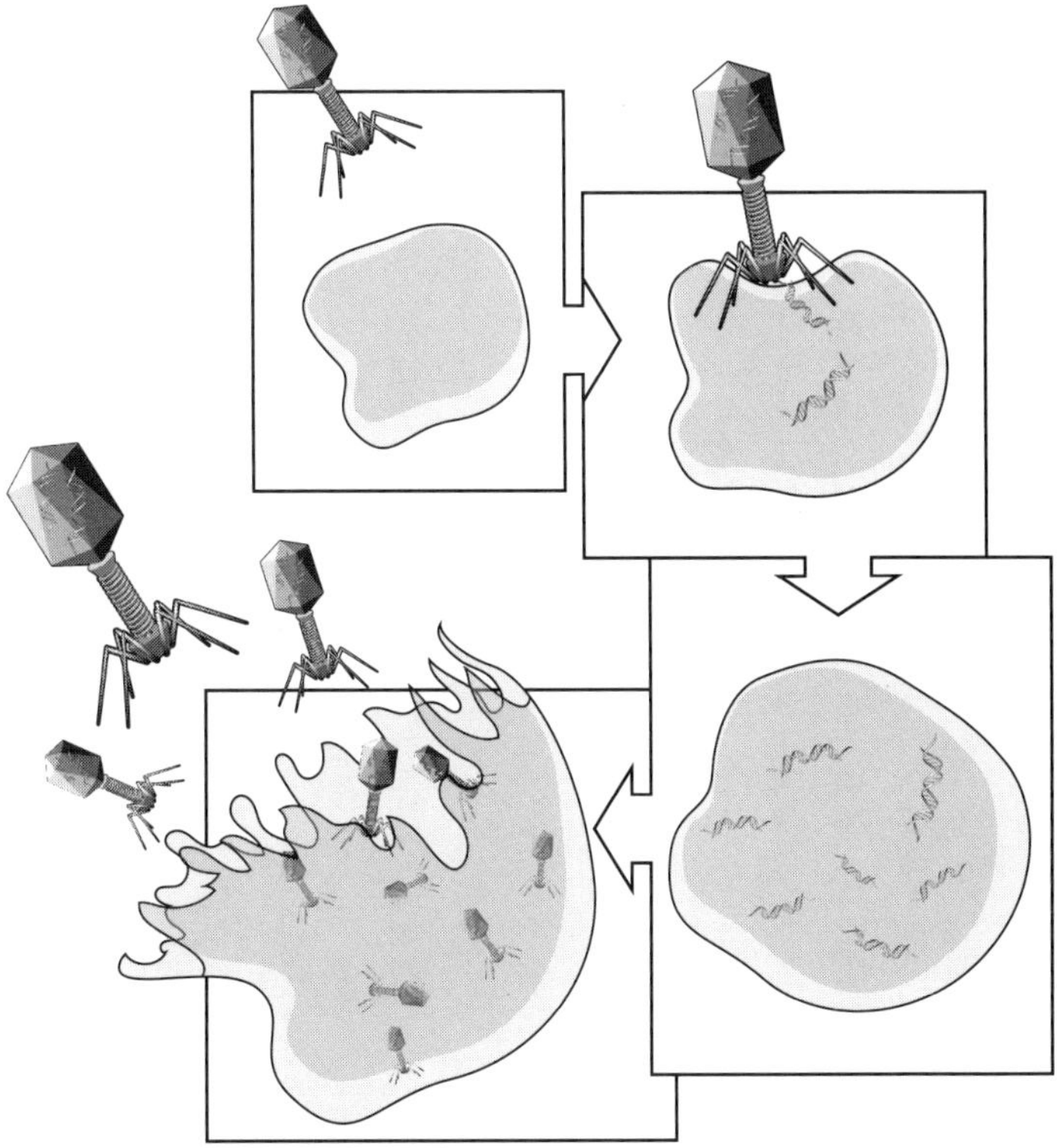

図2・2
ウイルスのライフサイクル。ウイルスは細胞に付着して自分のゲノムを内部に送り込み、その細胞の機構に命じて、自らの複製を作らせる。その数が十分に増えると、細胞は破裂し、ウイルスは放出される。

細菌もウイルスに攻撃される。一個の細胞からなる細菌は小さな生物で、ゲノムも一個しか持っていない。その細胞は人間のものによく似ているが、ずっと小さく、単純だ。あなたの細胞が、目的に応じて部屋（キッチン、寝室、居間）に分かれたアパートメントだとすれば、細菌の細胞は犬小屋のようなものだ。細菌のゲノムは、通常、タンパク質をコードする遺伝子を、二〇〇〇個から四〇〇〇個持っている。人間の遺伝子の五分の一から一〇分の一だ。細菌のゲノムが初めて解読されたのは一九九五年で、以来数千種の細菌のゲノムが研究されてきた。

細菌のゲノムの多くに、奇妙な領域が見られる。そこでは、約三〇個のＤＮＡ文字からなる配列が、最大で一〇〇回も繰り返されるのだ。この反復領域は、細菌のゲノムのおよそ一パーセントも占めており、前から読んでも後ろから読んでもほぼ同じの、回文構造になっている。さらに、これらの反復領域は隣り合わせになっているわけではなく、この構造を発見した専門家が文字どおり「スペーサー（間隔をあけるもの）」と名づけたものによって区切られている。反復領域と違って、スペーサー領域は、二五文字から四〇文字まで、長さにバリエーションがある。

「反復・スペーサー・反復・スペーサー・反復・スペーサー・反復……」という部分が何のためにあるのかは長く謎だった。しかし通常、細菌は不要な配列は捨てるので、この配列には必ず目的があるはずだった。研究者らはこの部分を、ＣＲＩＳＰＲと名づけた。「clustered regularly interspaced short palindromic repeats（規則的に回文状の短い繰り返し配列がはさまれる領域）」の略語だ。その謎が解けたのは、目立つ反復部分ではなく、一見役に立ちそうにないスペーサー部分をじっくり調べたときのことだった。スペーサーの

図2・3
警備員が前科者の手配写真と照合して不審者をチェックするように、細菌は害を及ぼしそうなウイルスのゲノムを、CRISPR スペーサーに登録した、過去に攻撃してきたウイルスのゲノムと比較する。

文字配列の多くは、知られているウイルスゲノムの配列と同じだったのだ。なぜ細菌のゲノムは、反復配列の間にウイルスゲノムを挟み込んでいるのだろう。

実は、このウイルスゲノムの断片は、過去にその細菌を攻撃したウイルスの顔写真のようなもので、カジノにいかさま師の写真が掲示されているように、細胞の中に掲示されている［図2・3］。細菌はこの情報に照合して、過去に出会った悪玉に似た侵入者を発見し、再び攻撃されないようにしていたのだ。それを見れば、遺伝子社会がどのように他者を見分けているかがわかる。細菌は、侵入者のデータベースを持っていて、新たな敵を検出するたびに、そのゲノムをデータベースに追加しているのである。

研究者が不運な細菌のコロニーをウイルスに感染させると、細菌の大半は死滅する［図2・4］。死んだ細菌のゲノムと生き残った細菌のゲノムを比べると、通常、違いは一つだ。生き残った細菌のCRISPR領域で

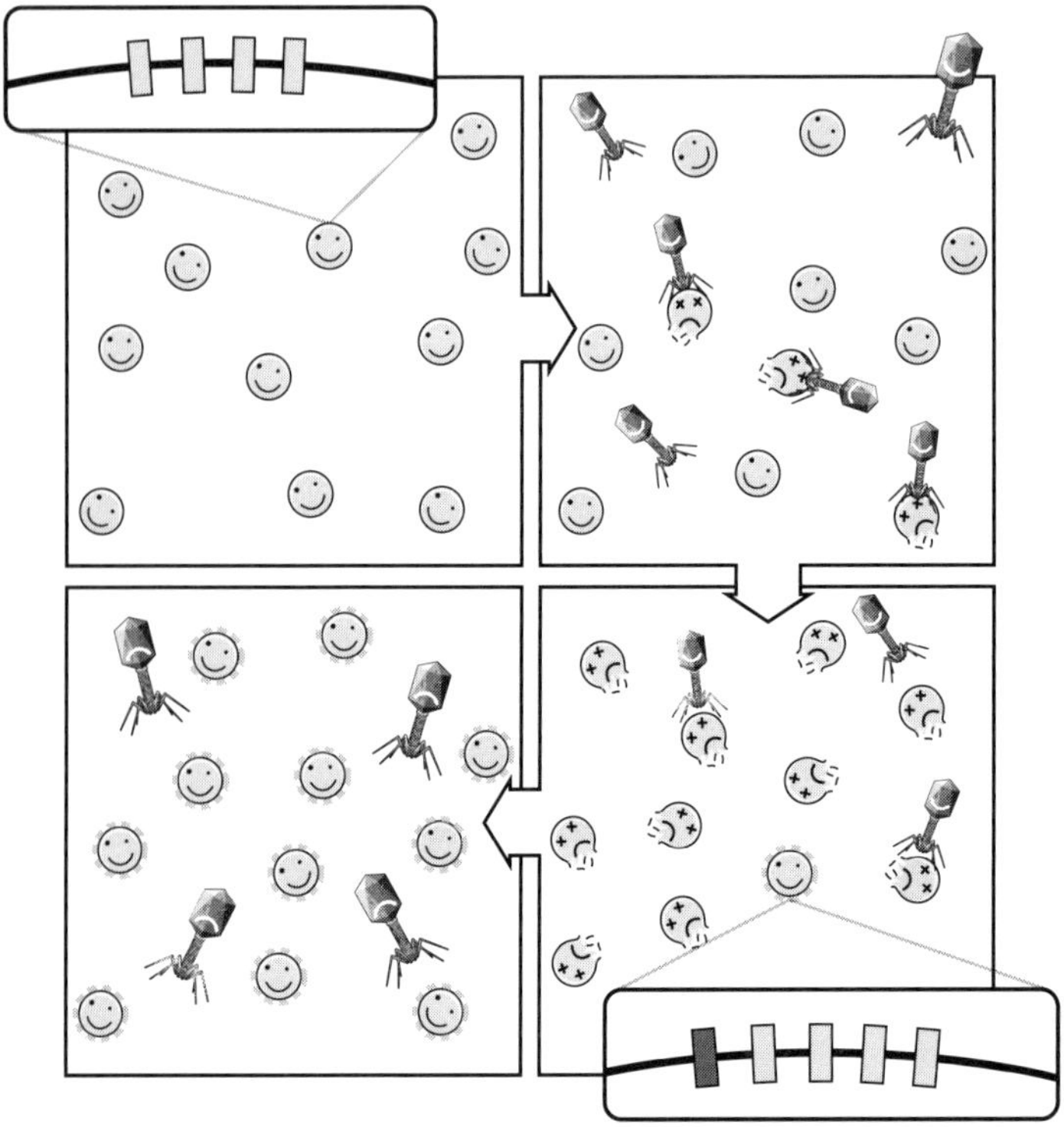

図 2・4
ウイルスに感染する前と後の細菌の CRISPR 領域。ウイルスに攻撃された細菌が 1 個だけ生き残った。生き残った細菌は、ウイルスゲノムの断片と相補性になった DNA を、CRISPR 領域に取り込んでいる。そうすることでこの細菌は、ウイルスの DNA を破壊できるようになり、ウイルスに対する免疫を獲得したのだ。その子孫も、免疫を受け継いでいるので繁栄する。

は、スペーサーと反復が一つずつ増えていて、その新しいスペーサーは、ウイルスのゲノムの一部の完全な鏡像になっているのだ。ウイルスのゲノム情報をＣＲＩＳＰＲに取り入れるのを専門とする遺伝子が成し遂げた偉業である。しかし、このはやわざをこなせる細菌はきわめて少ないので、大半の細菌は、急速に自己複製するウイルスのせいで死んでしまう。

細菌が危険なウイルスを手配写真でチェックする際には、染色体の二本のＤＮＡ鎖をつなぐのと同じ力を用いる。ＤＮＡ鎖はＡ、Ｔ、Ｃ、Ｇの四つの塩基が無数につながったものであることを思い出そう。この塩基はパズルのピースのようだ。アデニン（Ａ）はチミン（Ｔ）に、シトシン（Ｃ）はグアニン（Ｇ）に、化学的な力によって引きつけられる。これと同じ組み合わせのルールが、「リボ核酸（ＲＮＡ）」と呼ばれる、ＤＮＡによく似た分子にも適用される。ただしＲＮＡでは、Ｔは化学的によく似た「ウラシル（Ｕ）」に置き換えられる。ＲＮＡは、タンパク質の生成に用いるテンプレートを作る際に、情報を一時的に貯めておくためのものだ。ウイルスゲノムの中には、ＤＮＡではなくＲＮＡでできているものもある。もしＤＮＡかＲＮＡの一本鎖を、マッチする複数の一本鎖とともに試験管に入れて観察することができれば、それらが互いとぶつかりあって、鏡像になっているものとくっついて二本鎖になるのがわかるだろう。

ＣＲＩＳＰＲシステムは、この原理を利用する。細菌は、スペーサーと反復が繰り返す部分をコピーして、ＲＮＡの一本鎖を作る。その一本鎖は細胞内をパトロールし、配列が鏡像になったゲノム（すなわちウイルスのゲノム）とくっつく［図２・５］。そうしてできた二本鎖は、特別なタンパク質を引き寄せるが、このタンパク質は、くっついたペアを粉々にするのを専門としているのだ。

ＣＲＩＳＰＲが生命科学の世界でよく知られるようになったのは、それが細菌の免疫系を形成するという他にも理由がある。ＣＲＩＳＰＲシステムは、新しい病原菌を記憶する時に、ゲノムの特定の位置に特定のＤＮＡ配列を挿入する。この機能が研究者にとってきわめて便利なツールになった。それを利用すれば、ゲノムを編集できる。たとえば、ある遺伝子を除去してその後の経過を観察するといったことも可能になるのだ。

ＣＲＩＳＰＲが細菌の免疫系として完璧に機能しているのであれば、細菌を脅かすウイルスはもはや残っておらず、免疫系は不要になっているはずだ。ところが、戦いは終わっていない。細菌が防御すれば、ウイルスはさらに強力な攻撃を仕掛けるので、進化の軍拡競争は続くのだ。

ウイルスが細菌の免疫系をかわす方法はいくつかある。一番簡単なのは、新しいスペーサーを追加したら古いスペーサーを捨てなければならないという免疫系の監視能力の限界につけこむことだ。その限界ゆえに、細菌が「忘れる」ほど長く不在だったウイルスは、細菌の免疫系をかわして、再び侵入することができる。また別の方法として、手配写真と合致しないよう外見を変えるという手もある。これは、細菌のスペーサーと合致する部分の一文字を変異によって変えるだけでいい。こうしたウイルスの作戦に対抗して、細菌は最新の手配写真をゲノムに取り込む。

時には、細菌がうっかり自分のＤＮＡ断片をスペーサーに取り込むことがある。この間違った手配写真のせいで、細菌は自分のＤＮＡを敵のものと誤解し、それを殺すよう指示を出す。言うなれば、細菌の自己免疫疾患だ。

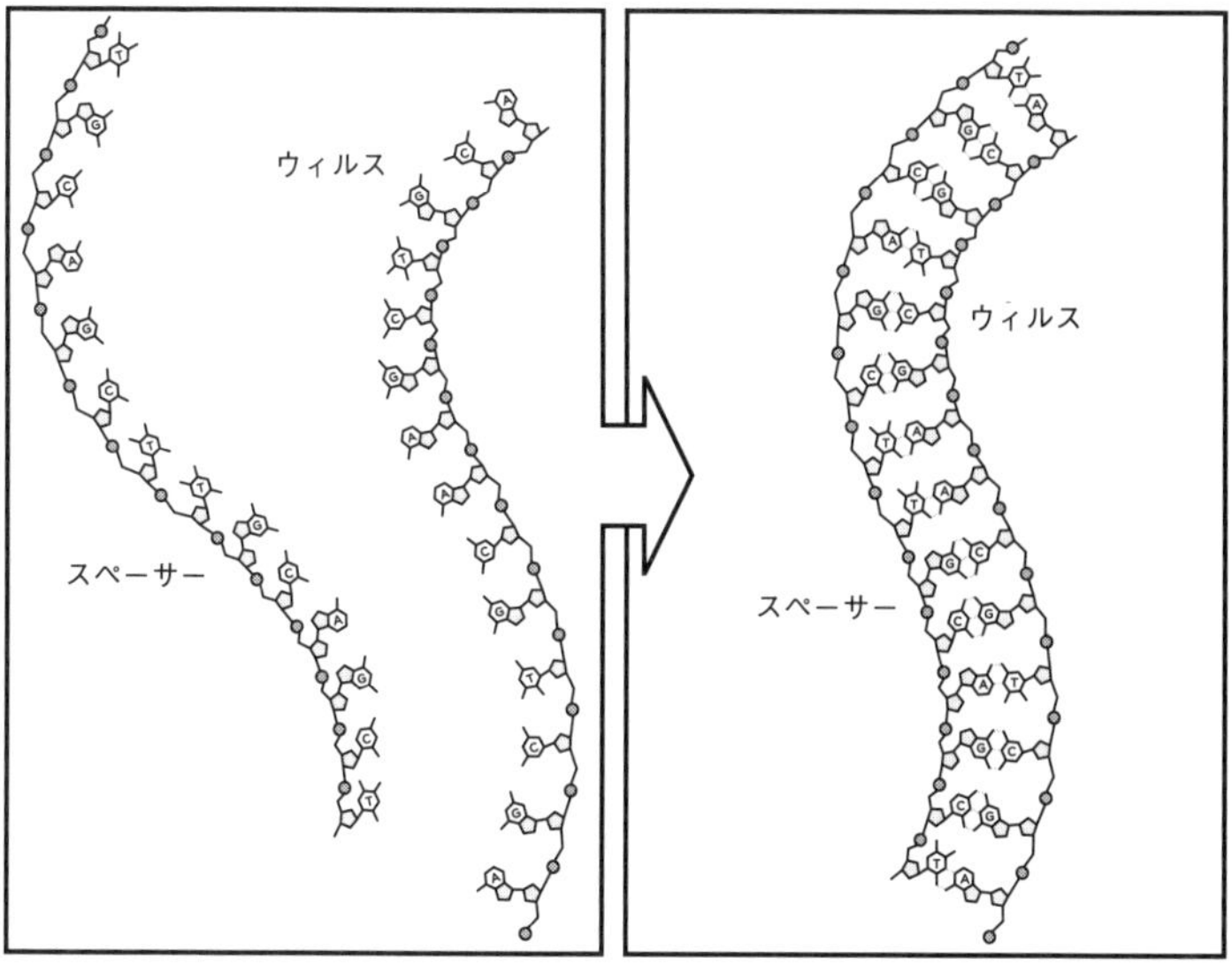

図2・5
細菌の免疫系は、CRISPR のスペーサーとして保存した敵の写真を、RNA の一本鎖に複製する。この一本鎖は、相補的な鏡像になっているウイルスゲノムの配列を引きつける。このとき、わたしたちの染色体の二本鎖を結合しているのと同じ化学の力が働く。

細菌の遺伝子社会は、覚えきれないほどの敵と対峙するようなことがあるのだろうか？　いくつかの証拠から、海などに生息する細菌の場合、攻撃してきそうな敵のゲノムをすべて記録するほどの余地はないので、ＣＲＩＳＰＲシステムは働かなくなっていることがわかっている。

手配写真のランダム生産機

一方、人間の場合、ＣＲＩＳＰＲのような部隊によって自衛しようとしても、一個の細胞がゲノムに取り込んだ敵の写真を、周囲の細胞に転送することはできない。また人間では、情報を次世代に伝えられるのは精子と卵細胞のゲノムに限られ、攻撃してきた敵の情報を子孫に伝えることはできない。さらに、手配写真のデータベースによって危険な相手を見分けることはできるが、そのデータベースは、不運にもそのウイルスに最初に感染した人の助けにはならない。しかし、人間の体を作るには、細菌の細胞を作るよりはるかに手がかかっているので、あなたの体は、新たな危険に直面したくらいで死ぬわけにはいかない。そこで求められるのが、新たな危機に直ちに対処するシステムと、そのシステムを直ちに全身に広げるメカニズムだ。

あなたとすべての脊椎動物の免疫系は、特別な細胞の集合体にいくつかの役割を分担させている。細菌の免疫系と同じく、それらの最大の任務は、侵入者を発見することだ。あなたの免疫系はカジノや細菌が用いるのに似た方法で、それぞれの脅威に的を絞った分子を作るが、侵入しそうなすべての敵に合致する配列を保存しておくことはできない。それに必要な遺伝子の数は、あなたのゲノムの文字数よりはるかに多いからだ。そこで、あなたの免疫系は、手配写真をランダムに作るという手に出た。

先に述べたように、細菌は相補的なＤＮＡ鎖が互いを引き寄せる性質を利用して、侵入者を捕らえている。あなたの免疫系も同じような戦略を用いるが、手配写真となる抗体は、ＤＮＡではなく、タンパク質の配列だ。ランダムな抗体を作る仕組みを理解するために、タンパク質と、それがどのように生成されるかを詳しく見てみよう。

人間のタンパク質は、二〇種類のアミノ酸分子が多数つながったものだ。タンパク質を作るには、まずこのアミノ酸の分子をつなげて長い鎖にする。こうしてできたタンパク質は、折り畳まれて三次元構造になっているが、その形はアミノ酸の物理的特性と化学的特性（大きさ、電荷、疎水性など）によって異なる。それぞれの形は、自然選択に導かれて、特定の機能を果たすように進化した［図２・６］。タンパク質は、ＤＮＡやＲＮＡのような四文字ではなく、化学的に似た二〇の分子で構成されるため、構造のバリエーションははるかに多い。

細胞がタンパク質を作るには、ＤＮＡ配列（アルファベット四文字）をタンパク質配列（アルファベット二〇文字）に翻訳する必要がある。わずかな違いはあるが、この翻訳のルールは地球上の全生物に共通する。これが、地球上に生命が誕生したのは一度だけとわたしたちが確信する理由だ。この翻訳の仕組みを自分で考案しようとすると、それぞれのアミノ酸に少なくとも三文字のＤＮＡ文字が必要だとわかる。もし二文字なら、選択肢は四種類（Ａ、Ｔ、Ｃ、Ｇ）なので翻訳できるタンパク質は四×四の一六種類だけだ。そ

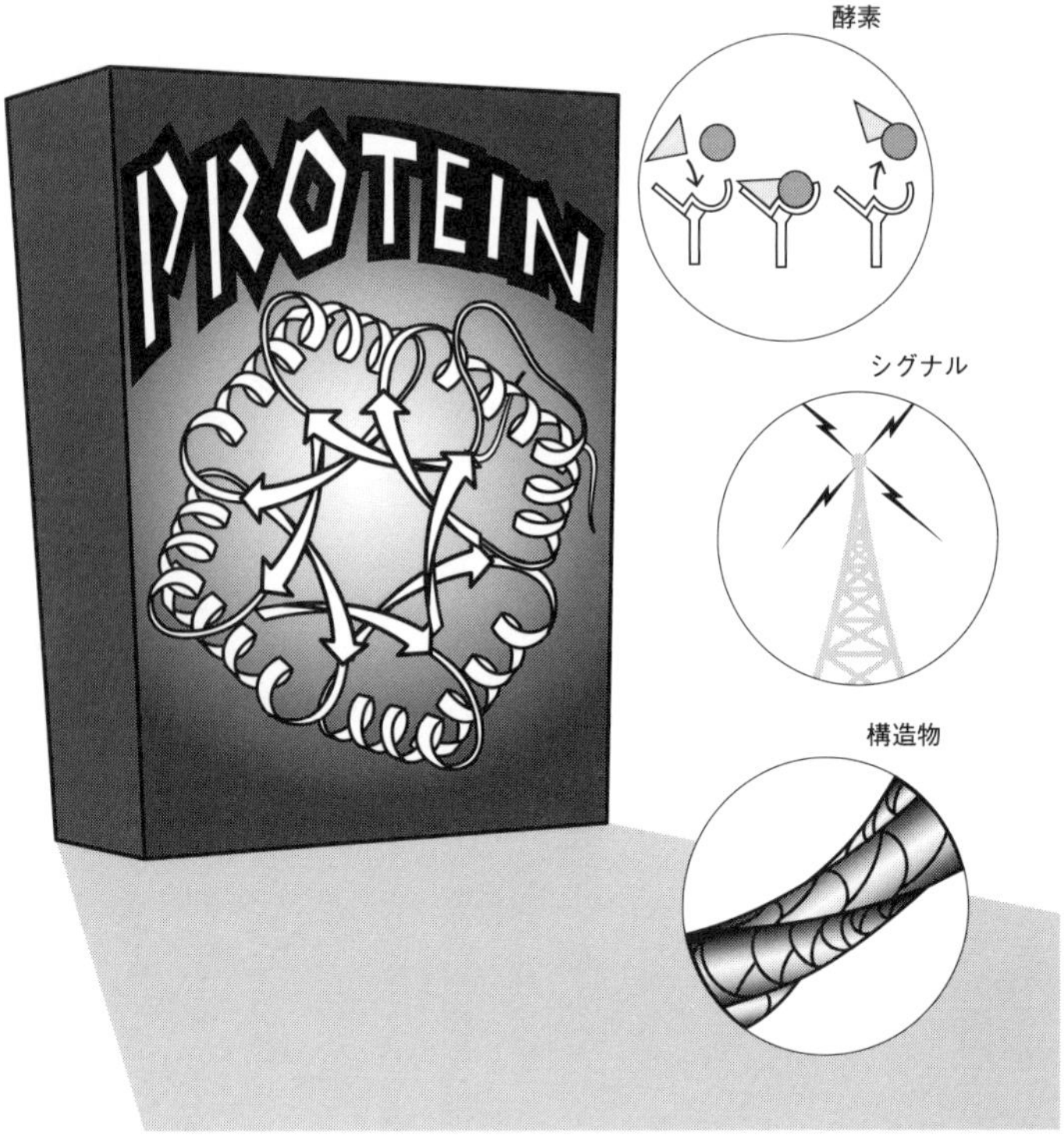

図2・6
タンパク質にはさまざまな機能がある。まず、化学反応の触媒となるタンパク質は、その溝に二つの分子をはめこみ、それらの結合を促す。別のタンパク質は、高エネルギーの分子を使って、情報を伝達している。同じようなタンパク質を集めて小さな支柱を作り、細胞の構造を支えているものもある。

ういうわけで細胞は、三文字（「コドン」と呼ばれる）でタンパク質を表している。AAA、AAC、AAG、AAT……TTTといった具合だ。アミノ酸は二〇種類だが、コドンは六四種類（四×四×四）あるので、当然ながら重複が発生する。実のところ、大半のアミノ酸は複数のコドンによってコードされている。たとえば、TGTとTGCはどちらもアミノ酸のシステインを表す。もっとも、この重複はランダムではない。コドン表は、転写の過程で起きる「タイプミス」の影響を最小限にするように進化してきたのだ。

細胞はタンパク質を生成するときに、分子生物学の「セントラル・ドグマ」（フランシス・クリックが提唱した基本原則）に従う。それは、情報がDNA、RNA、タンパク質の順に伝達されるという原則である。タンパク質遺伝子のDNA配列は、平均で一〇〇〇文字からなる。この配列は前章で述べたポリメラーゼによってメッセンジャーRNAに転写される。次に、このメッセンジャーRNAは、別のタンパク質の集合体であるリボソームに組み込まれる。リボソームはRNA配列上を移動しながら、コドンに合致するアミノ酸を連結させて、タンパク質を合成していく［図2・7］。細胞は、ポリメラーゼとリボソームを形成するタンパク質のコピーを母細胞から受け継いでいるので、タンパク質の生成を始めることができる。

病原菌の特定を助ける抗体のタンパク質はY字型をしている。抗体はそれぞれ、そのY字型の二つの先端部分によって、侵入したタンパク質の特定のグループの断片を捕まえることができる。しかし、もしタンパク質——そして抗体——の遺伝子配列が決まっていたら、免疫系はランダムな抗体タンパク質を作ることができるだろうか。あなたはミキシーズ（Mixies）というゲームをご存じだろうか。頭、胴、脚を描いたカードを集めて人間の体を作るゲームだ。各部位がそれぞれ二〇通りあると、数千通りもの体ができる。

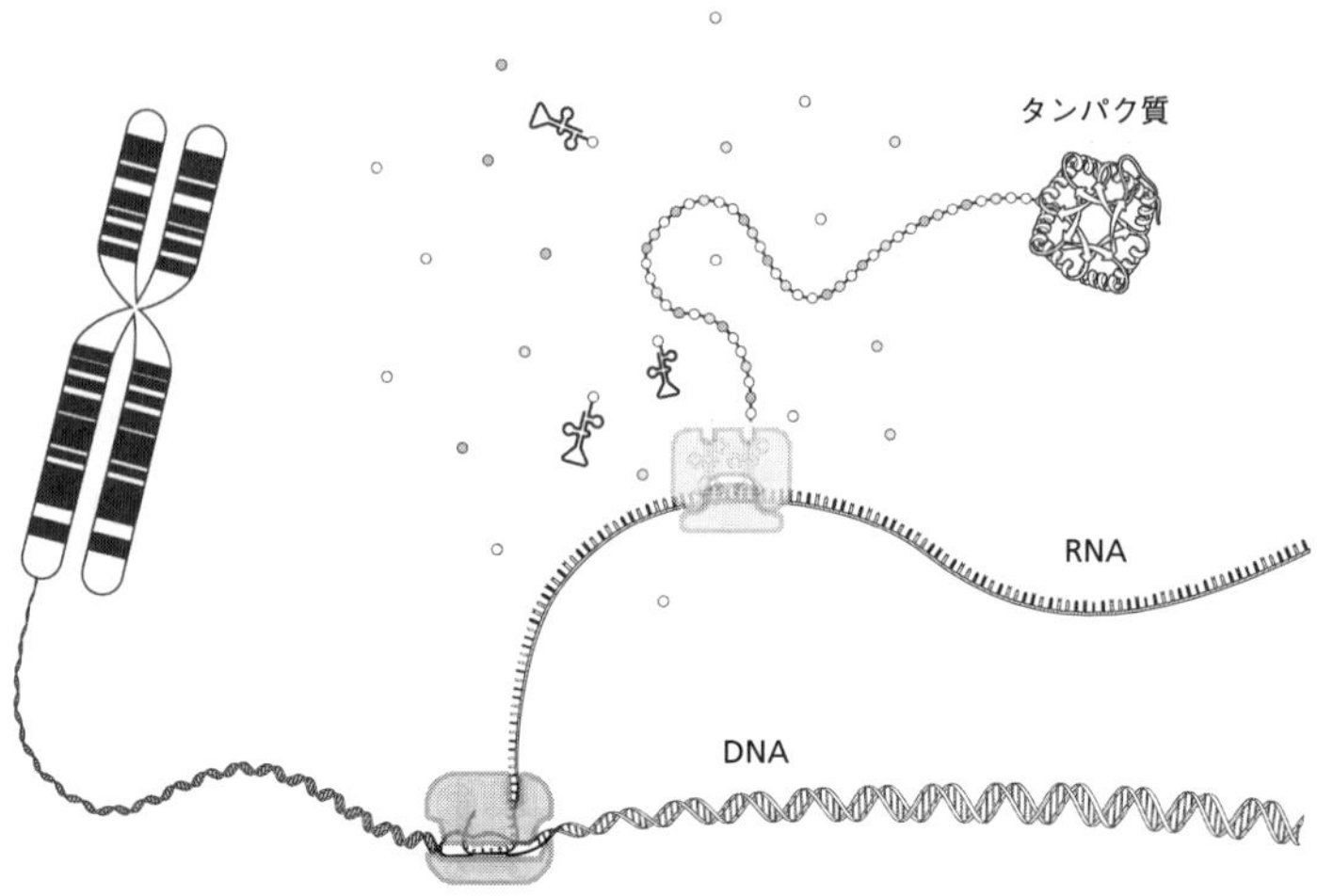

図2・7
分子生物学のセントラル・ドグマ。DNA はポリメラーゼによってメッセンジャー RNA に複製（転写）され、メッセンジャー RNA はリボソームによってタンパク質に翻訳される。トランペット状の物体は、翻訳を支援するトランスファー RNA で、コドンに合致するアミノ酸をリボソームに届ける。

これが、あなたの免疫系が抗体を作るときにやっていることだ。悪玉の手配写真を保存するのではなく、免疫細胞は情報を組み合わせて、多様な手配写真を作っているのだ［図2・8］。

あなたの体の細胞の大半において、抗体遺伝子、少なくともその最終形態は決まっていない。抗体遺伝子は、体がB細胞を生成するたびに、新たに形成される。B細胞は免疫細胞で、抗体を作って全身をパトロールさせ、侵入者がいないかどうか見張っている。あなたの染色体には、V（variable）領域、D（diverse）領域、J（joining）領域という隣接する領域がある。これを集合的にVDJ組み換えシステムと呼ぶ。ミキシーズ・ゲームの頭、胴、脚のセットのように、各領域は、抗体のある部位の異なるバージョンを一セット持っ

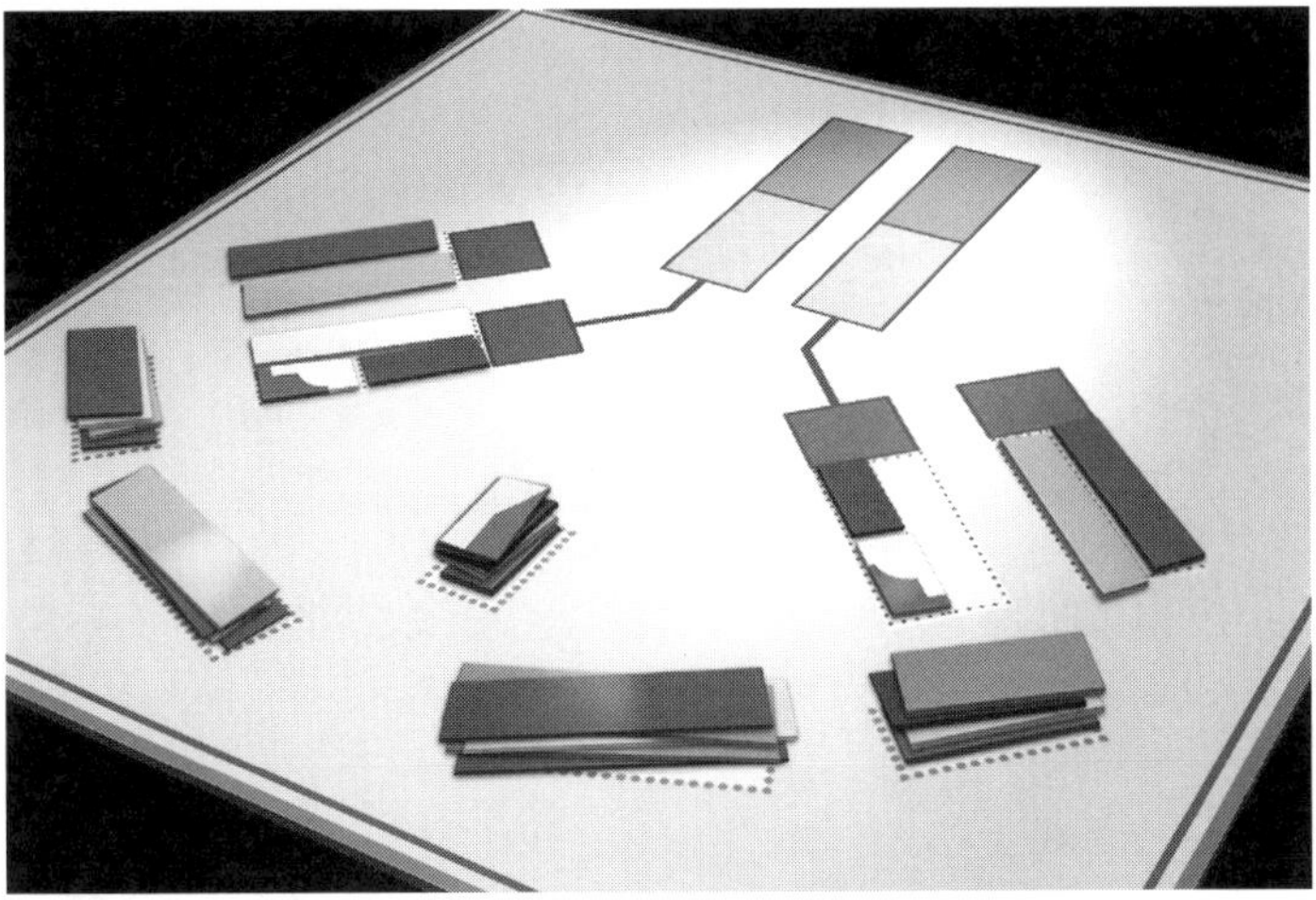

図2・8
VDJシステムは、遺伝子の各部分の変異（カードの山）を組み合わせて多種多様な抗体を作る。

ている。そしてB細胞が生成されると必ず、B細胞内のタンパク質集合体が、V、D、Jの各領域から一枚の「カード」を選択し、それらをつなげて、新しい抗体遺伝子を形成する。まるで、あなたの他の細胞のゲノムはミキシーズのカードセットをすべて持っているのに、B細胞は、カードを選んでひとつのセットを作り、残りのカードを全部捨てるようなものだ。これは異常な行動である。B細胞は、自らゲノムを編集することを許されているごく限られた細胞なのだ。

B細胞が作る抗体は、放出される前に、体が生成するあらゆるものと照合される。カジノの警備員が、コンピュータが作成したあらゆる顔写真から、善良な顧客に似た写真を除外するように、あなたの免疫系もまずはあなたのタンパク質に結合しそうな抗体をすべて除外しなければならない。この自己結合がチェックされないと、B細胞はあなたの体を攻撃するようになる。細菌のＣＲＩＳＰＲ免疫系で時折、自己免疫反応が起きるのと同じだ。このチェック機構ゆえに、骨髄で成熟している間に、あなた自身のタンパク質と結合する抗体をコードしたＢ細胞は、すべて自滅する。そして、残ったＢ細胞が体内に放出され、侵入者の捜索を始める。そして敵を見つけると、食細胞を招集し、敵を食べさせるのだ。

ダーウィンならどうするだろう

Ｂ細胞は、あなたの体の中をパトロールして、他の細胞の表面から状況報告を読み取り、悪玉がいるとわかれば、捕獲している。この報告は、細胞の中から発せられる。そこにはライフサイクルの最後を迎えたタンパク質がばらばらになって浮かんでいる。それをタンパク質の専門部隊が拾って、細胞の表面まで持ってきて、外から見えるようにしている。そうした断片は、細胞内にあるタンパク質のサンプルになる。たいていの場合、それらはあなたの遺伝子が生成したタンパク質で、状況報告では「問題なし」とされる。だが、侵入者が細胞内にいると、異質な断片が混じっている。それは、「助けて！　侵略された！」という細胞の叫び声なのだ。それに気づいたＢ細胞は、その細胞と結合し、「危険な侵入者を捕らえた」というシグナルを送る。

だが、それで終わりではない。理論上、ＶＤＪ組み換えシステムは無数の抗体を作ることができるが、免疫系のＢ細胞の数には限りがあるので、よそ者のタンパク質かもしれない断片すべてを捕らえるＢ細胞を生成することはできない。その代わり、すべてのB細胞は少しずつ違う断片と結合するようになっている。断片によっては結合力が弱いこともあるが、免疫系はそれを強め、B細胞を長期的な防衛戦に取り組ませることができる。これは自然選択の力を引き出す二つの優れた方法によって可能となる。

第一の方法は、働きの良いB細胞に褒美を与える、というものだ。その褒美とは、増殖するためのシグナルである。優秀なB細胞はそのシグナルを使って増殖し、その多くのクローンが体内をパトロールするようになるので、侵入者に感染した細胞を見つけやすくなる。

二つ目の方法は、B細胞が侵入者のタンパク質の断片とより強く結合し、排除できるようにする、というものだ。しかし、どうすれば、B細胞の結合力を高めることができるのだろう。先に述べたように、ある個体群（種であれ、細胞群であれ）に遺伝的違いがあり、それが子孫を残す能力に影響する場合は、自然選択が働く。この理屈からいくと、免疫系は、侵入者のタンパク質とより強く結合できるB細胞を、変異によって作り出し、それらが結合力の弱いB細胞より迅速に、増殖できるようにするはずだ［図2・9］。そうすれば、必然的に、免疫系には結合力の強いB細胞が数多く存在するようになる。

増殖シグナルが、成功しているB細胞に出されると、ユニークなプログラムが稼働する。まず、抗体のY字型の先端をコードする遺伝子に、超変異が起きる。これらの変異は、必要な量だけ起きるようプログラムされている。細胞分裂一〇〇〇回におよそ一回という頻度だ。この変異は、B細胞に多様性をもたらすので、侵入者との結合力も多様になる。ここで重要なのは、変異が起きるのが、B細胞のゲノム全体ではなく、結合力を決めるゲノムだけであることだ。このプロセスはきわめて珍しく、あなたのゲノムの他

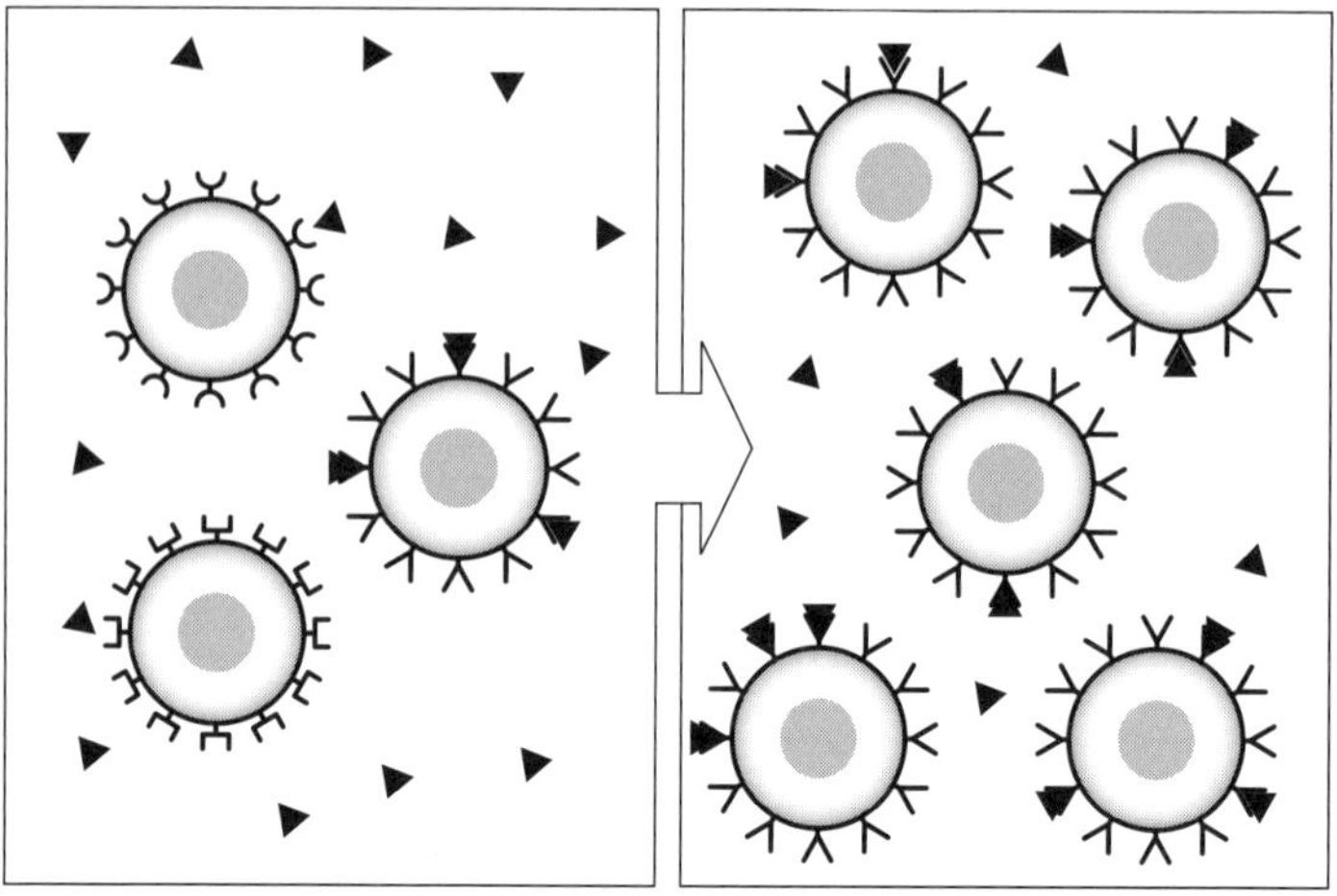

図2・9
B細胞の進化。B細胞は表面にある抗体を使って侵入者を捕まえる。侵略者と最も強く結合するB細胞が、選択され、数を増やす。

の領域では、このように恣意的な変異は、決して起きない。

そして何らかの偶然によって、変異したゲノムの一部は元のB細胞の抗体より強く、侵入者と結合できるようになる。すると、免疫系を監督している細胞は、機能が向上したこのB細胞の増殖を促す。変異と、機能が向上したB細胞の増殖というこのサイクルが数回続くと、免疫系には侵入者と強く結合できるB細胞が溢れるようになる。このB細胞競争の勝者の代表には、長命が保証される。それらは記憶細胞となり、将来また同じ敵から攻撃されたときのために、体内に残る。こうして、あなたはその病気に対する抗体を得るのだ。

ダーウィンが述べた自然選択の三つの条件を、このシステムは完璧に満たしている。まず、B細胞にはその抗体による違いがある。VDJ組み換えシステムによってミキシーズ・ゲームのようにシャッフルされ、また、恣意的な超変異が起きるからだ。したがって、第一の条件、「個体差はあるか？」イエス。次に、B細胞は増殖し、自らの抗体遺伝子を子孫に伝える。第二の条件、「個体差は遺伝性か？」イエス。最後に、増殖のシグナルは、抗体が侵入者と強く結合できるかどうかに基づいている。第三の条件「個体差は適応度、すなわち子孫を残す能力に影響するか？」イエス。この三つの条件が揃うと、必然的にB細胞はその病原菌に適応するのだ。

専門的なことを言えば、組み立てられる方法が異質なため、抗体遺伝子は遺伝子社会のメンバーとは言えない。その配列は束の間のもので、B細胞ごとに異なる。このシステムの遺伝子社会のメンバー――アレル――は、ミキシーズの三領域（variable, diverse, joining）の完全なセットをなす。これらの領域は、単独では役に立たない。切ったりつなげたりする仕組みが働いて抗体の遺伝子になって初めて、体を守ることができるのだ。その仕組みは、他の複数の遺伝子にコードされており、また、さらに多くの遺伝子が、免疫系の働きを支えている。遺伝子社会は、このような分業の取り決めによって、病原菌に負けることなく繁栄しているのだ。

二重スパイと赤ん坊のキリン

創造論者は、人間のような複雑な存在が偶然《ランダム》だけによって生まれるはずがない、と主張する。変異はランダムで、適応度を高めるようなバイアスがかかっているわけではないが、確かに、自然選択のプロセスはランダムとはとても言えない。第1章で見てきたように、がんにはランダムな要素があり、その進行は、何代かにわたっての変異に依存するが、がんは自然選択の論理に従って進化し、その結果、がんを促した変異の拡散は、スピードアップしていく。同様に、抗体の適応もランダムな変異に基づいている。だが、重要なこととして、病原菌に感染した後にB細胞が増殖するのは、偶然の成りゆきではない。

ダーウィンの進化論は、そのシンプルな論理と、幅広い生物学的観察を説明している点で画期的だった。もっとも、進化の仕組みの解明に取り組んだのは、ダーウィンが最初ではなかった。ダーウィンの六五年前に生まれたフランスの博物学者、ジャン＝バティスト・ド・モネ、シュヴァリエ・ド・ラマルクもまた、種は年月をかけて進化し、新しい環境に適応するという考えを支持していた。だが、進化の土台となるプロセスについて、彼の見方は、後にダーウィンが提示するものとはまったく違っていた。

ラマルクの考えは、当時多くの人に支持された。それは、ある生物が生きている間に獲得した変化は、子孫に伝えられるというものだ。この考えは、キリンの首がなぜ長くなったかというおなじみの物語でうまく説明された。キリンがサバンナで暮らしている様子を思い描いてみよう。キリンは低いところにある葉を食べ尽くすと、高所の葉を食べようと首を伸ばす。長年にわたってそうするうちに、首は数センチ伸びる。ラマルクは、この伸びた首は、そのキリンの子孫に遺伝すると主張したのだ［図2・10］。

もしラマルクの考えが正しければ、あなたが習得した能力はすべて子孫に受け継がれるはずだ。あなたがピアノを弾けるのであれば、子孫は生まれたときからあなたと同じくらい弾けるだろう。高いレッスン料も、厳しい練習も不要だ。もちろんこれは、わたしたちが日常、経験することとは矛盾しており、ダー

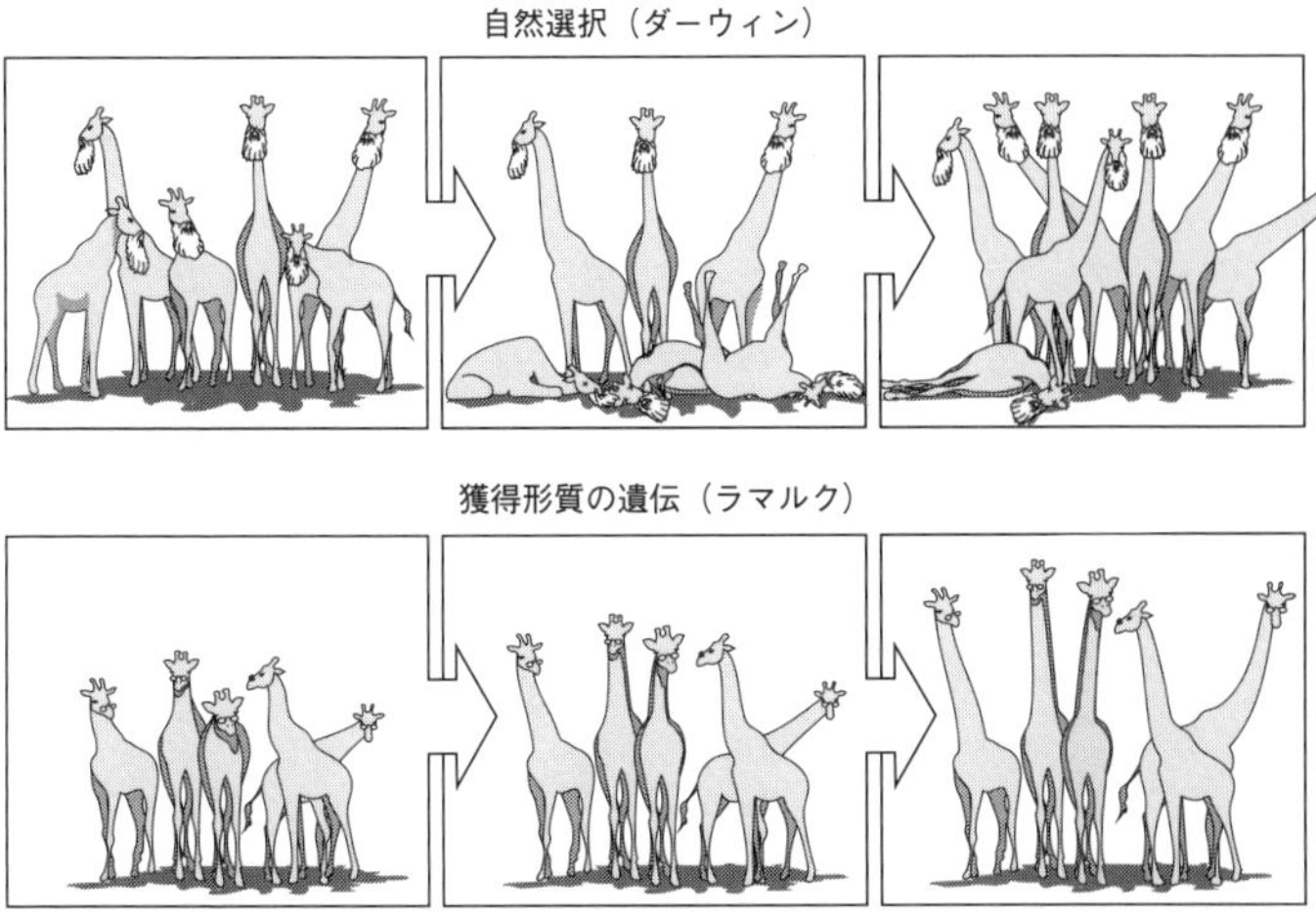

図２・10
ダーウィンによれば、進化はランダムな変異と自然選択によって進む。首の長さに遺伝性の違いがあるとして、首の長いキリンはより多くの食べ物を見つけられるので生き残る確率が高く、長い首の子孫をより多く残す。ラマルクの理論では、キリンの首が長くなったのは、生涯を通じて高所の葉を食べようと首を伸ばしつづけた結果で、その長くなった首は子孫に遺伝する、とされた。

ウィンの理論の説得力が明らかになるにつれて、当然ながらラマルクの説は廃れた。

　今日では、ゲノムを通じて情報が世代から世代へどのように伝わるかについて、詳しいことがわかっている。遺伝情報の断片——アレルのコピー——は、一つの細胞の中に閉じ込められている。キリンや人間など多細胞の生物では、首（その他、あらゆる部位）の変化は、その部位の細胞に蓄積される情報にのみ影響する。その情報は、子宮や睾丸のゲノムには決して伝わらず、したがって、遺伝するはずもないのだ。

　ラマルクは、変化はランダムには起きないと考えていた。キリンの物語が語るように、変化は環境との相互作用を通じて生じる、というのが彼の見方だった。対照的に、ダーウィン進化論の現代の解釈は、生物のゲノムと環境との間には障壁があり、遺伝子から環境への道は一方通行、というのが前提となっている。つまり、遺伝の産物は、環境によってその適応度が試されるが、その結果、すなわち環境による教えがゲノムに還元されることはないのだ。もし環境が長い首を求めたとしても、そのメッセージがキリンの遺伝子に伝わることはない。これらの遺伝子は、首を長くせよという環境の命令に「応える」ことができないのだ。その代わり、個体群のキリンは、それぞれ異なる変異を遺伝子上に持っている。そして、長い首を持つキリンは食料を得やすく、その長い首が変異の産物で、遺伝するのであれば、子孫は繁栄する。このダーウィンの論理が、がんと免疫系の行動の進化にも働いている。

ここで細菌の免疫系に戻り、それがダーウィンの論理にどう当てはまるかを見てみよう。この章の始めに説明したように、細菌の免疫系におけるゲノムの変異は、ランダムに起きるわけではなく、環境の影響を受けて起きる。それらは環境にいるウイルスが細菌に侵入した痕跡なのだ。そうやって獲得された情報は、次の世代の細菌に伝えられる。

ウイルスの配列は、細菌のゲノムに取り込まれると、敵から味方に転じ、細菌の遺伝子社会で繁栄し、細菌が他のウイルスを撃退するのを手伝うようになる。すなわち、細菌の免疫系は、完全にラマルク流に進化するのだ。ランダムに変異を起こして環境に試されるのではなく、環境（ウイルス）の変化をゲノムに取り込むのである。

これは、自然選択のルールが、何らかの理由で細菌では異なる流儀になったということなのだろうか。そうではない。細菌の免疫系には明らかにラマルク説の要素があるが、自然選択は、生物進化の核であり、細菌の免疫系にとってもそれは同じだ。ラマルク説は、細菌の免疫系の機能とは関係があるが、細菌の進化の歴史において免疫系がどのように登場したのかをそれで説明することはできないのだ。

細菌の免疫系が誕生した経緯は、はっきりとはわかっていないが、間違いなくそれは、遺伝性の変異と自然選択によって生まれたはずだ。遠い昔、細菌の個体群が、ＣＲＩＳＰＲシステムをつかさどる遺伝子のランダムな変異のせいで、少しずつ異なる免疫系を持っていた頃を、想像してみよう。免疫系がよく働く細菌は、ウイルスに感染しても生き延びる確率が高い。時を経るうちにそれらは、免疫系の働きが悪い仲間を圧倒していくだろう。

細菌の免疫系は、重要な記憶をゲノムに刻む方法を確立している。このユニークな、環境からゲノムへの経路もまた、自然選択によって進化したものなのだ。ダーウィンが理解した自然選択は、じつに強力で、生物界のありとあらゆる適応の根底にあるのだ。

ラマルクのミルク

わたしたちの免疫系も、細菌のそれと同じく、過去の感染の記憶を保持している。わたしたちのＢ細胞のゲノムは、わたしたちがこれまでに経験してきた戦いを反映している。戦いに勝つほど、記憶細胞のレパートリーは増える。子どもが初めてはしかのウイルスに遭遇すると、その免疫系は、ＶＤＪ／超変異／選択的増殖というサイクルを経て、そのウイルスにどう対応すべきかを学ぶ。こうしてはしかの免疫を得た細胞を、子どもは保ちつづける。そういうわけで、わたしたちは、はしかに一度しか罹らないのだ。

自らの免疫系の記憶を子どもに伝えられないのは、残念なことだ。しかし、ゲノムに頼らずそれを伝えるラマルク流の方法がある。母乳には栄養だけでなく、免疫に関係する分子も多く含まれる。乳児の腸壁に悪い細菌が付着するのを防ぐ特別な糖もその一つだ。また、母親が少し前にウイルスや細菌にさらされると、母乳には、それに反応して作られた抗体がかなり含まれる。これらの抗体は消化されにくい形になっているので、乳児の腸まで届き、そこにいるウイルスや細菌に付着する。また、抗体は赤ん坊の口や鼻の周囲もパトロールしていて、空気感染する病気を防いでいる。

こうして母乳は乳児の免疫力を上げ、風邪、インフルエンザ、その他の病気に罹りにくくしている。世界保健機関が、生後六か月間は母乳で育て、その後も二歳以降まで補足的に母乳を与えることを勧めるのは、このためだ。母乳育児は、哺乳類ならではの特徴であり、病原菌との終わりなき戦いに勝つための、偉大な戦略なのである。

これまで見てきたように、ウイルスが細菌を攻撃するのであれ、細菌がわたしたちを攻撃するのであれ、ある生物が別の生物を攻撃するのは、基本的には社会と社会の衝突である。その戦いは、きわめて効率の良い、専門の部隊によってなされる。人間の免疫系は、自然選択の力を利用して、即時に敵を倒す。しかし、進化のタイムスケールで見れば、わたしたちの体は、束の間の存在にすぎない。遺伝子社会は、人間の世代から世代へ進むにつれて進化していく。その世代から世代への推移——その推移を調整する抑制や均衡と合わせて——が次章のテーマだ。

第3章 セックスの目的は何か？

戦時においては公平かつ寛大であれ。統治においては支配しようとしてはならない。
――老子

二〇一三年、イングランド銀行は一〇ポンド紙幣の肖像画を、チャールズ・ダーウィンからジェーン・オースティンに変更した。どちらも有名な人物だが、有名であるという他に、共通点はないように思える。しかし、よく調べてみると、彼らの仕事には共通の主題があったことがわかるだろう。そう、両者とも性について著しているのだ。オースティンが描いた女主人公の仕事は、ふさわしい結婚相手を見つけること。ダーウィン流の言葉でいえば、彼女らが探しているのは、自分の遺伝子と結合させれば、遺伝的、社会的に有利な子どもを持てそうな遺伝子を持つパートナーである。有性生殖は遺伝子の社会の進化にとってきわめて重要なドライバーだ。ダーウィンは遺伝子については何も知らなかったが、有性生殖の重要性は理解していた。もし彼が生きていたら、一〇ポンド紙幣のその場所を、同じ志を持つオースティンに喜んで譲ったことだろう。

性の明らかな優位性

がんと免疫系の場合、遺伝子社会は一人の人の中で進化する。全身の細胞が巨大な個体群となり、自然選択の原理に従って進化していくのだ。しかし、そのように進化しても、この個体群は、長くても二、三〇年後には必ず死滅する。わたしたちの遺伝子にとって、生き延びる唯一の方法は、自らのコピーを作り、次世代に引き渡すこと、つまり子どもを作ることだ。そして、遺伝子にしてみれば、赤ん坊が哺乳類の伝統的な方法で作られたか、それとも、進歩しつづける生殖医療の恩恵を受けて誕生したかは、問題ではない。本書でも同じ立場に立ち、有性生殖《セックス》を、二つの個体が交わって新たなゲノムを作ること、と定義しよう。

セックスは子どもを作るうえで良い戦略なのだろうか？　この問いに答えるために、まず、父親と母親がセックスで子どもに何を受け継がせるかを見てみよう。それは、父親も母親も、自分のコピーの半分だけだ。孫になると四分の一、ひ孫だとわずか八分の一だ。わずか一五世代で、父親あるいは母親の二万個の遺伝子は大いに薄まり、一五代目の子孫は平均でたった一個のアレルを受け継ぐだけとなる。

では、母親が自分だけで生殖事業を進められるとしたらどうだろう？　ありそうもないことのように思えるが、いくつかの動物では実際にそれが起きている。「協力者」のＤＮＡを求めるのではなく、自分の完全なゲノムを卵子に入れ、自分のクローンを作るのだ。そうすれば、一五世代経っても、子孫は全員、自分と全く同じ遺伝子のセットを保有していることだろう。セックスをしなければ、遺伝子が薄まることはないのだ。

セックスによって、クローニングによる場合と同数のアレルを次世代に残すには、クローニングによる場合の二倍の数の子どもを作らなくてはならない。「セックス」は高くつくようだ。それをメイナード・スミスは性の二倍のコストと呼んだ。そのような高いコストを支払うからには、それに値する利益があってしかるべきだ。そして多くの場合、男性が有性生殖に貢献するのはゲノムの半分だけなので、答えはそこにありそうだ。

このテーマにふさわしい古いジョークがある。あるカクテルパーティで、男性のファッションモデルが女性の物理学者と出会った。「結婚しよう」と彼。「ぼくたちの子どもはきっと、ぼくのように美しく、あなたのように賢いだろう」。彼女はこう答えた。「でも、逆になったらどうするの？」

もし二人の外見と知性が、彼らの染色体上にある一個のアレルによって決まっているのであれば、どちらの結果も等しくあり得るだろう。セックスでは、二つの完全なゲノムが足し合わされるわけではない。もしそうなら、ゲノムの大きさは世代ごとに倍々になっていく。そうではなく、子どものゲノムは常に母親と父親から半分ずつ受け継いでいる。そして子どもの知能と外見は、そのどちらを選ぶかで決まるのだ。性が遺伝子社会に対して持つ力は、このアレルのランダムな混合に根ざしている。

すべての生物が有性生殖《セックス》によって繁殖するわけではない。細菌は、少なくともわたしたちが知っているような有性生殖はしない（詳細は後述する）。子孫を増やすために、細菌は自分のゲノムを複製して、自分のクローンを作る。わずかな偶然による変異を除けば、細菌の母娘のゲノムはまったく同じで、薄まるという損失はない。

次の実験は、細菌の進化を示すものだ。皿の中にミニチュアのフットボール場を作り（図3・1はその半分を示している）、その底を細菌が好んで食べる糖溶液で覆う。エンドゾーン（図の一番上：ゴールラインの向こう）より下では、溶液に抗生剤を加え、徐々に濃度を増していく。ゴールラインと一〇ヤードラインの間は一倍、一〇ヤードと二〇ヤードの間は一〇倍、二〇ヤードと三〇ヤードの間は一〇〇倍、四〇ヤードと五〇ヤードの間は一万倍、というように。それから、細菌をフィールドに均等にばら撒き、何が起きるかを観察しよう。当初、細菌は抗生剤のないエンドゾーンでしか増殖しないことがわかる。そこには、たちまち一兆（一〇〇万×一〇〇万）の細菌細胞が現れるだろう。

やがて、ゴールラインより下の、抗生剤で汚染された領域にも、細菌の白丸がいくつか現れる。がんの進化と同様に、細胞が分裂するたびに、新たな変異が起きる可能性がある。一兆個も細胞があれば、分裂のたびに非常に多くの異なるゲノムが生まれ、そのいくつかはたまたま、抗生剤への耐性を持っている。それらが、抗生剤に汚染された領域へ入っていくのだ。がんの場合と同じく、多くの数には力がある。

幸運な変異を起こした白丸から広がって、細菌はゴールラインから一〇ヤードラインまでの領域を征服する。しかし、一〇ヤードラインを超すと抗生剤の濃度が一〇倍になるので、細菌はその領域に入り込むことができない。そこを侵略するには、さらに洗練されたスキルが必要で、さらなる変異が必要とされるのだ。しかし再び数の力によって、一〇ヤードラインまで広がったゲノムの一つが変異を起こし、一〇ヤ

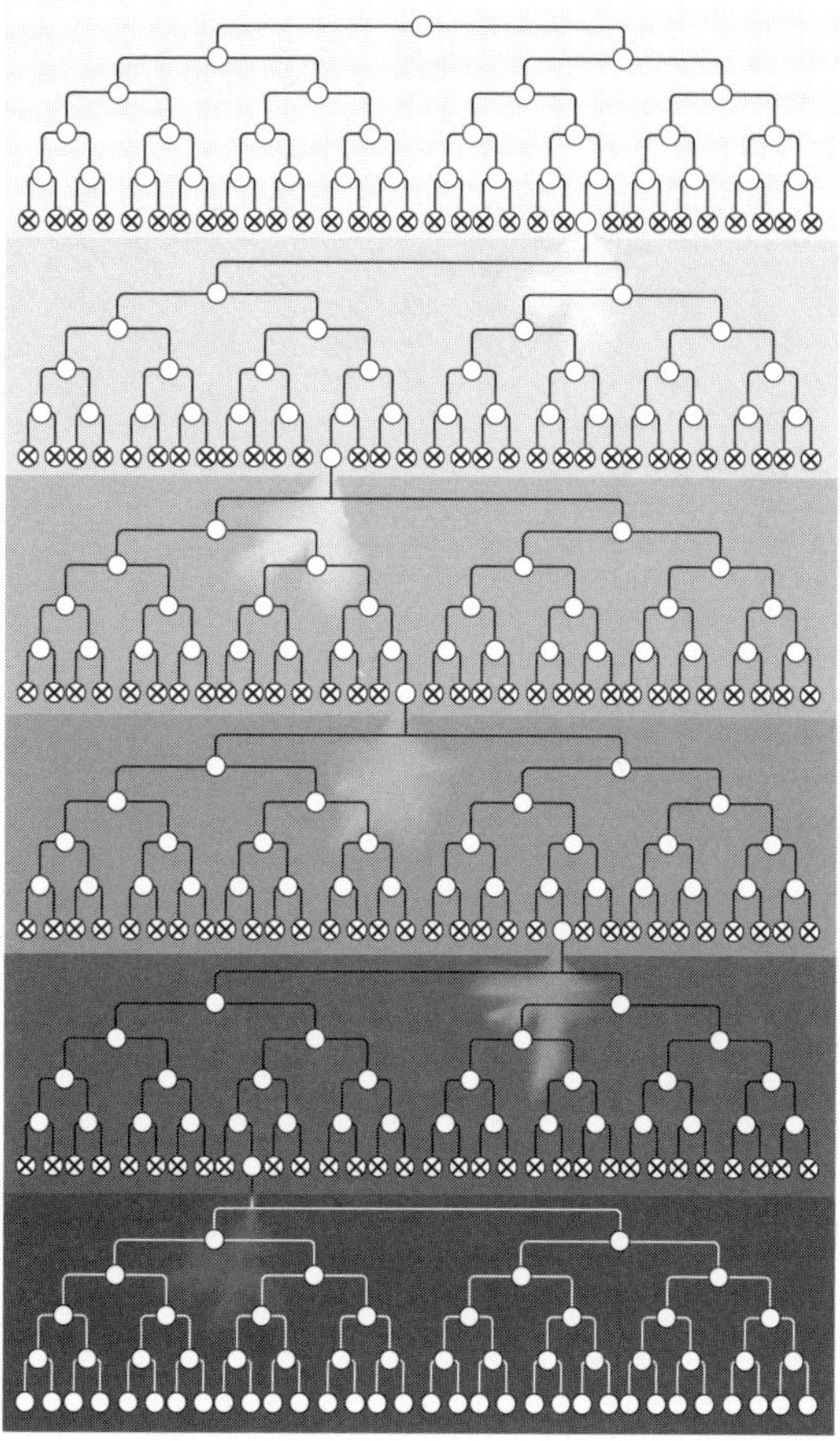

図3・1
ハーバード大学医学大学院のロイ・キショニーらが行った実験。大きな長方形の皿を糖溶液で満たし、フットボール場のヤードラインを模した区域に分割する。図は、そのフィールドの半分を示し、最上部のエンドゾーンから最下部の50ヤードラインまでを表している。最上部のエンドゾーンの区域（ゴールラインより上）には抗生剤はなく、0～10ヤードの区域には低濃度の抗生剤がある。抗生剤の濃度は10、20、30、40ヤードライン（最上部から最下部へ）を超えるごとに、10倍ずつ増える。細菌をこのフィールド全体にばらまくと、最初はゴールラインの上だけ増殖するが、やがて、一つずつラインを越えて、波のように増殖していく。それぞれのラインを越えるには、新たな変異が必要で、それはその前の変異を起こした細菌が十分増えると、発生しやすい。

ードから二〇ヤードまでの領域への進出が可能になる。この拡大、変異、数の力、というプロセスは、フィールドの両端からスタートした細菌の集団が出会うまで続き、両チームは、やがてフィールド中央部に残された糖をめぐって競いあうようになる。

がんで起きたのと同様に、細菌は数回の変異を起こし、そのたびごとに、一つの「防御」ラインを越えられるようになった。この進化は、変異後に起きた増殖によって、大いに加速された。人間にとって、細菌が抗生物質への耐性を増していく過程は、がんの進行と同じくらい恐ろしいものだ。多剤耐性細菌［多くの抗生物質が効かなくなった細菌］による感染は急速に増えており、製薬会社による新たな抗生剤の開発は、それに追いついていない。

細菌は、母細胞が遺伝的に同一の娘細胞を生むという形で増えていくので、以下のような限界がある。いくつかの細菌がそれぞれ異なる変異を獲得し、抗生物質への耐性を高めたとしても、やがて、これらの変異種のたった一つだけが、圧倒的に強くなり、細菌の遺伝子社会において、絶対的な地位を確立する。そうなると、他の競合する変異は凌駕されるのだ［図3・2］。

もし細菌が有性生殖《セックス》をするのであれば、抗生物質への耐性の獲得は、もっとうまくいくだろう。その場合、一個のアレル上で起きた有益な変異は、別の有益な変異を持つアレルと結合してゲノムを形成する。二つの有益な変異を持つこの娘細胞は、どちらの親よりも適応性が高く、フットボール場の次のラインの向こう側へゆうゆうと乗り出していけるだろう。

しかし、セックスでなければ、トップの変異だけが生き延び、競合する変異は失われる。そして、二番

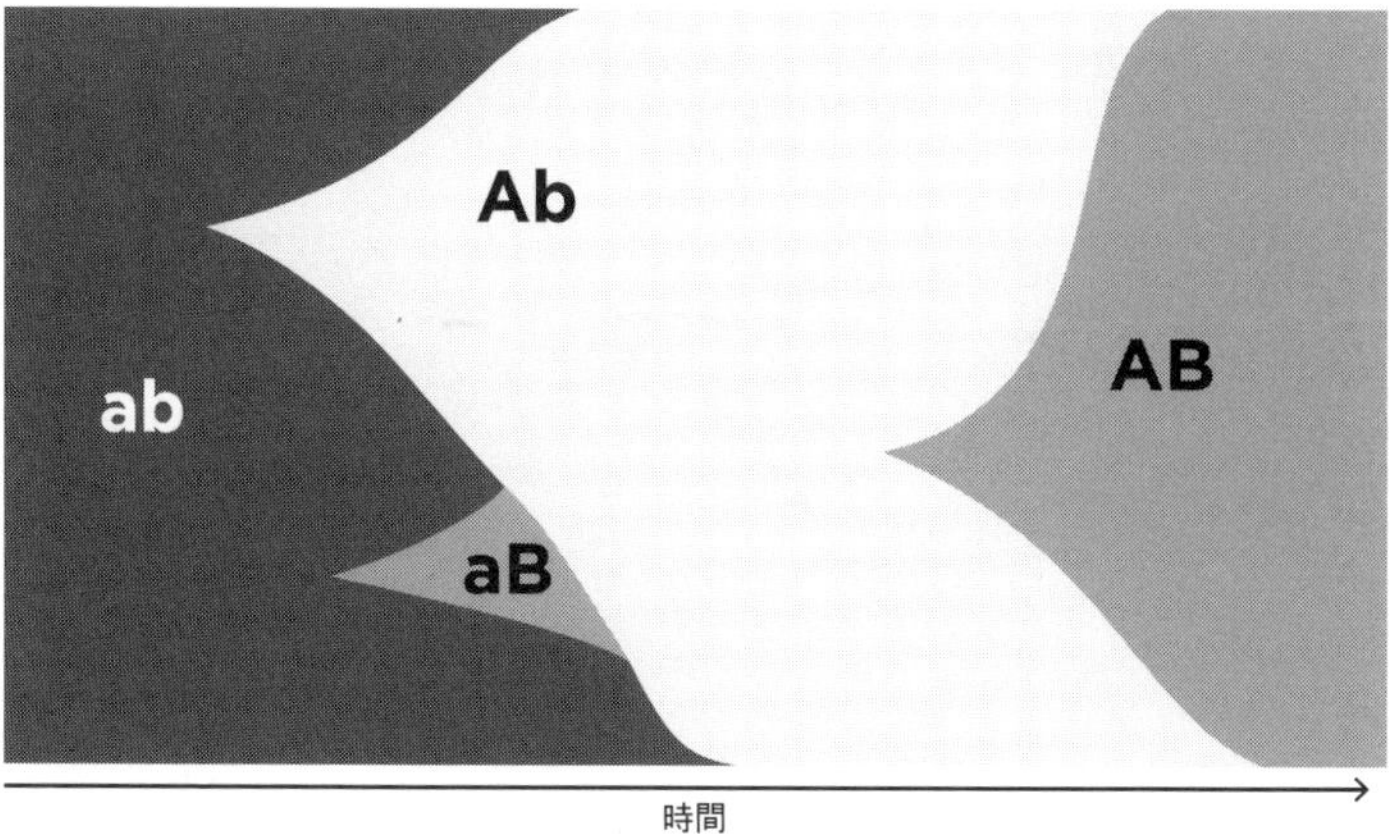

図3・2
細菌の遺伝子社会における仮説的な進化のシナリオ。適応度の低い対立遺伝子（a と b）と適応度の高い対立遺伝子（A と B）に注目。矢印は時間の方向を示す。時間を垂直に区切ると、ある瞬間の対立遺伝子の分布がわかる。最初、すべての細菌は適応度の低い対立遺伝子 a と b を持っていた。適応度の高い対立遺伝子 A と B が別々に生まれ、それを含む Ab と aB がしばらくの間、共存する。しかし、遺伝子の組み換えが起きないため、この二つの変異は一つのゲノムに組み入れられることがなく、最終的に aB は Ab に圧倒される。その後、長い年月が経ち、Ab の個体の中で再び b から B への変異が起きて、二つの有益な変異を持つ細菌が生まれる。

手、三番手の変異が、将来の世代で再び起きるかどうかは定かでない。つまり、細菌の遺伝子社会は、性の二倍のコストを避けることはできたが、別々のゲノムで起きた好ましい変異を組み合わせることができないという、代償を支払っているのだ。細菌はそれでも変化する環境にうまく適応しており、数を頼りに力を引き出している。しかし、わたしたち人類のような少数の集団は、環境の劇的な変化に見舞われた場合、有性生殖があまりに少ないと、絶滅に至るだろう。

すべての哺乳類は、セックスによるゲノムの希薄化という代償を支払う代わりに、両親の有益な特性を一人の子どもの中に結合させることができる。また、セックスは優れたアレルを組み合わせる方法を提供するだけでなく、遺伝子社会から有害な変異を一掃する効率的な方法も提供する。両親のゲノムに、それぞれ別の遺伝子に影響する有害な変異があるとしよう。この両親のそれぞれがクローンの子を産みつづけたら、やがてその変異のせいでクローンは生存競争に負け、遺伝子もろとも死んでしまうだろう。しかし、セックスでなら、無害なアレルの組み合わせを持つ子も生まれ、それらは有害なアレルと縁を切って生き延びることができるのだ。

これがセックスのメリットである。セックスは、アレルのアメリカン・ドリームを叶えてやる。それはアレルを分離させるので、一方のアレルに有益な変異が生じた場合、それは、もう一方の無力なアレルを切り離して、成功への道を歩むことができるのだ。後に述べるように、その有力なアレルは新しいパートナーを見つけて、ゆっくり数を増やし、一方、無力なアレルは、滅びていく。本質的に、セックスが遺伝子社会の中で進化してきたのは、それが新たなアレルと組むことを可能にし、長期的には、遺伝子がよりうまく協働できるように導いたからなのだ。

また別の考え方もある。ブリッジのようなカードゲームをチームで行っているとする。もしこれらのチームが固定化されていれば、あるプレーヤーが勝てるかどうかは、パートナーの腕前に左右される。上手なプレーヤーでも下手なプレーヤーと組んでいれば、勝つ見込みは低い。しかし、もしチームが一回ごとにランダムに組み直されるとすれば、個人の最終的な成績を決めるのは、その人自身の腕前だ。遺伝子の社会も、多様なアレルのチームを有性生殖によって常に組み直しているので、自然選択は、長期的には最高の性能を持つアレルの増加を促進するのである。

セックスは平等主義

あなたが両親から受け継いだ二本の染色体上の一対のアレルは、その一方しか子どもに渡すことができない。それらのアレルが受け継がれるチャンスを均等にするために、セックスをする種は、特殊な細胞分裂を行う。減数分裂と呼ばれるこのプロセスは、まさに有性生殖の核をなす部分だ。もし染色体がひとまとめに、世代から世代へと伝えられるのであれば、遺伝子の混合はきわめて限られたものになる。たとえば、第一染色体上にあるおよそ四〇〇〇個のアレルは、すべて運命共同体となる。先のパーティのジョークに戻れば、女性物理学者が、形式推論能力を母親の第一染色体上のアレルから受け継ぎ、創造的思考能力を父親の第一染色体上のアレルから受け継いでいたとして、減数分裂が起きなければ、彼女は親からもらった第一染色体のどちらか一方しか子どもに伝えられないので、その二つの能力を両方とも子どもに受け継がせることはできなくなる。

では、どうすれば、両親の第一染色体を均等に混ぜ合わせることができるだろう。細胞機構は相同染色体のコピーを作るところからその作業を始める。次に、元の染色体とそのコピーを対にし、それぞれ二つ以上の断片に切断する。そして、それぞれの領域ごとに、断片のどちらかを選んで、新たな染色体を組み立てていくのだ。その選択にガイドラインはない。ランダムな分子のダンスが、染色体がどのように再編成されるかを決める。卵子と精子を作るためのこの重要なゲノム操作は、組み換えと呼ばれる。リチャー

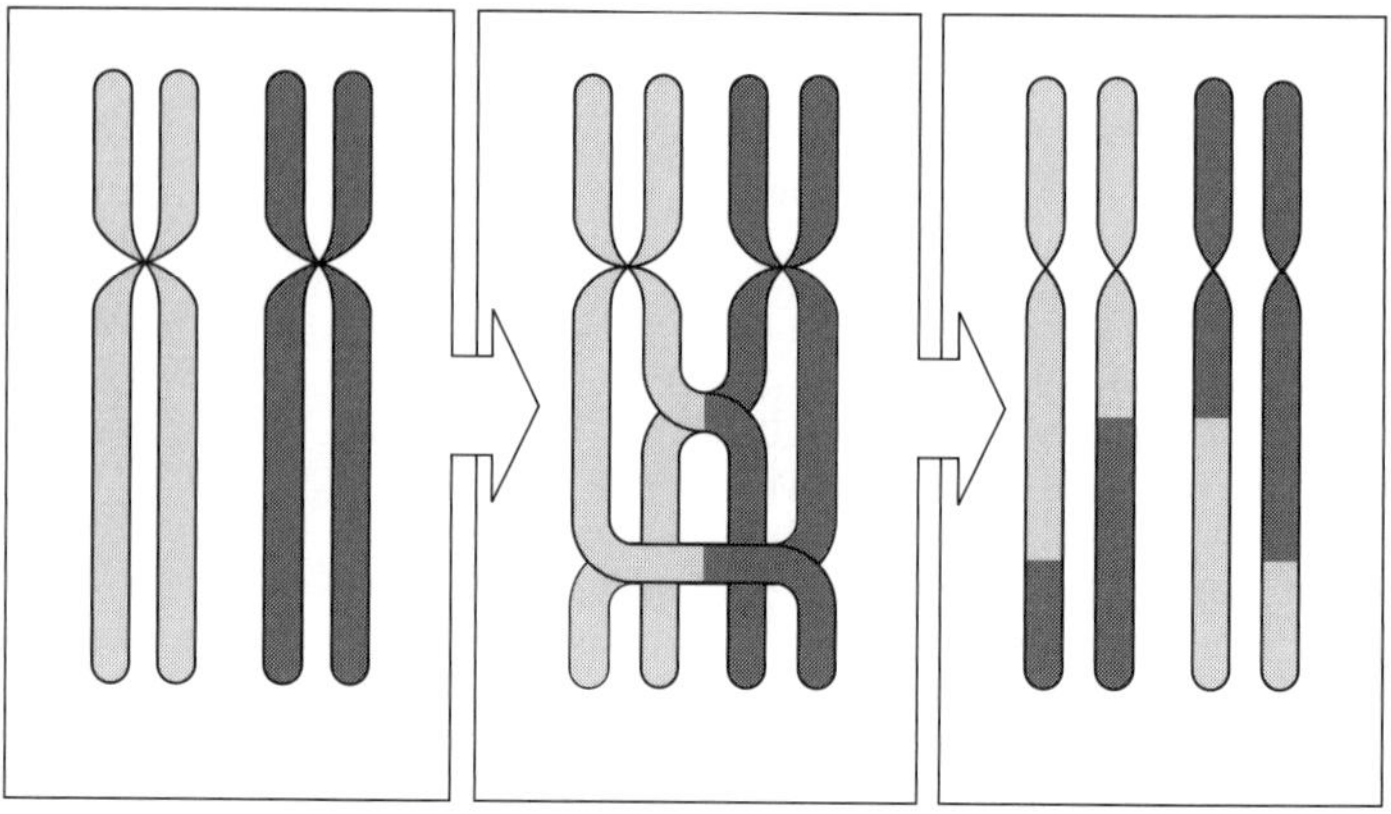

図3・3
母親と父親の染色体はまず複製され、互いとつながった状態になる。その後、組み換えが行われ、同じ領域をカバーする断片を交換する。

ド・ドーキンスは『利己的な遺伝子』の中で、染色体をトランプのカードに喩えたが、その喩えを拝借すれば、父親が青いトランプを一組、母親が赤いトランプを一組持っている。娘は両親から青と赤のトランプ（染色体）を受け継いだが、卵細胞生成の段階でトランプはシャッフルされ、五二枚のカードは青と赤が入り交じった状態になるのだ［図3・3］。有性生殖の大きな利点は、アレルをシャッフルして新たなゲノムの組み合わせを作れるところにあり、それを可能にしているのが、この組み換えのシステムである。

すべての染色体は組み換えを行うが、Y染色体は別だ。Y染色体は、SRYと呼ばれる遺伝子によって胚の性別を決定する。Y染色体上にSRY遺伝子が発現した場合は男の子（XY）になり、しない場合は女の子（XX）になる（SRY遺伝子が破壊されたか、相互作用するはずのタンパク質に認識されない場合、女性になるはずの胚にXY染色体が出現することがある）。男性はYのコピーを一つ持っているが、女性は持たないため、Yは、対応する染色体と出会うことができない。つまり、他のY染色体上のアレルとシャッフルされる機会がないのだ。例外は、Y染色体が、対応するX染色体の鏡像になっている領域で、そこにはおよそ二〇個の遺伝子が含まれる。減数分裂で染色体が対になるとき、XとYのこの領域は対になって、他の二二本の染色体が行うような組み換えを行う。しかし、Yの残りの対立遺伝子に、そのような機会は与えられない。トランプの喩えに戻れば、Yの組の上の数枚だけが、Xの組の同数のカードとシャッフルされ、残り部分はシャッフルされないままになっているようなものだ。

したがって、Y染色体の組み換えが起きない部分に有害な変異が起きれば、その染色体上のすべての対立遺伝子に害が及ぶ。そのような変異を避けることはできないが、その変異が保有者にとってそれほど害にならなければ、そのY染色体は持ちこたえるかもしれない。いずれにせよ、組み換えが起きないので、Y染色体から有害な変異を追い出すすべはなく、そのためY染色体は徐々に衰えてきた。

およそ一億五〇〇〇万年前、他の二二対の染色体が現在そうであるように、X染色体とY染色体が対になっていたことを示す証拠がある。しかし、徐々に、これら二つの染色体の非対称性は増していった。現在、X染色体はおよそ二〇〇〇個の遺伝子を持っているが、Y染色体が持つ遺伝子は二〇〇個以下だ。対になる相手がいないまま数百万年を経るうちに、有害な変異のせいで、Y染色体上の遺伝子が次から次へと不可逆的に消えてしまったのだ。一方、X染色体では、破滅的な変異が起きても、二つ目のX染色体との組み換えによって、その変異は効率的に取り除かれた。皮肉なことに、胚の性別を決定する染色体は、パートナーがいないことに悩む唯一の染色体なのだ。この先も人類が生きつづければ、数百万年のうちに

Y染色体はすっかり消えてしまうだろう。そうなると、二つ目のX染色体がないというのが男性の特徴になる。これはすでに日本の島に生息するトゲネズミ［オキナワトゲネズミ］で起きている。そのネズミたちはY染色体がなくても不自由していない。

シャッフルの喩えに戻れば、組み換えが起きて、新たな染色体ができると、次は、その対の一方を卵細胞に挿入しなければならない。アレルにしてみれば、卵に入ることは次世代につながる唯一のチャンスだ。どのアレルも、卵と精子に入り込むことができなければ、絶滅してしまう。それほど重大な運命がかかっているのに、減数分裂がまったく公平であるのは、驚くべきことだ。しかし、もしも精子と卵にうまく潜り込む道があったら、遺伝子社会は詐欺師だらけになり、社会全体の存続に役立つアレルは、排除されてしまうだろう。

減数分裂では、すべてのアレルに、次世代へ向かうシャトル便に乗り込む五分五分のチャンスが与えられている。その運命は決まっておらず、コイン投げのようなものだ。この偶然性は、アレルの運命において重要な役割を演じるが、それについては第4章で見ていくことにしよう。ここで重要なのは、減数分裂は個々のアレルの質には関知しないということだ。組み換えによる組み合わせは、完全にランダムなのだ——その後、ランダムでないもの、すなわち自然選択によって、ふるいにかけられる。

コイン投げの代わりに、母親の細胞が、優れたアレルを選んで卵に入れることができれば、総じて良い結果が出るのではないだろうか？　ここで、ある遺伝子について考えてみよう。母親がその母親から受け継いだ染色体上には、すばらしく機能するアレルがあり、父親から受け継いだ染色体上には、欠陥のあるアレルがあったとする。減数分裂はそのどちらにも、次世代へ受け継がれるチャンスを平等に提供する。これは効率的なシステムとは思えない。

しかし、その二者択一において、どちらのコピーが優れているかを、何が判断するのだろう？　第５章で見ていくが、あるアレルの行く末と「質」は、それが協働する遺伝子の型に大いに依存する。そのため、仮に減数分裂の機構が、面前の二つのアレルのうちどちらが優れているかを見分けられたとしても、次世代でどちらがうまくやっていくかを正確に予測することはできないのだ。選挙に喩えれば、なぜ投票の権利は、すべての市民に与えられるべきなのだろう。モラルが優れている市民だけに投票権が与えられていたら？　当然ながら、ここで問題になるのは、モラルの優位性をどう定義するかということだ。それに関して、絶対に正しい判断というものはあり得るだろうか？

アレルの能力査定の難しさに加えて、さらに懸念されるのは、この種のシステムがごまかしの方法を供給することだ。もし誰か、あるいは何かが、誰に価値があるかを決定するのであれば、その決定は何かの影響を受けて変わり得る。歴史が語るのは、社会全体の幸福を一貫して促進するという点において、平等な民主主義はあらゆる政治形態に勝る、ということだ。ゆえに遺伝子社会は、優れた遺伝子を選んで次世代へのシャトル便に載せるのではなく、すべてのメンバーに平等な機会を与えているのだ。

有性生殖がもたらす可能性は、驚くほど多い。その威力を実感するために、ゲノムに遺伝子を一〇〇〇個しか持たない生物の集団を思い描いてみよう。その遺伝子は二種類のアレル、Ａ、Ｂとして表出する。あるゲノム上の遺伝子は、ＡかＢのどちらかで、その選択が一〇〇〇回繰り返される。ではゲノムは何種類できるだろう。簡単な計算だ。最初のアレルがAかB。二番目のアレルがAかB、という選択が繰り返されるので、二×二×二……×二——つまり、二を一〇〇〇回掛け合わせた数がその答えだ。それは宇宙に存在する原子の数よりはるかに多い。そして忘れてはならないが、一〇〇〇個は遺伝子の数としては少なく、またアレルが二種類というのも、現実よりはるかに少ないということだ。次章で見ていくが、全人類の遺伝子の中には、あなたの遺伝子のアレルが、それぞれ数百とはいかなくても数十個、存在するのだ。

新たな変異が起きなくても、既存のゲノムを混ぜ合わせただけで、驚くほど多くのバリエーションが生まれる。組み換えによって、人類のゲノムは、性を持たない種のゲノムよりはるかに多くの、変異の組み合わせを作り出せるのだ。その組み合わせがうまく協働しないゲノムは、成功しないだろう。一方、組み合わせがうまく協働すれば、モデルと物理学者の子どもが美しくかつ頭脳明晰であるというように、非常に良い結果が出るだろう。

遺伝子社会は、中世ヨーロッパの都市で商工業者が築いたギルドによく似ている。ギルドにはそれぞれ厳格なルールがあり、使える道具や、作れる製品が決められている。こうしたルールがギルド間の線引きをよりはっきりさせている。

ゲノムは、各ギルドから一名ずつ集めた職人の集まりに相当する。つまり、組み換えと有性生殖は、遺伝子社会からランダムに選び出した二万のアレルを、一つのゲノムに押し込むわけではないのだ。染色体上の特定の場所は、常に同じ種類のアレル——同じギルドの職人に相当する——が占めるようになっている。組み換えにおける染色体腕の交差（乗り換え）は、一方の親から受け継いだ染色体の一部が、もう一方の親から受け継いだ染色体の同じ部分と入れ替わるよう、慎重に行われる。つまり「ギルド」に加わっている染色体は、ギルドの掟を守って、遺伝子の位置をしっかり維持しているのだ。

このような有性生殖の利点を知っても、おそらくあなたは、自分のクローンを作ることに魅力を感じるだろう。しかし、クローンを生むことを可能にする変異について考えてみよう。短期的には、この新たなアレルはうまく機能するだろう。あなたのゲノムは、本書を選ぶセンスと、本書を読む知性を持つ人のものなので、クローンも孫世代のクローンも、そのようにすばらしい遺伝子のセットを受け継ぐことになる。しかし、長期的には問題が生じる。あなたの子孫にバリエーションが生まれるのは、クローニングの過程で、偶発的な変異やエラーが起きたときに限られる。そのようにバリエーションが乏しいと、危機に弱い。たとえば、気候が急激に変化したとき、クローンには迅速な適応ができない。適応に必要ないくつかの変異は、クローンの一系統で連続して起きなければならず、別々の系統で起きた有益な変異を組み合わせることはできないのだ。人類の遺伝子社会と切り離されたあなたのクローンの集団は、やがて進化の袋小路に入り込み、絶滅するだろう。

これは架空のシナリオではない。サメ、ヘビ、昆虫の中には有性生殖をしないものもいるが、それはきわめて珍しい事例で、いずれの種も長く存続できるとは思えない。それらは早々に絶滅し、そのクローニング戦略が数百万年以上続くことは稀だろう。今、存在するクローン種のほとんどは、比較的最近、種がセックスの二倍のコストを支払うのを拒むと何が起きるかを明かすために自然が仕掛けた実験の被験者なのだ。環境変化のスピードが、変異によって適応できるスピードを上回ると、それらは困難に見舞われる。

有性生殖を経ないで子孫を作る哺乳類は、観察されていない。わたしたちの種が成功した理由の一つは、セックスレスに陥らないよう生殖システムを強化したことにある。セックスレスは安くあがるが、最終的に絶滅をもたらすのだ。

では、性を持たない細菌はなぜ絶滅しないのだろう？　フットボール場の実験で見てきたように、それらは数の力に頼ることができる。さらに、細菌はわたしたちが知っているような性は持たないが、別の方法で遺伝子の交換を行っている。詳しくは第6章と第7章で見ていくが、細菌は遺伝子を混ぜたり、調和させたりできるのだ。ただその方法が、有性の種ほど洗練されていないというだけのことだ。

ワムシ（*bdelloid rotifer*）という微生物は、性別がなく、数百万年にわたってメスだけで存続してきたと、長年にわたって考えられていた。しかし現在では、遺伝子社会の観点に立てば、これらのメスは完全な無性ではないことがわかっている。それらは細菌と似たような、ゲノムを混合させる戦略を用いているのだ。ゲノムにとって孤立はまさに緩慢な自殺のようなものであり、生物はすべて、何らかの形でそれを避けているらしい。

大きな賭け、大きな詐欺

減数分裂は公平なプロセスだが、生物界の常で、それには興味深い例外がある。もし、あるアレルが次世代に組み入れられる確率が、五〇パーセント以上であれば、それは遺伝子社会においてかなりの成功者

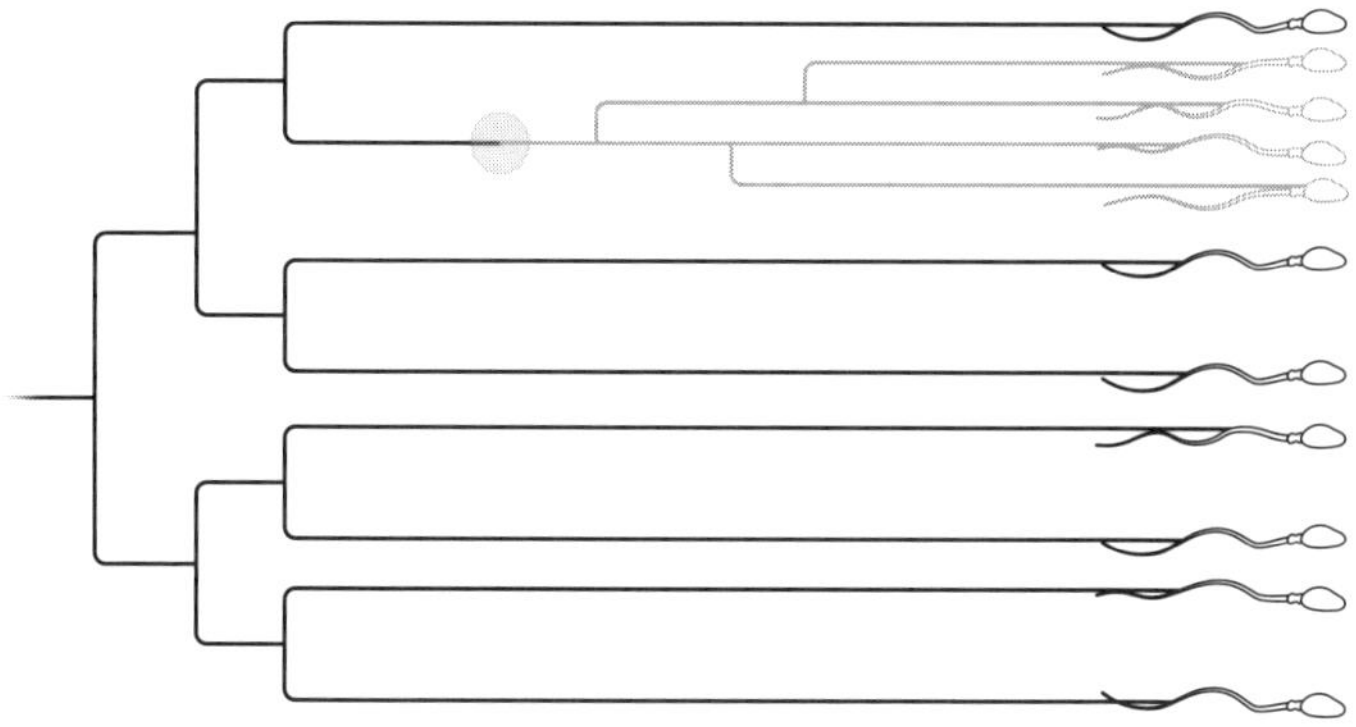

図３・４
精子の生成における自然選択の一例。精子を生成する過程で、細胞分裂のスピードを上げる変異（グレーの円）が起きると、その対立遺伝子を含む精子は競争相手より多くなる。

と見なせるだろう。実際のところ、そのゲームでは、詐欺によってそうした成功を収めるものがいるのだ。

そのような詐欺の一例は、「軟骨無形成症」と呼ばれる疾患をもたらす。新生児の二万人に一人が発症する疾患で、軟骨組織を骨に変える機能に障害があり、結果的に手足が短くなり、大人になっても身長は一三〇センチほどしかない。原因はほぼすべて、父親の睾丸内で精子が作られる際に起きた変異にある。成長シグナルのセンサーをコードするＦＧＦＲ３遺伝子の一文字が入れ替わったのだ。

この疾患が起きる確率は、通常の変異が起きる確率よりはるかに高い。一回の細胞分裂でゲノムの六〇億文字に起きる変異は、平均で一つ以下だ。精子生成の間に多くの細胞分裂が起きることを考慮しても、軟骨無形成症になる頻度は、本来なら一〇〇万人に一人以下になるはずだ。ではなぜ、この疾患の発生率は高いのだろう。この疾患の原因となる一文字が特に不安定で、ゲノムの他の文字より、変異を起こしやすいのだろうか？

そうではない。実のところこの一文字の変異は、軟骨組織に影響するだけでなく、精子が生成されるときに、その変異を持つ系譜の分裂のスピードを速めるのだ［図3・4］。その増殖の速さゆえに、この変異を伴う細胞は、他の細胞より一〇〇〇倍も多く成熟精子を作る。これは、人体で働く自然選択のもう一つの事例である。と言うのも、睾丸の中の細胞の適応度は、ジャングルにいる動物と同様、どれだけ多くの子孫を生み出せるかによって測られるからだ。軟骨無形成症を引き起こす変異は、そうやってライバルを打ち負かし、通常の五分五分の確率を不正に操作して、次世代に入り込む機会を増やしているのだ。しかし、これは自然選択の特殊な事例と言える。この変異は、自分が次世代に生き残るチャンスを増やすことはできるが、優勢なのはそこまでだ。軟骨無形成症で生まれた人は、精子が生成される際に、すべての精子細胞の前身が、同じように速く増殖するので、その変異には優位性がなくなるのだ。

有性生殖の平等主義をすり抜けるもう一つの方法は、さらに狡猾だ。ショウジョウバエの遺伝子社会では、完全に利己的な搾取が起きていることがわかっており、そのような遺伝子レベルでの詐欺行為は、人間のゲノムでも起きていると考えられる。これらの利己的な搾取システムの一つには、二人の共犯者が関わっているが、それは染色体上で隣りあう遺伝子だ。精子生成の間、これらの遺伝子の一つは、細胞機構に毒を生成するよう指示する。そして二つ目の遺伝子が、その解毒剤を提供する。毒は細胞の外に放出され、他の精子細胞を殺す。一方、解毒剤は細胞の内部に保管されている。その遺伝子のペアは、毒と解毒剤のペアを持たないすべての精子細胞を毒殺して、自らの拡散を確実にしているのだ［図3・5］。

この狡猾な遺伝子のペアは、保有者である個体の生き残りや繁殖にはまったく貢献しない。血管の生成

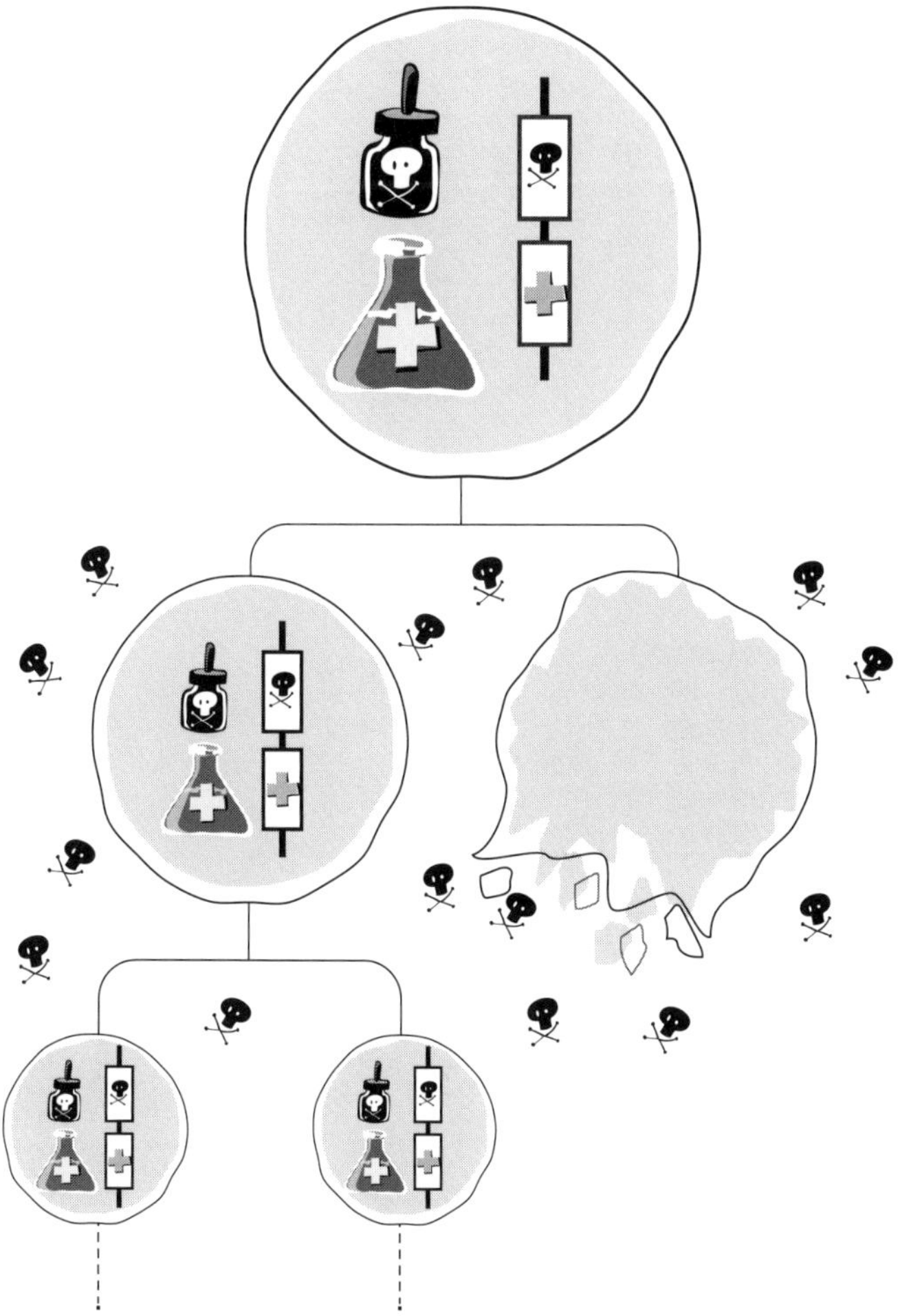

図3・5
利己的な遺伝子の毒と解毒剤のペア。毒性のタンパク質と解毒剤は、ゲノムにこの遺伝子のペアを持つ精子細胞で作られる。毒だけが細胞の外に出て、解毒剤を作れない精子細胞をすべて殺す。

や脳の改善を助けたり、不快な細菌と戦ったりはしないのだ。ゆえに、この遺伝子のペアを持つオスのハエは、何の得もしていない。それどころか、自身の精子を大量に殺すという高い代償を支払っているのだ。この遺伝子のペアは、他の遺伝子が次世代に入る機会を奪っているが、自分たちは得をしている。精子細胞の大多数に入り込むことで、保有者の子どもに入る機会を五分五分よりはるかに高くできるからだ。

他にも、狡猾な遺伝子は存在し、周囲に影響を及ぼしている。思い出してほしいが、単細胞の細菌は親世代で起きた変異をすべて受け継ぐが、あなたが受け継ぐ変異は、両親のどちらかの生殖細胞系で起きたものに限られる。もしあなたが何か根本的に新しいもの——あなたの両親のどちらも持っていないアレル——を持って生まれたとしたら、それはあなたの母親か父親の生殖細胞系で起きた変異によるものなのだ。

あなたはおよそ六〇の、そのような新しい変異を受け取った。これらのほとんどは単純なコピーミス、つまりゲノムの一文字がたまたま他の一文字と入れ替わったものだ。変異というプレゼントに関して、両親の気前の良さの差を知ると、あなたは驚くかもしれない。父親は母親よりはるかに多く、新たな変異をあなたに授けるのだ。これは、生殖細胞系の根本的な違いによる。男性の生殖細胞系の細胞は、並外れた速度で増殖する。男性はその生涯で、数千億個の精子を生産するのだ。一方、女性が生産する卵細胞は、わずか数百個だ。あなたの父親が二一歳になるまでに、精子細胞はすでに約三〇〇回、細胞分裂を行い、なおも続行中だった。同じ年齢で、母親の卵細胞はわずか二二回分裂しただけだ。すべての卵細胞は基本的には母親が生まれる前［胎児だった時］に作られているので、この細胞分裂の数はその後も増えない。男性の生殖細胞で細胞分裂が多いということは、必然的にコピーエラーがより多く発生することを意味する。あなたがもらった変異の大半が父親に由来するのはそのためだ。

精子の生成は思春期に始まり、男性が死ぬまで続くが、年数が経つにつれて、細胞分裂のたびにより多くの変異が蓄積されていく。まさにこの理由ゆえに、多くの遺伝的疾患は、父親の年齢とともに増えていく。その一例がマルファン症候群で、およそ五〇〇〇人に一人が発症する。この疾患は、フィブリリン1遺伝子の欠損が原因だ。この遺伝子は、結合組織を組み立てるのに必要なタンパク質の形成を担っている。骨や心臓の弁など、多様な身体部分を作るために欠かせないタンパク質だ。マルファン症候群の人は異常に背が高く、指が細長く、しばしば、肺、目、主幹動脈の病気を抱えている。マルファン症候群の多くは、父親の精巣で発生した新たな変異が原因である。五〇歳以上の父親は、二〇代前半の父親より、この変異を起こす確率が高いので、子どもがマルファン症候群になる可能性はおよそ一〇倍も高くなる。

実際のところ、変異が遺伝子社会のためになることは稀だ。人間は、あらゆる種と同じく、環境によく適応している。このため、新たな変異のほとんどは——何か表立った影響がある場合——適応性を減らす傾向にある。変異という重荷を次世代に受け継がせたくなければ、男性は大人になったら早々に、精子に変異がまだあまり蓄積していないうちに、子を持つほうが良い。

これはあなたに関することではない

　ここまでゲノムの保有者である男性や女性ではなく、個々の遺伝子の観点に立って、性を理解しようとしてきた。リチャード・ドーキンスが『利己的な遺伝子』で記したように、個体は束の間、分子が集まったものにすぎないが、遺伝子とそのアレルは数百万年以上も永らえることができるのだ。遺伝子は、その「生存機械」であるわたしたちを操縦することによって、世代を渡っていく。「生存機械」と言っても、遺伝子が「わたしたち」を生存させたがっているという意味ではない。遺伝子にしてみれば、わたしたちは次世代に遺伝子を伝えられるだけ生きていれば、それで十分なのだ。

　セックスは平等主義で、トランプをシャッフルするようにアレルを組み直す。そのメカニズムは、多くの遺伝子によってコードされるタンパク質によって仕組まれている。これらの遺伝子が遺伝子社会に居場所を持てるのは、有益なサービスを提供しているからだ。有性生殖では、遺伝子はばらばらに扱われるので、アレルのさまざまな組み合わせを作って、環境への適応度を試すことができる。性を持つことによって、個々のアレルは基本的に単独で、一度に一世代ずつ、環境への適応度を試せるようになったのだ。

　あなたは反論するかもしれない。遺伝子を次世代に伝える前に生きるか死ぬかは、個人の問題であり、自然選択は個体レベルで起きるのではないか、と。ではこう考えてみよう。あなたがある染色体上にあるアレルを持っていて、それは他の数千人の染色体上にもあるとする。これらの人々の子どもの半数はそのアレルを受け継ぐので、そのアレルの運命は子どもの総数によって決まる。もしそのアレルを持つ人が、競合するアレルを持つ人より平均して多く子どもを作るのであれば、そのアレルは拡散し、繁栄する。遺伝子にしてみれば、どの人が子どもを持つかは重要ではない。個人は、そのアレルが拡散する頻度を決める大きな戦争の中の、ただ一つの戦闘にすぎないのだ。たとえば、あるアレルの性質として、保有者の半分は早死にするが、生き残った半分は平均の四倍の子どもを持つ場合、子どもの数は、競争相手の二倍になるので、そのアレルはじつにうまくやったということになる。たとえその保有者の半分に破滅をもたらすとしても、である。

性をめぐるゲノムの戦い

性染色体の違いは、男女の違いを理解するスタート地点にすぎない。Ｙ染色体上の遺伝子を除き、あらゆる遺伝子は男性にも女性にも等しく受け継がれるが、その多くは、男性と女性のどちらか一方でのみ、活性化する。

このような違いが生じる主な理由は、通常、女性は男性より多くを子どもに投資するところにある。母親は卵を作るが、その中には、初期の胚を養うための栄養分がぎっしり詰まっている。一方、父親の精子は、一つの仕事をするために最適化されている。ＤＮＡを卵細胞に効率よく運ぶという仕事だ。この両性間の初期投資のアンバランスは、胎児が母親の子宮で育まれる九か月の間も続き、さらに何か月にも及ぶ母乳育児においてピークに達する。このアンバランスゆえに、男性と女性は異なる本能的戦略を進化させた。女性は子により多くを投資するため、男性を選ぶ際に、より注意深く選択するようになった。結局のところ、相手を選びそこねて損をするのは女のほうなのだ。ゆえに宿主である女性に男性への好き嫌いを生じさせるアレルは、宿主の適応性を増し、その結果、自らも遺伝子社会の中で繁栄してきた。

男性と女性の戦略の違いは、母親と父親の深刻なゲノム闘争を引き起こし、胎児がその戦場となる。母親にとっては、より小さく弱い赤ん坊を産んだほうが資源を倹約することができ、出産を生き延びてより多くの子を産む可能性が増す。しかし、より小さく弱い赤ん坊は大人になるまで生きられない可能性が高いので、母親は投資をめぐって折衷案をとることになる。

このことは、父親のゲノムからはどう見えるだろう？ 母親が後に別の男性の子どもを産む可能性は常にある。それを考えれば、父親のゲノムにとっては、今、自分の子どもにより多くの資源が与えられたほうがよい。そうすれば、母親にはコストを強いることになるが、子どもと、父親のゲノムが成功する可能性が高くなる。そういうわけで、父親のゲノムにとって最も望ましいのは、母親が自らの利益より子どもの利益を優先させることだ。しかし父親は、子どもに多く投資せよと、母親に命じる必要はない。そのメッセージは父親が子に渡すゲノムにコードされているのだ。

ここに、明らかなパラドックスがある。もし父親の遺伝子に、胎児により多くの資源を吸い取らせる働きがあるとすれば、その遺伝子はさっそくその目的を達するだろう。しかし、同じ遺伝子は、彼の孫である胎児にも受けつがれ、より多くの資源を母体から吸収させる。その遺伝子を中継したのが、男性の息子であっても、娘であってもそれは同じだ。確率は二分の一となるが、息子が中継した場合、その遺伝子は、遺伝子社会において成功するだろう。しかし、娘が中継した場合、胎児は母親である彼女の資源を多く消費し、弟や妹が生まれにくくするので、遺伝子の拡散が阻まれる。長期的に見れば、そのような遺伝子は成功できないはずだ。

したがって、もしある遺伝子が「もう十分でしょう、とママに言われても、栄養を吸いつづけよ」という指示だけを受けていたとしたら、うまくいかないはずだ。『「栄養を吸収しつづけよ」という命令を父親から受け継いだ場合は遂行し、母親から受け継いだ場合は無視せよ』という条項を付記しなければならないのだ。そのようなシステムを刷り込みと呼ぶ。あなたの細胞は通常、父親からの遺伝子と母親からの遺伝子を区別することはできないが、刷り込みを受けた領域では、化学的な作用によって、遺伝子の発現がコントロールされる。先の例で言えば、精子が運んだ遺伝子のいくつかは、胎児の成長を促すよう刷り込まれており、それに対抗するために母親が運んだ遺伝子は、胎児の成長を抑制するよう刷り込まれているのだ。つまり、わたしたちのゲノムは、免疫システムや、細菌やウイルスと競いあうだけでなく、男女の激しい競争にも関わっているのである。

あなたは、有性生殖をする種のすべてにおいてオスとメスがほぼ同数であることを、不思議に思ったことがあるだろうか？　商業目的の繁殖が示すように、一匹のオスは、多くのメスの子の父親になることができる。そのため原理的には、人間の男性がより少なく、女性がより多ければ、歴史を通じて、より多くの子どもを作ることができたはずだ。この謎の答えは、単純ではない。減数分裂は、父親のX染色体とY

染色体を同じ割合で精子に入れることによって、同数のオスとメスを作る。オスとメスが同数になるメカニズムはそれだけではない。ワニの場合、性は減数分裂によってではなく、まったく別のメカニズム、すなわち卵の環境の温度によって決まる。ワニの母親は、巣作りの場所を選んだときに、その子の性を決めているのだ。堤防に作られた巣は暖かく、子はほとんどがオスになるが、より涼しい湿地の巣では、ほとんどがメスになる。

個々の子どものゲノムは、半分は父親、もう半分は母親に由来するため、親世代のすべての父親は、グループとしては、母親のグループが持つのと同数の子どもを持つと言える。たとえば、一頭の牡牛と一〇〇頭の牝牛がいる飼育施設でも、個々の子牛はそのゲノムの半分を牝牛、もう半分を牡牛から受け継いでいる。しかし、この場合、牡牛は一頭しかいないので、父親由来のゲノムはすべてこの牡牛のものだ。少ない性（この場合はオス）は平均して多くの子を持つ。こんな考え方もできる。ある社会において、男性が女性より多ければ、新たに増えた女性は必ず夫を見つけることができるが、新たに増えた男性は、運が良くなければ、妻を見つけることができない。この単純な理屈は、少ないほうの性の誕生率を増やし、性の割合を五分五分に戻そうとするメカニズムを後押しする。

わたしたちが知る限り、ワニは巣の場所を決める前に近隣のオスとメスのワニの数を数えたりはしない。しかし、もしワニのある集団の性の割合が偏っていたら――たとえば、気候変動のせいでオスがメスより多く生まれた場合――より涼しい場所に巣を作らせる変異があるとして、その変異を持つ個体は、適応上、有利になる。なぜなら、涼しい巣ではメスが生まれやすく、メスはパートナーを見つけやすいからだ。自然選択の三つの条件――個体差、遺伝性、適応度への影響――が満たされ、十分な時が経てば、この変異はその集団内でより多くなるだろう。そして性の割合が五分五分に戻ると、適応上の優位性はなくなり、メスを産まれやすくする変異は消える。

人間の新生児の男女の割合は常に五分五分に近いが、集団によって違いがあり、人間の性の比率にも遺伝的傾向があることを示唆している。ある集団で、一方の性が過剰なら、自然選択は少ないほうの性を作らせる遺伝子を選ぶことにより、五分五分の均衡に戻そうとするだろう。

文化的理由から、いくつかの社会は女子よりも男子の誕生を歓迎する。性別による中絶が横行すれば、男女の比率は歪む。実際、中国では、性差別的な人工中絶のせいで、一〇〇人の女子に対して一二〇人の男子が生まれており、じきに四〇〇〇万人の男子が余ることになる。十分な時が経てば、自然選択が埋め合わせをし、そのバランスは元に戻るだろう。だが、もちろん、この問題にはもっと好ましい解決方法があるべきだろう。モラルの個々の事情は別として、女児を中絶しようとする親は、自分が何を望んでいるかを熟慮すべきなのだ。年老いたときに子に面倒をみてもらいたいのか（中国の伝統からすると、男子が望ましい）、それとも、孫をその手に抱きたいのか（女子が望ましい）。

本章では、遺伝子の社会がアレルを互いと協働させる、効率的で平等主義のメカニズムとして、セックスが進化したのを見てきた。そうすることでセックスは、自然選択の力を強化し、遺伝子社会が環境の変化に適応し、有害な変異を除去するのを助けている。このような遺伝子社会の構成に起きる変化は、すべて自然選択によるのだろうか？　アレルの繁栄は、単に偶然の産物なのだろうか？

第4章 クリントン・パラドックス

我々の国籍は人類である。
——H・G・ウェルズ

元アメリカ大統領ビル・クリントンは、ヒトゲノムプロジェクトの熱心な支援者だった。ヒトゲノムプロジェクトとは、人間の遺伝子の文字配列を明らかにしようとするプロジェクトだ。一九九〇年に始まったこのプロジェクトは、一三年にわたって目まぐるしい進歩を遂げたテクノロジーの歴史そのものであり、ゴール直前では、営利企業が熾烈な競争を繰り広げた。クリントンは、追加予算による支援を終始惜しまなかった。そしてプロジェクトは彼の期待に応えた。大統領の任期を終えた後のいくつかのスピーチで彼は、およそ二六億ドルというわずかな投資で、ヒトゲノムプロジェクトは見事な成功を収めた、と述べている。

ヒトゲノムプロジェクトのリーダーだったエリック・ランダーは、一九九九年にホワイトハウスで行ったミレニアム講演で聴衆に語った。地球上にいるすべての人は、ゲノムに関しては九九・九パーセント同じなのだ、と。この言葉は、クリントンの心に強く響いた。あらゆる戦争、あらゆる文化的相違、あらゆる破壊的な競争行為——これらはすべて、たった〇・一パーセントの違いによるものなのか？　これに気づけば、わたしたちは互いの違いを乗り越え、共有する九九・九パーセントのために協力できるのではないだろうか？　この主張には人を惹きつける力がある。わたしたちすべてが九九・九パーセント同じだとすれば、うまくやっていけるはずではないだろうか？

だが、ランダーが指摘したように、この主張は別の見方もできる。わたしたちのゲノムは文字数が六〇億個であることを思い出してほしい。〇・一パーセントと言えば、ごくわずかなように聞こえるが、〇・一パーセント違えば、あなたのゲノムと隣人のゲノムは六〇〇万文字分違うのだ。六〇〇万も違うとなれば、いくらかライバル意識が生じても、仕方がないではないか。

この違いを知るのに、隣人のところへ行く必要はない。と言うのは、あなた自身が、各染色体に二つのコピーを持っているからだ。その母親由来の染色体と父親由来の染色体を比べればよいのだ。あなたの両親のゲノムが九九・九パーセント同じなら、あなたが両親から受け継いだ二本の染色体には〇・一パーセントの違いがあるはずだ。わたしたちの内部でそれらは競いあっているのだろうか？

何が、人と人の違いをもたらしているかを理解するには、この〇・一パーセントに注目する必要がある。先に述べたとおり、変異は、文書をタイプで打ち直す際に起こりがちなスペルミスのようなものだ。最もよく起きるミスは、一文字（一塩基）の置き換えである。このような間違いは頻繁に起きる。クリントンに報告されたゲノムの相違の見積もり、つまり例の〇・一パーセントも、元をたどれば、こうしたミスがもたらしたのだ。

タイプミスの種類は他にもあり、一文字あるいは複数の文字が挿入されたり、削除されたりすることがある。ヒトゲノムの研究が進むにつれて、このようなミスは従来考えられていたよりも頻繁に起きることがわかった。さらに、染色体上にある遺伝子のコピー数にも個人差があることが判明した。つまりこういうことだ。隣人のゲノムにはCCL3L1遺伝子のコピーが二つ（二本の一七番染色体に一つずつ）あるとしよう。一方、あなたのゲノムにはその遺伝子のコピーが五つ（母親から受け継いだ一七番染色体に二つ、父から受け継いだ一七番染色体には三つ）あるかもしれない。実際そうなら、あなたはラッキーだ。CCL3L1遺伝子が作るタンパク質は、HIVウイルスの侵入経路となる免疫細胞の入り口を塞いでくれるので、この遺伝子のコピーが多ければ多いほど、HIVに感染しにくくなるのだ。

このようなコピーの数の違いは珍しくないと判明したため、違いのパーセンテージは引き上げられ、〇・五パーセントになった。つまり、人間の個体差は三〇〇〇万文字分になったのだ。それでもクリントンは、三〇〇〇万文字程度の違いでは、人が頻繁に争う理由にはならない、と主張するだろうか。わたしたちはこれを「クリントン・パラドックス」と呼ぶ。全人類のゲノムは九九・五パーセント同じだが、三〇〇〇万文字分の違いは無視できず、詳細に研究する価値があるのだ。

身長、肌の色、顔つきの大半は遺伝性だ。他にも、その人をその人らしくしている微妙な違いの多くは、遺伝子に記された情報が表出したものだ。中には、保有者を病気に罹りやすくする変異もある。たとえば、体の隅々まで酸素を運んでいるヘモグロビンの遺伝子を誰もが一セット持っている。そのわずか一文字が置き換わった遺伝子を、両方の親から受け継ぐと、その人は鎌状赤血球貧血になる。興味深いことに、正常なヘモグロビン遺伝子と、欠陥のあるそれを一つずつ持っていると、鎌状赤血球貧血にはならず、しかもマラリアに罹りにくくなるのだ。このような遺伝子セットを持っていると、マラリアの罹患率が高い地域では、適応上、かなり有利になる。ゆえに、そうした地域では、変異が起きたアレルが比較的多い。しかし大方の変異は、良いとも悪いとも言えないものであり、その影響は、受け継いだアレルが片親からか両親からか、あるいは環境の状況によって違ってくる。

人間のゲノムにはおよそ二万個の遺伝子があり、それらの変異は、病気のきっかけになり得る。これまでに六五〇〇を超す変異遺伝子が特定の病気に関連づけられた。しかし、その大半は、必ずしも病気をもたらすわけではない。もしそうなら、自然選択によって、遺伝子社会から早急に取り除かれていただろう。それらの影響は、環境やゲノムの中の他のアレルとの複雑な相互作用のせいで、わずかに病気に罹りやすくなる程度なのだ。がんのように、病気に発展するまでにはいくつもの複雑な段階があり、通常、たった一個の変異に病気を引き起こすほどの力はないのである。

アフリカの内と外（アフリカ起源と人類の拡散）

ゲノム解読技術が向上するにつれて、自分のゲノムを解読してもらうことは、手の届かない贅沢ではなくなった。けれども、それをすっかり解読してもらっても、何かの役に立つわけではない。むしろ、他人のゲノムの配列と比較して、違いを探すほうが有意義だ。その違いの意味を読み解くのは難しいが、違いの数自体が、貴重な情報を提供してくれるだろう。クリントン・パラドクスに関して述べたとおり、わたしたちのゲノムには、三〇〇〇万の異なる文字がある（消えたり、ダブったりしたものも含む）。あなたのゲノムを、まずは兄弟のゲノム、次に、いとこのゲノム、さらに他人のゲノムという順に、比べていくと、違いの数が次第に増えていく。それを知っても、あなたは驚きはしないだろう。他人よりも近親者に似ているのは当然だと思っているからだ。確かに、ゲノムが似ているほど、より最近に共通の祖先を持ち、互いとより近い関係にあるのだ。

あなたの両親、祖父母、曾祖父母、そしてあなた自身のゲノムを例にとろう。あなたは両親から半分ずつ、四人の祖父母から四分の一ずつ、八人の曾祖父母から八分の一ずつゲノムを受け継いでいる。これは、あなたのゲノムの四分の一が母方の祖父のゲノムの四分の一と同じであることを意味している（その間に新たに起きたささやかな数の変異は無視する）。祖父のゲノムと、あなたのゲノムの残り四分の三は、血縁関係のない二人と同じく、〇・五パーセント、文字が違うことになる。したがって全体を見れば、あなたのゲノムと祖父のゲノムの違いは、〇・三七五パーセントになる［〇・五パーセントより四分の一少ないので、〇・五パーセント÷四×三＝〇・三七五］。同様に、血縁関係のない人に比べ、あなたと両親の違いは、〇・五パーセントより二分の一少ない〇・二五になり［〇・五パーセント÷二×一＝〇・二五］、曾祖父母との違いは〇・五パーセントより八分の一少ない〇・四三七五パーセントになる［〇・五パーセント÷八×七＝〇・四三七五］。

家族一人ひとりの写真を並べ、ゲノムの類似度から家系図を作ることを想像してみよう。ゲノム上最も

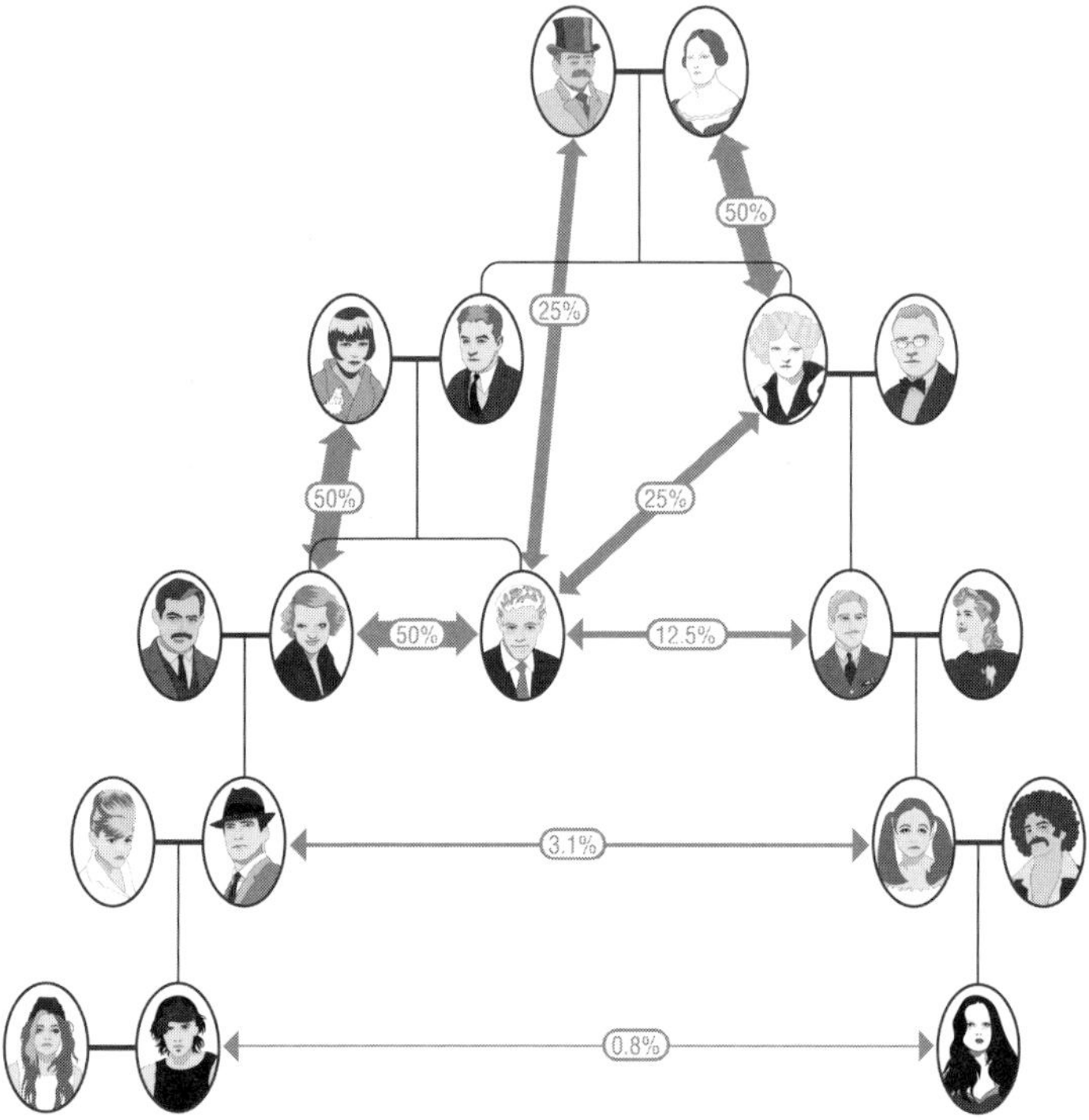

図 4・1
ゲノムの家系図。パーセンテージは他人との類似度を 0 とした場合の、各世代のゲノムの類似度を示す。

似ている二人を線で結び、次に似ている二人、その次に似ている二人、というように結びつけていく。すべての人が結びつくまでこの作業を繰り返す。ゲノムに基づいて、全員がその両親と結びつく家系図ができあがるだろう。きょうだいを含めると、作業はより込み入ってくる。あなたときょうだいは、あなたと両親、あるいはあなたと子どもと同じ割合、つまり五〇パーセントのゲノムを共有しているからだ。家系図にきょうだいを正しく位置づけるには、きょうだいのゲノム配列をより細かく調べる必要がある。

きょうだい間では、二分の一のゲノムが同一だ〔図4・1〕。それぞれが父親と母親から二分の一ずつランダムに受け継いでいるから、きょうだい二人が母親から同じアレルを受け継ぐ確率は、二分の一×二分の一で四分の一となる。きょうだいが父親から同じアレルを受け継ぐ確率も同様に四分の一だ。よって、二人が母親か父親の同じアレルを受け継ぐ確率は、四分の一＋四分の一で二分の一となる。いとこどうしでは二分の一（たとえば、いとこの母親が姉妹で、その母親どうしが共有するゲノム）×二分の一（母親〔姉〕とその子が共有するゲノム）×二分の一（母親〔妹〕とその子が共有するゲノム）で八分の一のゲノムを共有している。これは、いとこどうしではゲノム配列が八分の一しか一致しないということではない。他人どうしでも九九・五パーセント一致していることを思い出してほしい。つまり、いとこどうしのゲノムの違いは、他人どうしの〇・五パーセントではなく、その八分の一少ない〇・四三七五パーセントになるのだ。世代を経るごとに、血縁者どうしの似ている度合いは減っていく。だが、人類という大きな家族の一員としては、わたしたちは常に互いと九九・五パーセント同じなのだ。

では、人類全体の家系図はどんなものになるだろう。あなたは時をさかのぼるにつれて、より多くの親

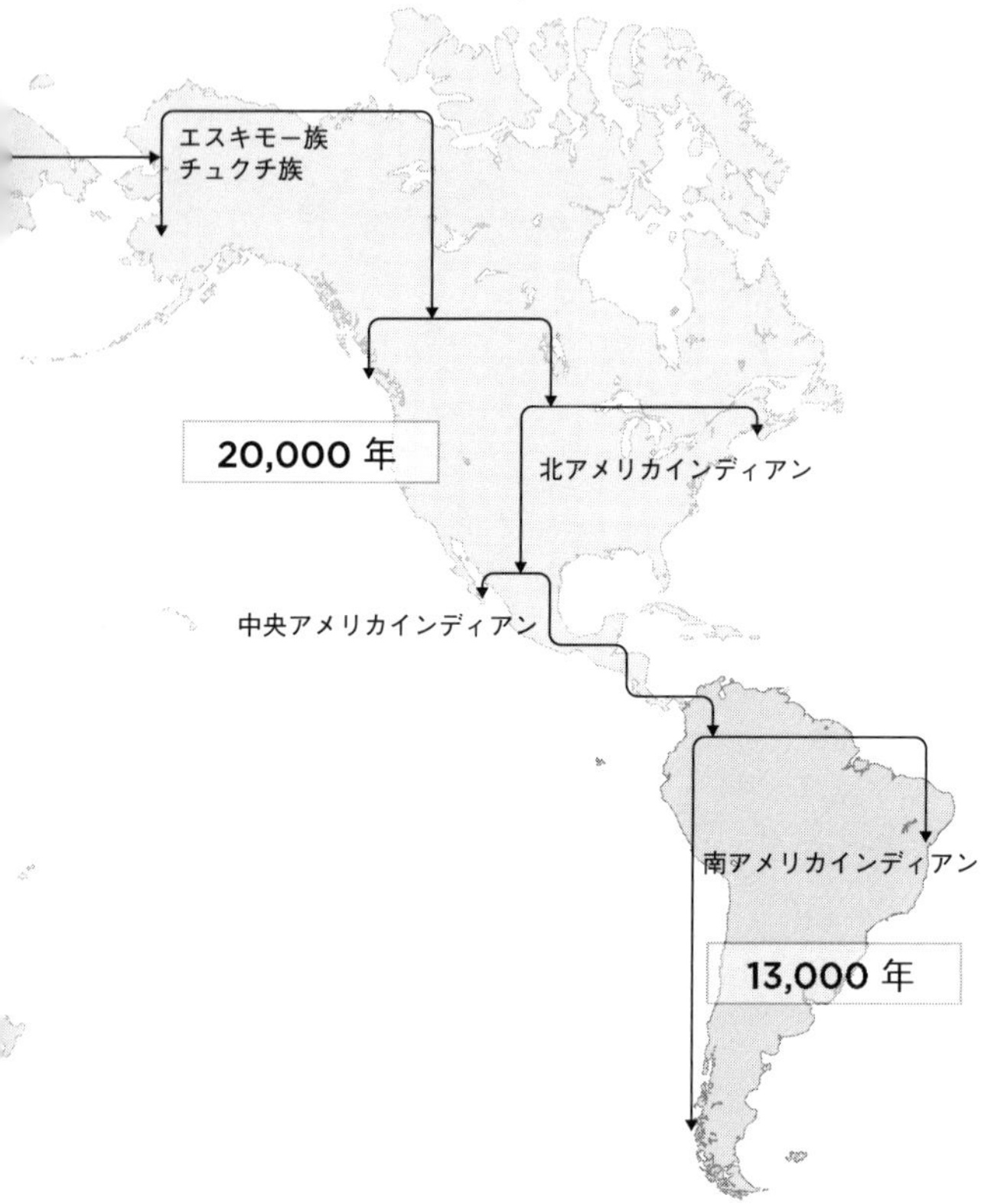
エスキモー族
チュクチ族
20,000 年
北アメリカインディアン
中央アメリカインディアン
南アメリカインディアン
13,000 年

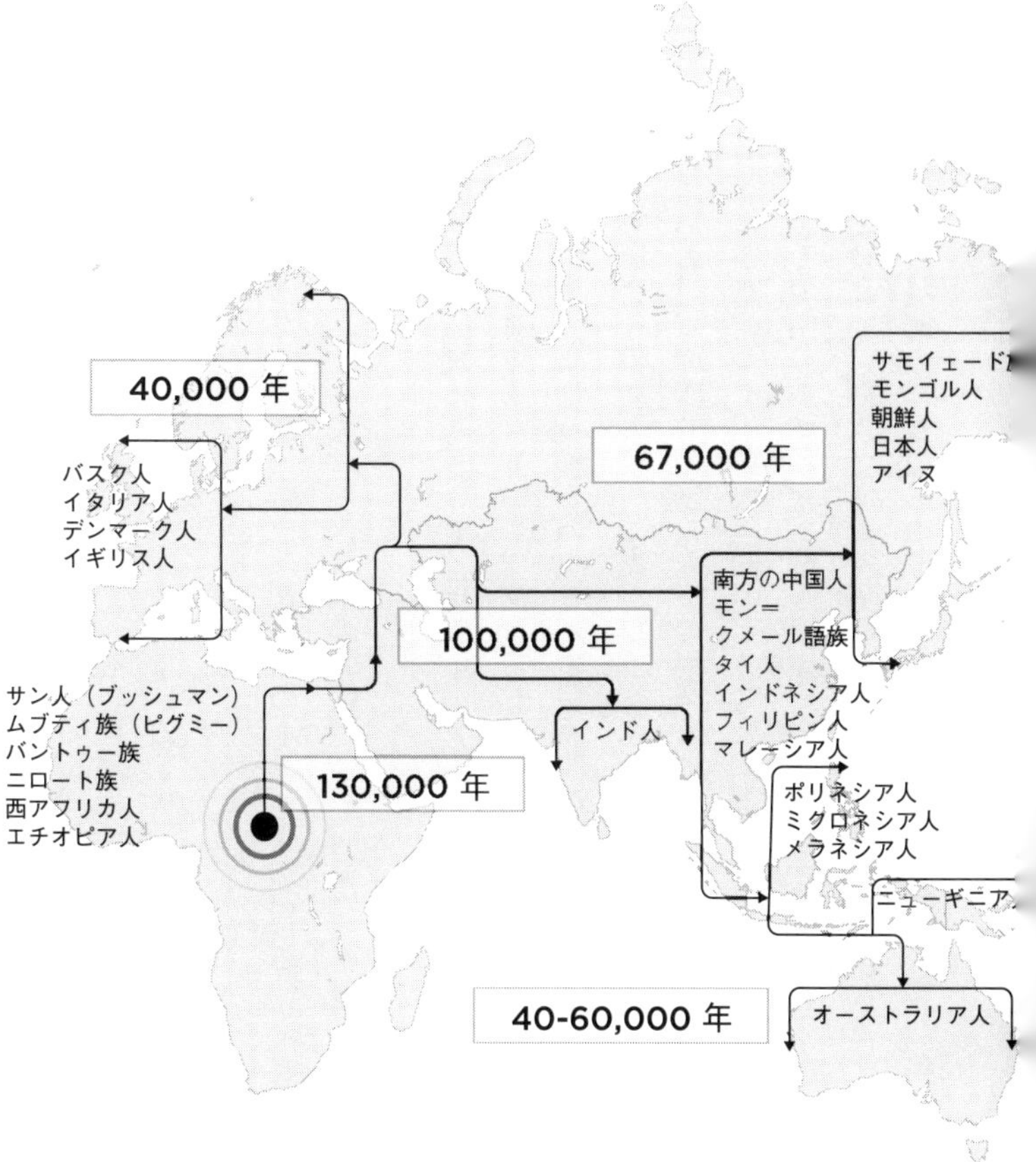

図 4・2
ゲノムの関係から見た世界中の人の系図。人類がアフリカから他の大陸へ移住した様子がわかる。数字はこうした移住がどのくらい前に起きたかを示す。約 10 万年前に最初の人類がアフリカを出てから、1 万 3000 年前に南アメリカに到達するまで、8 万年以上かかっている。

戚に出会うだろう。一世代前には両親がいる。二世代前には四人の祖父母、三世代前には八人の曾祖父母、四世代前には一六人の曾曾祖父母、というように人数がどんどん増える。この理屈でいくと、四〇世代さかのぼれば無数の曾曾……祖父母がいて、その数は現在地球に住む人口の二〇〇倍にもなる。実際には、系譜をかなりさかのぼると、往々にして母方と父方の先祖が同じ人になるので、このような法外な数字にはならない。たとえば、祖父母どうしがいとこどうしだったら、二人に共通する祖父母は、重複しないように数えるべきなのだ。人類の歴史は網目状のネットワークを成し、家系が分かれたり統合されたりしながら代を進めていく。そしてこの複雑な家系図は、わたしたち人類の祖先について、わくわくするような物語を語ってくれる。

ゲノムの関係性の原理に基づいて、世界中の人々をつなげるゲノムの家系図を描くことができる［図4・2］。こうした図はさまざまなレベルで描けるが、ここではつながりの最も強いものだけを描いた家系図を見てみよう。この系図に見られるいくつかの関係性は、驚くようなものではない。たとえば、フランス人のゲノムは互いとよく似ており、また、フランスと隣接するベルギーやスイス、ドイツの人たちのゲノムともよく似ている。この四つの国の人々のゲノムは他のヨーロッパ諸国の人々のゲノムともかなりよく似ている。おおまかに言って、各大陸内のゲノムは、きわめて近い関係にある。

この系図によって明らかになった関係性は、今日、人々が、世界中にどのように拡散しているかを反映しているだけではない。個人であれ、集団であれ、新たな地域に移住する人間は、しょせんゲノムの乗り物である。彼らは故郷の人々のものに似たゲノムを保持しているが、新たな変異によってその類似性は薄められていく。したがって、ゲノムの類似性から、初期人類の移住の歴史を再現することができるのだ。

先に、同じ大陸に暮らす人々のゲノムは近い関係にあると言ったが、それには例外がある。韓国人とドイツ人、あるいはアラスカ人とオーストラリアのアボリジニよりも、アフリカのある部族と別の部族のほうが遺伝的な距離が遠いということを知れば、あなたは驚くかもしれない。そのわけを理解するには、さらに年月をさかのぼらなければならない。わたしたちのゲノムの類似性のパターンは、現生人類がおよそ四〇万年前にアフリカで生まれたことを示している。現生人類は、アフリカでいくつもの孤立した集団に分かれて、かなり長い年月を過ごしたため、集団間には、ゲノムレベルで識別できるほどの違いが生じた。そして遅くとも一〇万年前に、一つの小集団が北へ移動し、サハラ砂漠を渡って中東に入った。アフリカに残った人々と比べると、この移住者は、遺伝的に同質の集団だった。この移住者たちのアレルは、現在のアフリカ人に見られるアレルのごく一部にすぎないため、彼らは少数の親族から成る集団だったことがわかっている。彼らの長きにわたる苦難の旅は驚くほどの成果をもたらした。彼らの子孫は世界中に新たな棲みかを見出したのだ。

ゲノムに刻まれた記録は、人類が領土を拡大していった過程を明らかにした。アフリカの外で見つかったすべてのゲノムのうち、中東のゲノムがサハラ南部のアフリカ人のゲノムに最も似ていた。それは、人類が中東を拠点として世界に広がっていったことを語っている。祖先の一部は、中東から海岸沿いに東に進み、東アジアやオーストラリアに落ち着いた。少し経つと、他のグループが中東から北へ向かい、ヨーロッパにたどり着いた。ほんの二万年前、アジアにいた人々がアラスカを横切って北アメリカへ渡り、それからほぼ一万年かけて、南アメリカへ拡散した。約四〇〇〇年前には、太平洋諸島を含むオセアニアに人類が定住し、領土拡大の旅は終わった。

こうした移動の経緯ゆえに、アフリカの外の人［ただし過去数百年以内にこの大陸を離れたアフリカ人は除く］は、サハラ砂漠を渡った小集団の子孫だと言える。アフリカに残った人々のゲノムは、本来の違い［人類誕生以来の長大な年月に蓄積された違い］を維持しているため、アフリカの外の人々のゲノムよりはるかに多様なのだ。だが、どの人間のゲノムもほぼ同じであることは覚えておこう。

さらに細菌も、人類がアフリカを起源として、そこから世界各地に移住したという遺伝的証拠を提供する。人類の最初の集団がアフリカを出て、世界各地に定住したとき、人類は孤独ではなかった。人類の胃に入り込み、快適に旅をした別の種がいたのだ。ヘリコバクター・ピロリ、すなわちピロリ菌だ。今日、人類の少なくとも半分はピロリ菌に感染しており、この菌は世界で最も一般的な病原体になっている。大半の人は、この菌に感染しても影響はないが、中には胃炎（急性または慢性の胃の炎症）を起こす人もいる。ピロリ菌感染者は非感染者より、慢性胃潰瘍になる確率が生涯にわたって一〇パーセント高く、胃がんになる確率も一パーセント高い。ピロリ菌は人間の胃の中だけにいて、子どもたちは周囲の大人から感染するので、たいていは保菌者の家系にとどまり、他人に感染することはない。

さまざまな地域の人々の胃にいるピロリ菌を比較することで、この菌の「移住」の歴史を再現することができる。人間と密接な関係にあることから察せられるように、その過程は人間のゲノムのそれにとてもよく似ている。人間のゲノムと同じく、ピロリ菌のゲノムの多様性は、アフリカ内のほうがアフリカの外よりはるかに豊かで、アフリカから遠ざかるほど減少する。そのゲノムの変化は、人間の移動を反映しており、まずサハラ以南のアフリカを越えて中東に渡り、そこからヨーロッパやアジアへ移動し、アジアからオーストラリア、アメリカへと渡り、最後にオセアニアに行き着く。

およそ四〇〇〇〇年前、アフリカのバントゥー族は、北部の故郷を出て、大規模な移住を繰り広げ、二七〇〇年後にアフリカ南部に到達した。それとともに、バントゥー族に特有のピロリ菌も、アフリカ全土に広がった。一五〇〇年代以降、ピロリ菌はヨーロッパ人の胃も征服した。もっとも、現在ヨーロッパで検出されるピロリ菌の系統は、アメリカ先住民やアフリカ人、オーストラリア人にはあまり見られない。西アフリカのピロリ菌は、アフリカ系アメリカ人の胃に見つかっており、これは奴隷売買の結果である。一七世紀から一九世紀半ばまで続いたそれは、進化史においてはつい最近の出来事なのだ。

味わえる進化、目に見える進化

人によって異なるゲノムの三〇〇〇万文字の大半には、人間の歴史を再現する情報は含まれていない。たとえば、人によってある場所のTがCになっているというような、文字の違いの八五パーセントは、あなたのゲノムを隣人のゲノムと比べても、地球の反対側に住む人のゲノムと比べても、同じように見つかるだろう。それどころか、あなた自身のゲノムの一対の染色体どうしでも、同様に見つかるのだ。あなたは父親と母親から異なるゲノムを受け継いでいることを思い出そう。

言い換えれば、遺伝的差異の大半は、民族の違いを示すものではないのである。クリントンがゲノムレベルで見れば人類は皆同じだと考えたくなるのも当然で、ゲノムの違いの中で、ほんの一五パーセントだけが、集団間の違いによるものなのだ。その集団とは、近年まで外部の人間とはめったに結婚しなかったグループを指す。ある集団に固有のアレルとは、その集団のメンバーが皆、ゲノムのある位置に同じ文字を持ち、その集団以外の人は、同じ位置に別の文字を持っている場合を指す。進化的に見て、このような集団に固有のアレルには、どんな意味があるのだろう。

集団に固有のアレルの大半は、環境と関係がある。代表的なのが肌の色で、これは地理的な環境への、重要な適応である。肌の色は妥協の産物なのだ。黒い肌は、太陽の紫外線から体を守る働きがあり、赤道近くの地域では特に重要である。過剰な紫外線を長時間にわたって肌に受けると、DNAが傷つき、皮膚がんになりやすいからだ。したがって、肌の白い人は、日差しのきつい場所では日焼け止めクリームを塗る必要がある。だが、紫外線の吸収があまりに少ないのも、害になる。わたしたちの体は紫外線を使ってビタミンDを作っているからだ。ビタミンDは重要な栄養素で、カルシウムやリン酸塩など、生きていくのに欠かせない化学物質の腸からの吸収を助けている。吸収する紫外線が足りないと、体内のビタミンDが不足し、骨が弱くなる――高じると、子どもの「くる病」を招く。

皮膚がんを防ぎつつ、ビタミンDを十分に生成する。この両方の目的のために必要十分な紫外線を肌が通すように、肌の色素の量は調整されてきた。この「調整」を行ったのは、自然選択である。その地域の日光の強さに対して、肌の色を黒くしすぎたり、あるいは白くしすぎたりするアレルは、最適な色にするアレルに打ち負かされた。赤道近くでは、強い紫外線ゆえに、それを遮断する黒い肌が選ばれた。一方、緯度が三〇度以上の地域では、日光は、差しこむ角度が低く、弱いので、肌が浅黒い人はビタミンDを生成しにくい。最適な皮膚の色は、この単純な原則によって正確に予測され、地域ごとに、異なる皮膚の色のアレルが優勢になる［図4・3］。

自然選択は緩慢なプロセスなので、あなたの肌の色は、住んでいる地域の紫外線の量を反映していないかもしれない。肌の色が語るのは、何世代にもわたるあなたの祖先が浴びてきた紫外線の量なのだ。色白の人の多くが日焼け止めクリームを必要とするようになったのは、グローバル化した現代世界では、移動が容易になったからだ。もっとも、昨今は紫外線の量が増えたので、保護の必要性はさらに増した。逆に、高緯度地方に住む浅黒い肌の人の中には、ビタミンDをサプリメントで補給する人も増えたことだろう。

言うまでもなく、肌の色は一定ではない。わたしたちは日焼けすることで、日光の量にリアルタイムで適応することもできるのだ。肌の色は、深部にある特殊な細胞で作られるメラニン色素によって決まる。メラニンは光を吸収し、より深い層の細胞を守っている。過剰な紫外線にさらされると肌のDNAが傷つくので、防御のためにさらに多くのメラニンが作られる。とはいえ、このオンデマンドのメラニン生成には限界があるため、生まれつき、肌の色は、祖先が経験した日光の強さに合わせたものになっているのだ。

その他、集団に固有の遺伝子の例として、牛乳の消化にまつわる遺伝子を挙げることができる。哺乳類であるわたしたちは、当然ながら赤ん坊のときには母乳で育つので、ゲノムには乳糖［乳に含まれる主要な糖］を消化するシステムが組み込まれている。乳糖をグルコースとガラクトースに分解するのに必要な酵

紫外線のレベル

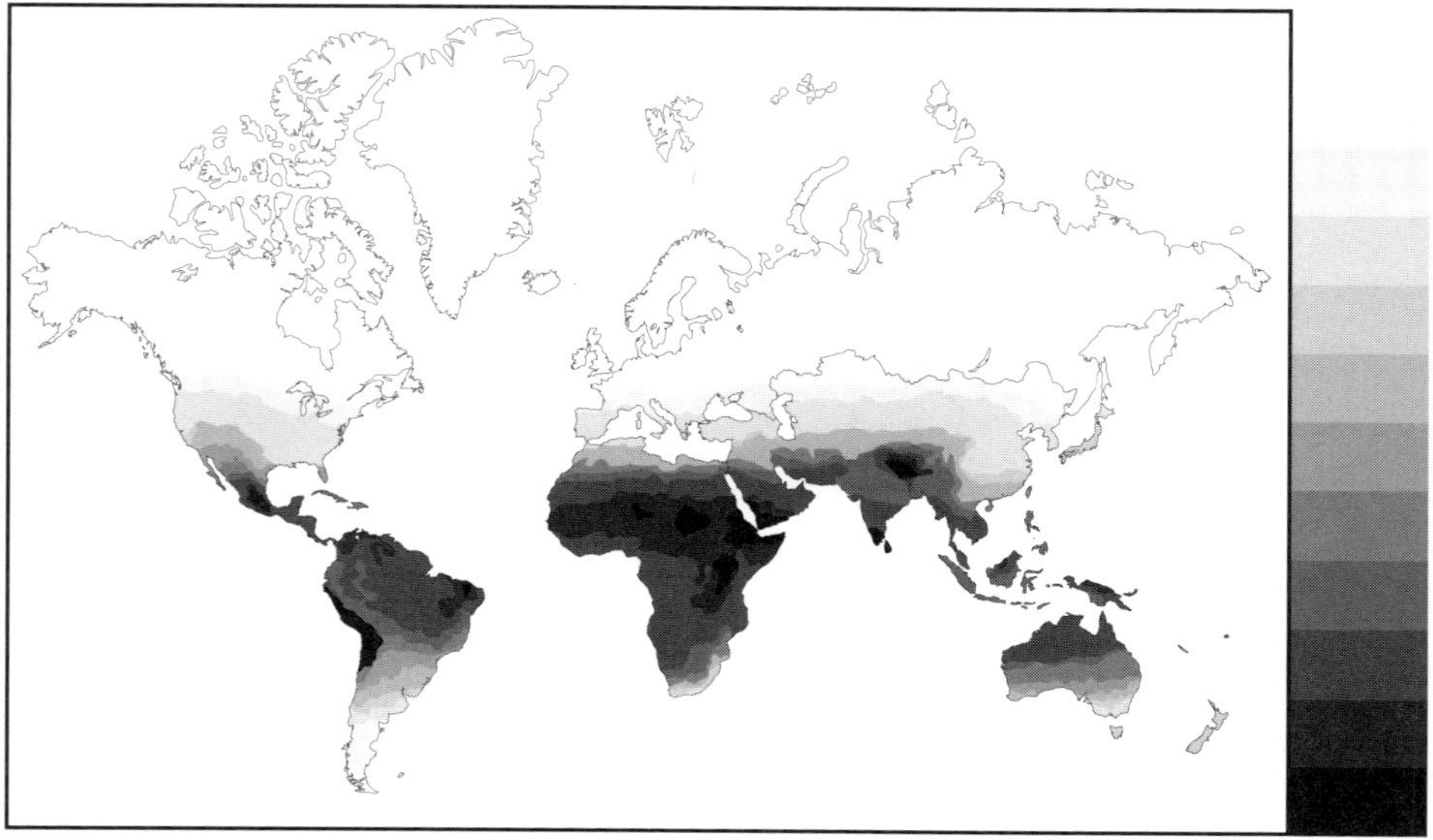

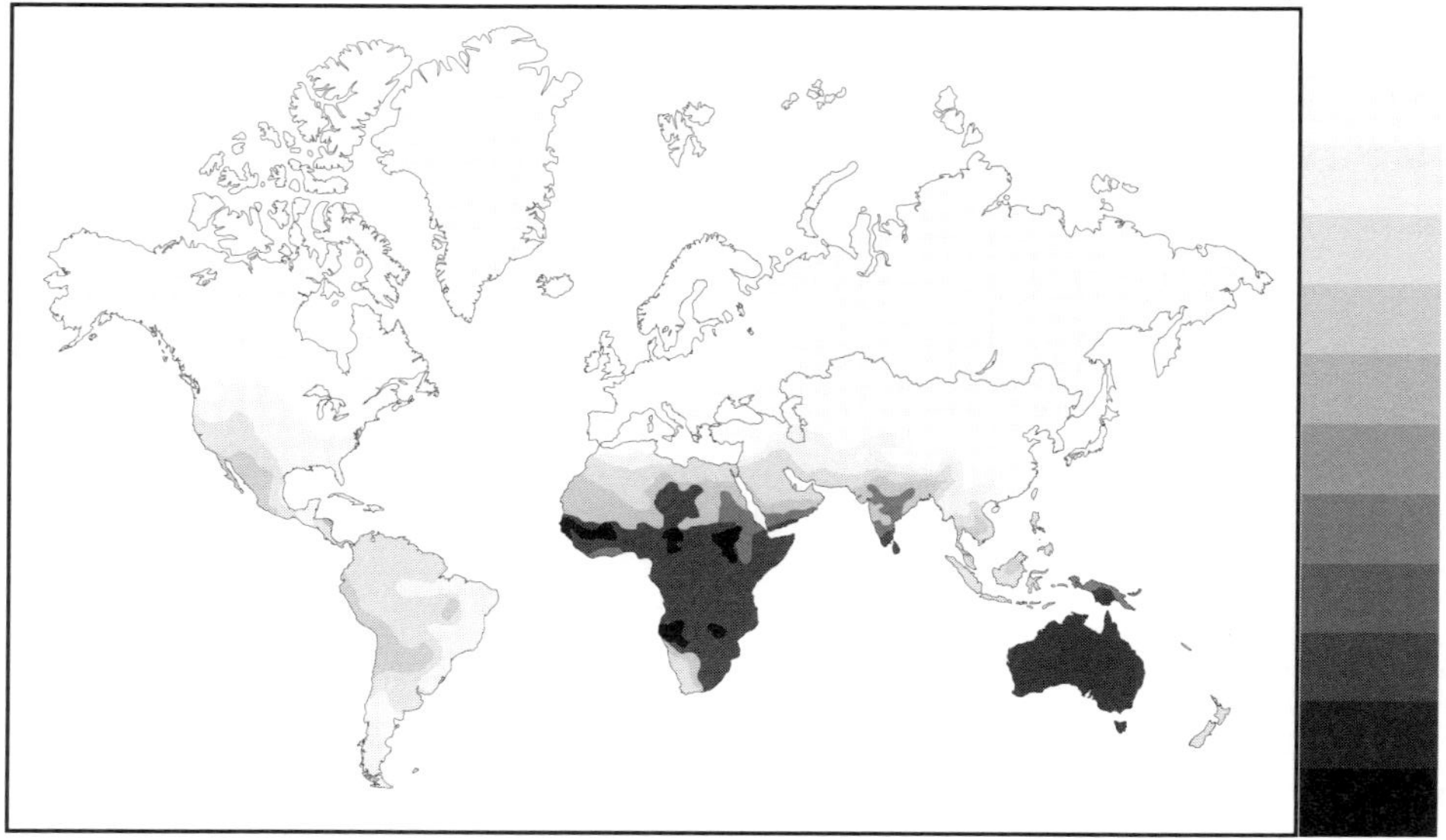

図4・3
紫外線レベルと現地の人々の肌の色。世界中の遺伝子社会の大半において、その地域に最適な肌の色をもたらすアレルが優勢となる。中央アメリカと南アメリカは例外。これらの地域は白人が定住してからの年月が2万年に満たず、自然選択がその地にふさわしい浅黒い肌をもたらすには、年月が短すぎる。

素、ラクターゼを、遺伝子の一つがコードしているのだ［ラクターゼ遺伝子］。人類の歴史の大半を通じて、乳を飲むのは乳児期だけだったので、母乳を飲むのをやめると、資源を倹約するために、ラクターゼ遺伝子のスイッチが切れるようになっていた。狩猟採集民の生活は、植物を主食とし、肉や魚で補っていた。したがって、乳離れしたらラクターゼの生成をやめるという仕組みは、何千年にもわたって理にかなっていたのだ。

しかし、紀元前八〇〇〇年頃、人類の食事に大きな変化が起きた。中東で動物の家畜化が始まり、その乳を利用するようになったのだ。それから一万年経った現在、西洋人の九〇パーセントには乳糖耐性があり、大人になっても乳を消化することができる。彼らの地域の遺伝子社会は、離乳後もラクターゼ遺伝子のスイッチを入れたままにするよう進化したのだ。一方、一般に乳牛を利用してこなかったアジア人やアフリカ人には、こうした進化が起こらなかったので、大人になってもラクターゼを生成する人は、わずか一〇パーセント程度だ。大人の乳糖不耐症が最も多いのはアメリカ先住民だが、それも当然で、彼らが酪農に関わるようになったのはここ数世紀のことなのだ。

幼児期を過ぎてもラクターゼ遺伝子のスイッチをオフにしないようにするには、それに関わる遺伝子のたった一文字が置き換わるだけでいい。六歳より前に、乳糖不耐症になるのは稀だが、六歳は、伝統的な狩猟採集社の平均的な離乳年齢よりやや上だ。乳糖耐性が広まった理由は容易に理解できる。牛を家畜として飼っていたものの、乳糖不耐症が当たり前だった部族の中で、偶然、ラクターゼ遺伝子に変異が起きて乳糖耐性を持って生まれた女の子は、大いに優位に立ったことだろう。彼女は六歳を過ぎても乳糖耐性を維持したので、牛の乳を食料として利用することができた。食料不足の時代には、その能力は生存のチャンスを高め、栄養不足が原因のさまざまな病気に罹るリスクを減らしただろう。その結果、彼女は他の女性より多く子を生むことができた。その変異は彼女の染色体の一本だけに起きていただろうから、彼女の子どもたちの半数がこの変異を受け継ぎ、母親と同じく、多くの子を持つことができた。これで自然選択の三つの条件が揃ったことになる。ゆっくりだが着実に、この変異をもつアレルは牧畜民の乳糖不耐のアレルに取って代わっただろう。

進化のタイムスケールで見ると、一万年前に起きた牧畜は、つい最近の出来事だ。現在では、ヨーロッパ人に乳糖耐性が生じたのは、過去三〇〇〇～四〇〇〇年の間だという有力な証拠が挙がっている。それは、三八〇〇～六〇〇〇年前のヨーロッパ人の骨や、一九九一年にアルプス山脈のチロルで発見された五四〇〇年前の氷漬けのミイラ「アイスマン」から抽出されたDNAだ。これらのDNAには乳糖耐性をもたらした変異が見られず、その時代の遺伝子社会では乳糖耐性が珍しかったことを示唆している。

いささか皮肉なことに、今日では乳糖不耐症は一種の欠陥と見なされている。しかし、実のところそれは、人類の歴史の大半においては自然な状態だったのだ。あなたが乳糖不耐症だとしても、それは遺伝子社会でゆっくり廃れつつあるアレルを持っているというだけのことだ。もっとも、いずれそのアレルは消えていくだろう。因みに、ケニア南部とタンザニア北部に暮らすマサイ族は、昔から乳牛を飼ってきたが、その多くは乳糖不耐症だ。彼らは牛乳をヨーグルトにして食している。そうすればラクトースが減るので、大人になっても乳糖耐性を持つことに、それほどメリットはなかったのだろう。

幸運な遺伝子

異なる肌の色や乳糖耐性をもたらす変異は、まさにクリントンが懸念していた、目に見える人々の違い、である。こうした形質の進化は、自然選択の力をはっきり示している。だが、それらは例外であることがわかった。三〇〇〇万文字分の、個体間の違いの大半は、異なる環境に適応した結果ではないのだ。では、なぜ、そうした違いがあるのだろう。それらはどんな役割を果たしているのだろう。

あなたと隣人との三〇〇〇万文字分の違いのほとんどは、あなたと隣人のどちらにも影響しない。体を作り制御する遺伝子は、染色体上に点在しており、その間を埋めるのは、遺伝的な意味を持たないＤＮＡの連なりである。三〇〇〇万文字分の違いの大半は、こうした遺伝子のない領域で起きているのだ。

また、違いが大して重要でないもう一つの理由は、第2章で見たように、ゲノムの有用な部分はややおおざっぱなコードで書かれていて、タイプミスがあっても正確な読み出しが可能なことだ。言語と同じだ。それが証拠に、「あっこつ間違っておても、意味は理かいできるたろう?」さらに、ゲノムにははっきりとした「スペース」がない。重要な単語と単語を区切る領域には、気まぐれな文字列が入っていることもあるのだ。加えて、個人差の多くは、ゲノムの他の部分に存在する領域が繰り返されているだけなのだ。

ゲノムに起きた変異に、機能上の意味がないとすれば、なぜそれは消えないのだろう。自然選択は変異にも働きかけるはずだ。ではなぜ、そのような中立的な変異、意味のない変異が、拡散したのだろう。それらの変異はおそらく偶然によって存続しているのだ。

偶然がゲノムの進化に及ぼす影響は、ショウジョウバエを使った実験によって示すことができる。まず、以下の二つの基準に従って、一〇〇匹のショウジョウバエを選ぶ。

・オスとメスを半々にする。

・白い眼のハエと赤い眼のハエを半々にする。

ショウジョウバエは通常は赤い眼をしている。眼の色は一個の遺伝子によって決まり、色が違ってもハエには影響しない。つまり、赤でも白でも、ものはよく見えるし、異性にとっての魅力も同じなのだ。次に、この一〇〇匹のハエを、快適な密閉容器に入れる［図4・4］。

一世代目の交配後、白い眼のハエの割合はやや増えて、五〇パーセントから五五パーセントになるかもしれない。これは単に有性生殖にはランダム性があり、すべてのハエの適応度が同じでも、中にはより多く子を産む個体がいるからだ。二世代目で白い眼のハエの割合はまたもや偶然によって五二パーセントに下がるかもしれないし、三世代目で五六パーセントに上がるかもしれない。この白い眼をもたらす変異は、遺伝子社会で浮動［遺伝子プールにおける頻度が変化すること］しているのだ。交配を重ねると、単なる偶然から一〇〇匹のハエがすべて、白い眼を持つ可能性もある。その時点で眼の色のバリエーションはなくなり、浮動は止まる。逆もまた然りだ。白い眼のハエは平均して赤い眼のハエより子の数が多いわけではないので、白い眼の変異体が消滅する可能性もあるのだ。そしてどちらの眼の色が消えるにせよ、その変種は永遠に失われる——もちろん、消えた色の変異が再び起きれば、話は別だ。

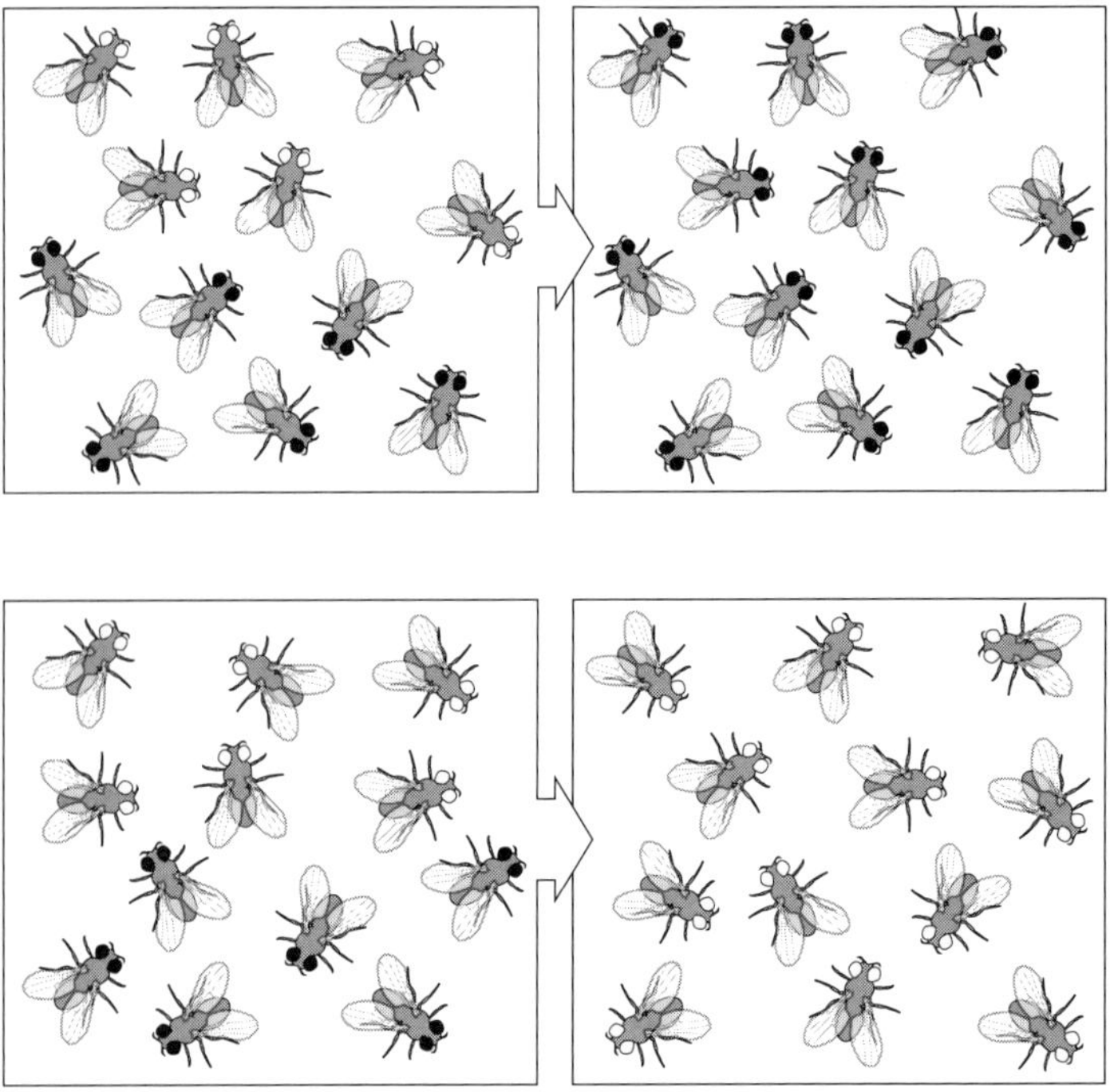

図 4・4
ショウジョウバエの実験。上段では、数世代を経ると、白い眼のハエは１匹もいなくなる。下段はその逆の現象が起きた場合。

人間の染色体で起きる変異にも、同じ偶然のルールが当てはまる。アレルの性質のうち、自然選択の対象となるのは、それがいかに効率的に複製を作れるか、ということだけだ。新たな変異が起きても、この能力が変わらないのであれば、その変異の運命は、自然選択の影響を受けない。それを支配するのは偶然だけだ。新たな変異は少数派としてスタートを切る。つまり、変異を起こしていないアレルの社会に、一本の染色体の一か所に変異を起こしたアレルが一個だけある、という状況だ。したがって、その変異は数世代経ないうちに消える可能性が高い。これは新たな変異のほとんどがたどる運命だ。先の実験で言えば、九九匹の赤い眼のハエと一匹の白い眼のハエでスタートするようなものだ。最終的に白い眼のハエが赤い眼のハエを凌駕する確率はきわめて低い。だがそれでも、偶然ゆえにその変異の頻度が高まり、結果的に、かつて優勢だったアレルを追い落とすこともあるのだ。

ショウジョウバエの実験によって、最終的に一方のアレルが勝ち抜くことが示された。機能的に同等なアレルが存在すると、遺伝子社会は安定し得ない。ある集団に何らかの変種がいるという状況は、進化の一瞬を切り取った静止画像なのだ［図4・5］。そのアレルが今後どういう運命をたどるかはわからないが、いずれ敗退か繁栄かの決着がつくだろう。

それぞれのアレルについて知っておくべきことは、それが遺伝子社会でどのくらい普及しているか、つまり、その変異を持つゲノムの割合である。たとえば、乳糖耐性をもたらすアレルは、全人類のゲノムに約五〇パーセントの頻度で存在する。では三〇〇〇万文字分の変異は一般にどのくらい普及しているのだろう。頻度が高いものはきわめて少ないことがわかっている。乳糖耐性の変異のように適応上の優勢をも

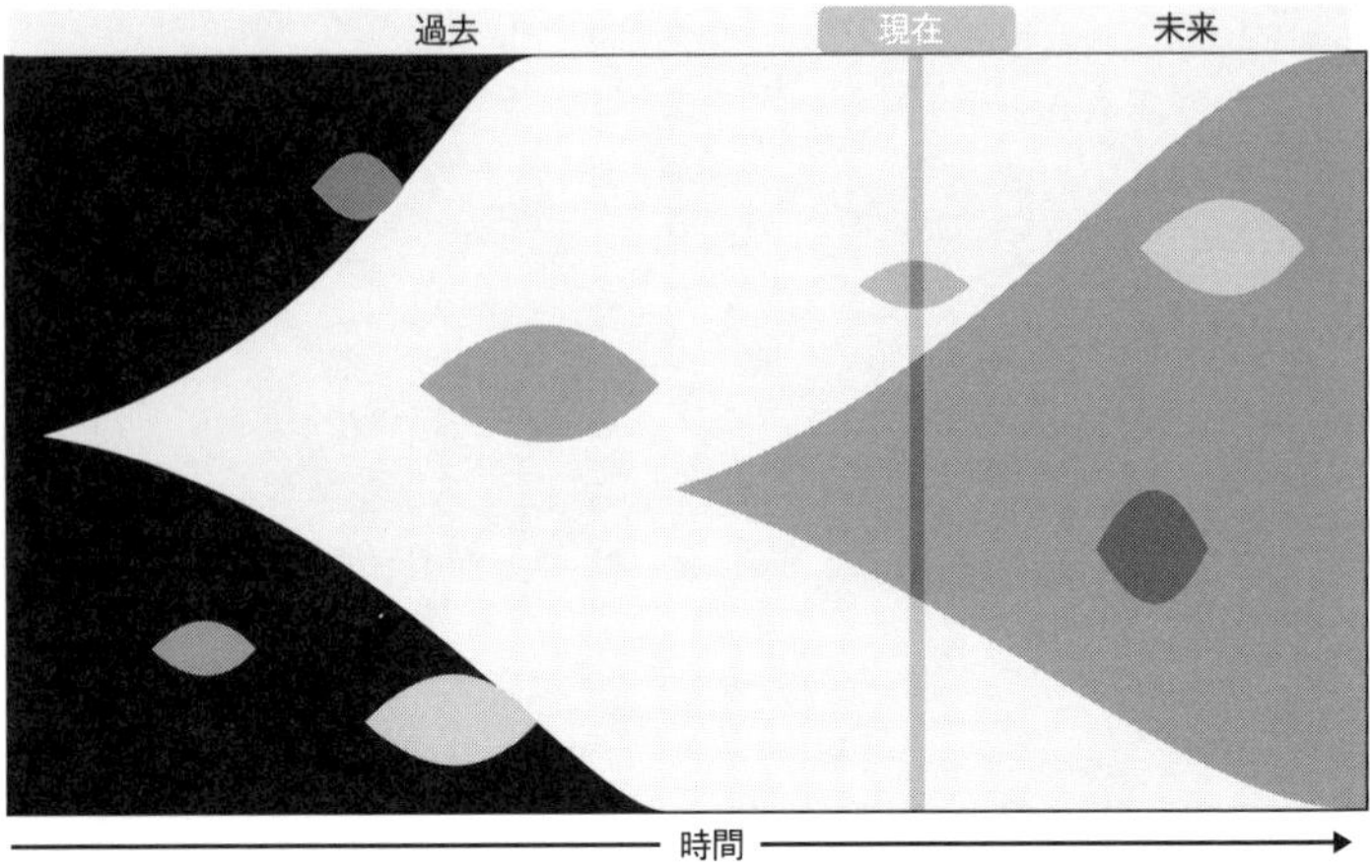

図4・5
ある遺伝子に生じた新たなアレルの盛衰。時間は左から右に流れる。垂直に切り取ると、ある瞬間のアレルの分布——進化の静止画像——がわかる。この例では、当初、100% の細菌が黒いアレルを持っていた。各色とも左端の先端が、変異が起きて新たなアレルが出現した時点である。大半のアレルはじきに消えるが、新たなアレルが遺伝子社会で支配的になる場合もあり、そうなると、親であったアレルは押しのけられる。

たらす変異は頻度が高くなる。しかし、三〇〇〇万のアレルの大半は稀な存在で、ゲノムの数パーセントに見られるだけだ。遺伝子社会で見られる変異のほとんどは、生物のゲームにおけるランダムな浮動にすぎないのだ。

アフリカというゲノムの宝庫

人間の遺伝子の研究では、しばしば遺伝的多様性を分類しようとして、たとえば、ヨーロッパ系、中国系、アフリカ系の人々のDNA配列を比較したりする。しかし、先に述べたとおり、アフリカの異なる部族どうしのゲノムを比較すると、アジア人、ヨーロッパ人、アメリカ人、オーストラリア人のゲノムを比較するより、その違いははるかに多い。アフリカの外の人のゲノムの多様性に比べて、アフリカ内のゲノムは、桁違いに多様なのだ。アフリカの外で観察される変異の大半は、アフリカ人のゲノムにもある。しかし、その逆は成り立たない。アフリカで見つかる変異の大半は、アフリカだけに見られるものなのだ。

アフリカで見られる変異の大半は、保有者の外見や適応度に影響しないが、わずかながら影響するものもある。才能は、外見と同じく、ある程度遺伝性で、先祖のゲノムとともに受け継がれる。ある才能、たとえば短距離を速く走る能力は、特別な変異とつながっていて、アフリカには、男女ともに多くがこの変異を持つ集団がいるようだ。その変異の頻度は、ヨーロッパ人のゲノムなどに見られるよりはるかに高い。これは単に、アフリカの外より中のほうが遺伝的多様性が豊かであることに由来する。また別の、長距離を並外れて速く走れる変異があるとしたら、それもアフリカのどこかで、たとえばアジアより頻繁に見つかるだろう。能力云々の問題ではなく、非アフリカ人よりアフリカ人のほうが変異の種類が多いので、どんなことであっても、最高に優れた遺伝的要因を持つ人は、アフリカ大陸のどこかに住んでいる可能性が高いのだ。これはどの分野においてもアフリカ人が優れているということではない。逆に、走るのが遅くなる変異があるとしたら、それも多様性が豊かなアフリカで見つかる可能性が高いのだ。

ここ数十年の間、わたしたちはこの遺伝的多様性の不均衡を、夏季オリンピックの多くの競技で目の当たりにしてきた。成績上位者のほとんどが、アフリカ系なのだ。一〇〇メートル走決勝の出場者が中国人やフランス人で、しかも先祖にアフリカ人を持たないのであれば、例外として注目されるだろう。

だが、常にこうだったわけではない。遺伝子に組み込まれた才能が開花するか否かは、環境に大きく影響される。アフリカ系アメリカ人のジェシー・オーエンスは、一九三六年、ナチスドイツが開いたベルリンオリンピックで、一七人のアフリカ系アメリカ人と競いあった。しかし、アフリカ生まれのアフリカ人選手は一人もいなかった。南アフリカは参加したものの、試合に送り込んだのは、白人選手ばかりだったのだ。ナチスにとって心外だったのは、オーエンスが、走り高跳び、一〇〇メートル走、二〇〇メートル走、四〇〇メートルリレーでそれぞれ優勝し、四冠を制したことだ。アメリカチームの他のアフリカ系アメリカ人九人も、メダルを獲得した。今日のオリンピックの決勝戦で見られるゲノムに組み込まれた才能が、ベルリンオリンピックでアフリカ人たちに見られたものと同じであることは言うまでもない。だが、どれほど優れたゲノムも、それだけでは、最高の力は発揮できない。そうなるには適切なトレーニングとサポートが欠かせず、それは、長く植民地として支配されてきたアフリカの人々には手が届かなかったのだ。

技術的に難しく、お金がかかるスポーツ競技では、ヨーロッパ系やアジア系のアスリートが優勢を保っている。これも、彼らが遺伝的に優れているからではなく、その競技をやろうとする動機や手段が、アフリカではまだ普及していないためだと思われる。だが、いつの日か、アフリカのどこかで子どもたちがチェスをするようになり、数世代経てば、チェスの国際大会でアフリカ人が優勝する、というのも、まったくの絵空事ではない。

共通の遺伝子はあれども

ニューヨークのコメディクラブ［コミカルなショーが主体のナイトクラブ］でよく聞かれるのは、アフリカ系アメリカ人、メキシコ人、アジア人、アラブ人、ユダヤ人などの人種による違いを皮肉るジョークだ。これまで世界のゲノムについて見てきたが、それでもなおわたしたちは、こうした人種にまつわる中傷に遺伝的根拠があると言うだろうか。確かに、世界の人々には違いがあり、その多くは、ゲノムの違いによるものだ。しかし、クリントンが指摘したように、それらの違いは人種差別を正当化できるほど大きいとは思えない。では、なぜ人種差別はなくならないのだろう。

大前提として、遺伝子社会では簡単に人種差別が起きることを理解しておこう。緑ひげ効果をご存知だろうか。ある遺伝子に二つの影響をもたらす変異があるとする。影響の一つは、その変異を持つ遺伝子を受け継いだ人には、緑のひげが生えるというもので、もう一つは、緑のひげが同じように生えている人を支援するというものだ。多くの状況で予想されることだが、支援される側の利益が、支援する側のコストを上回る限り、この振る舞いは緑ひげアレルの適応度を高める。コストと利益が別々の人で生じても、利益がコストより多ければいいのだ。もちろん、緑ひげの代わりに、アレルが引き起こす、外から見てわかる他の特徴にしてもよい。

緑ひげ理論は、二〇世紀の偉大な理論生物学者の一人、W・D・ハミルトンが生み出した（命名したのはリチャード・ドーキンスで、このユニークな名称はこの理論を広めるのに一役買った）。ハミルトンは社会的行動の進化を調べた。緑ひげ理論を構築するにあたって、彼はこう主張した。「自分にとっては損失だが、他者には利益となる振る舞い、すなわち利他的行動は、利益を受ける者が集団内の平均的な人より遺伝的に自分に近い場合、自分の遺伝子にとって利益になる」。ゆえにわたしたちは、子やきょうだい、いとこをサポートしがちなのだ。

裏返せば、意地悪な行為――自分にとって利益にならないが、他者にとって有害な行為――は、害を受ける人が、遺伝的に見て自分との距離が遠いと、自分のアレルにとって利益になる。なぜなら、自分のアレルから遠いアレルが、不利な立場に置かれるからだ。ここでもあなたは、自らのアレルの利益を図ろうとしているのだ。これが、人種差別の一般的な理論的根拠である。自分と同じアレルを持っていそうにない人々を不当に扱えば、自らのアレルの得になる、というわけだ。

これまでのところ、緑ひげ遺伝子は、アリ、粘菌、菌類に見つかっている。しかし人間の中に、「人種差別遺伝子」なるものは見つかっていない。有史以来、世界中で人種差別が見られることは、そこに普遍的な理由があることを示唆している。そして、自然選択が緑ひげタイプの変異をひいきすることが、その理由である可能性はかなり高い。興味深いのは、そうした変異が必ずしも遺伝的なものである必要はなく、文化的なものでもいいということだ。遺伝的変異にまつわる自然選択のロジックは、文化的変異にも当てはまる。つまり、子孫の数に影響する文化のバリエーションが存在し、子どもたちが親の文化を受け継ぐのであれば、「より適応的な」文化的変異が頻度を増していくのだ。

このメカニズムが実際に働くかどうかを調べるために、単純な例を見てみよう。ある集団を同数に二分する。一方は平等主義者のグループで、背景にかかわらずあらゆる人を支援すべきだと、固く信じている。もう一方はエリート主義者のグループで、独自の文化を持っている。また、独自の髪型をしているのでそのグループのメンバーだとわかる。エリート主義者はどちらのグループからも支援を得られるので、平等主義者の倍の支援を得られる。結果として、彼らは健康な子どもを多く育てる。子どもたちもまたエリート主義者になるとすれば、必然的に平等主義者の信念は世代が進むごとに力を失っていく——たとえ倫理的により優れていたとしても。

その意味では、クリントンは間違っている。わたしたちが九九パーセント以上同じだとしても、理論と歴史の両方が語るとおり、利己的な遺伝子（あるいは利己的な思想）が少しでもあれば、人種差別的な振舞いを説明するには十分なのだ。そしてこれは人類に限ったことではない。アナグマは結核に罹ると、（近縁者からなる）自分の群れを離れ、（近縁ではない）群れに移住し、結果的に「他者」に病気をうつすのだ。

人間がアナグマと違うのは、自分たちが遺伝子の奴隷以上の存在だと証明できることだ。わたしたちはアレルより理想を選ぶことができるし、遺伝子の集まり以上の存在になれるのだ。

アレルの多くは、特に選択上有利なわけではなく、その運命は偶然に委ねられている。個々のアレルが機能的にどんな影響を与えるかという予測は簡単なのだろうか。それとも、アレルの影響は誰がそれを受け継ぐかによるのだろうか。

第5章

複雑な社会に暮らす放埒な遺伝子たち

事物の存在と本質は互いとの関係から成り、それ自体は空である。

——ナーガールジュナ［仏教の僧、二世紀］

ハンガリーの作家カリンティ・フリジェシュは、一九二九年に発表した短編小説の中で、誰もがたった五人の知人の鎖を介して世界中の人とつながることができる、という考え方を示した。この理論は、ジョン・グェアが一九九〇年に発表して成功を収めた戯曲「六次の隔たり」と、九三年に映画化された『私に近い6人の他人』によって有名になった。この映画に触発されて、「ケヴィン・ベーコンとの六次の隔たり」というゲームが誕生した。このゲームでは、プレーヤーはある俳優の名を出されると、その俳優とケヴィン・ベーコンをつなげなければならない。たとえば、ハリソン・フォードだったら、こんな具合だ——ハリソン・フォードは二〇〇八年の映画『インディ・ジョーンズ／クリスタルスカルの王国』にカレン・アレンと共演した。カレン・アレンは映画『アニマル・ハウス』でケヴィン・ベーコンと共演した。ケヴィン・ベーコンは数多くの映画に出ているので、驚くべきことに、他の俳優と結びつくまでに必要なリン

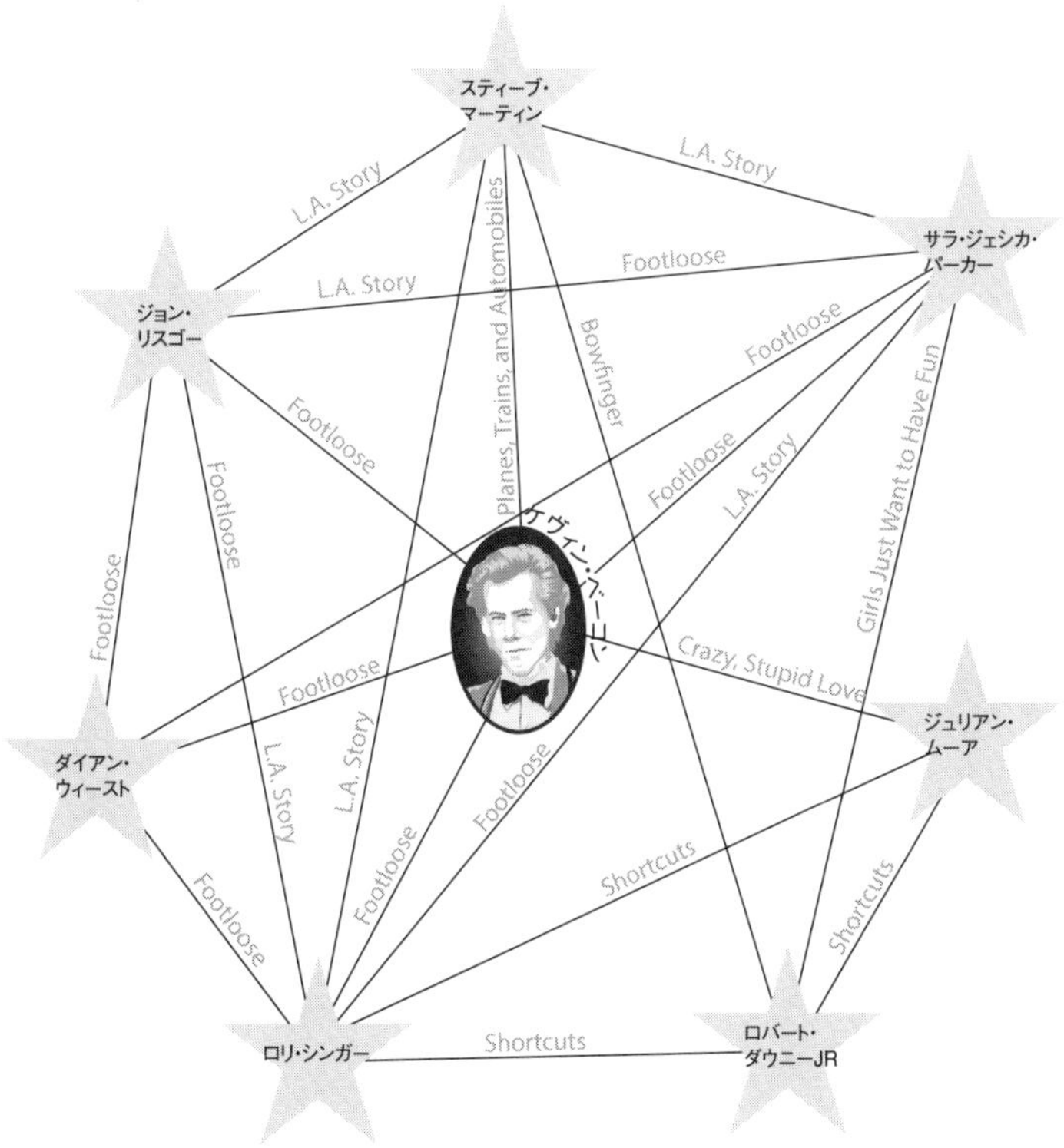

図5・1
共演する映画によってつながる俳優たちのネットワーク。図の中のどの俳優もたいていは二段階でケヴィン・ベーコンとつながる。
映画名『フットルース』、『ショートカッツ』、『L.A. ストーリー／恋が降る街』、『ラブ・アゲイン』（原題 Crazy Stupid Love）、『大災難 P.T.A.』（原題 Planes, Trains and Automobiles）、『ハイスクールはダンステリア』（原題 Girls Just Want to Have Fun）、『ビッグムービー』（原題 Bowfinger）

ク（つながり）は二、三ですむことが多い。このゲームは、他の俳優を中心に据えても、大半は同じようにうまくいく。俳優はそのキャリアを通じて多くの映画に出演し、また映画には通常、多くの俳優が共演するからだ。この人間関係は、外に向かって広がるネットワークを形成する［図5・1］。

エンドウマメ兄弟

グレゴール・メンデル（一八二二〜一八八四）は、現在では遺伝学の父として知られているが、その研究が認められたのは、一九〇〇年以降のことだった。彼は貧しい農家の出身だったため、大学へ通うために聖アウグスティノ修道会の修道士になった。卒業後はオーストリアの修道院に住み、そこで遺伝に関する画期的な実験を行った。修道院の主教は、メンデルがマウスで遺伝の研究をすることを好まなかった。有性生殖が絡んでくるからだ。そこでメンデルは実験材料をエンドウマメに変えた――「植物にも性があることを主教は知らなかった」と彼はうれしそうに記している。長年にわたって優れた実験と分析を続け、その成果を、権威ある『ブリュン博物学会紀要』に発表した。しかし、その研究の重要性が認められたのは何年も後のことだった。遺伝子が他の遺伝子にどう作用するのかを知るために、メンデルの実験の一つを見てみよう。

メンデルは豆（種子）の色、さやの色、茎の長さ、花の色など、いくつもの形質に着目して実験を進めた。たとえば、緑色の豆ができる花のめしべに、黄色の豆ができる花の花粉を人工授粉させ、数世代にわたたっ

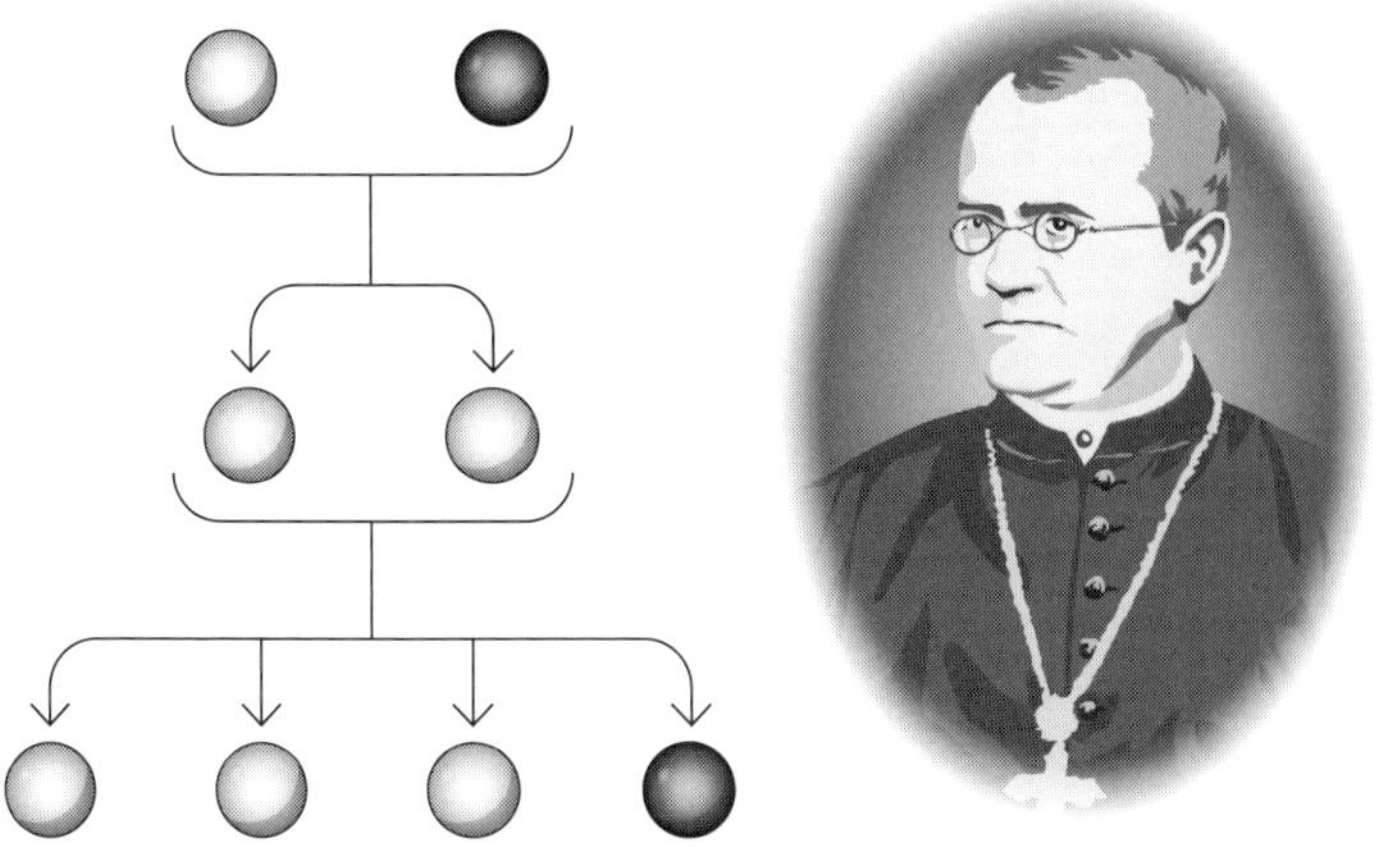

図5・2
遺伝学の父、グレゴール・メンデルとエンドウマメの実験。黄色（図では薄い灰色）か緑色（図では濃い灰色）の豆ができるエンドウマメを人工交配させると、最初の世代では黄色の豆だけができることをメンデルは発見した。だが、次の世代では3対1の割合で黄色と緑色の豆ができた。

て子孫を追跡調査するのだ。その結果、これらの形質は混ぜ合わされないことがわかった。豆の色は緑か黄、花は白か紫のどちらかであって、その中間はないのだ。緑の豆ができる花のめしべに、黄の豆ができる花の花粉を人工授粉させると、二世代目では七五パーセントの豆が黄で、二五パーセントが緑だった［図5・2］。この単純な比率から、メンデルは推論した。植物は色を決める因子（わたしたちが現在、アレルと呼ぶもの）を二個ずつ持っていて、それで緑か黄が決まるのだ、と。また、豆を黄色にする因子が優性であることも、彼は理解する。つまり、黄と緑の因子が一つずつあっても、豆は黄色になる。緑の豆ができるのは、緑の因子が二つ揃ったときだけだ。考えられる四つの組み合わせ（黄と黄、黄と緑、緑と黄、緑と緑）のうち、三つの組み合わせに黄の因子があり、それが優性であるため、七五パーセントの割合で黄の豆ができる――メンデルのこの画期的な発見は、遺伝学の端緒を開いた。

連座の罪

当時、遺伝形質は混ざりあうと考えられていたが、メンデルはそうではないことを発見した。たとえば、豆の色は黄か緑のどちらかで、その中間色は生まれなかった。これは、因子（遺伝子）と形質が一対一で対応していることを示唆しているように思える。そうであるなら、理論上は、どんな形質もそれを引き起こす遺伝子とアレルを見つけることができるはずだ。この図式では、あらゆる遺伝的特徴に一つの遺伝子が対応していることになる。鼻の高さに一つ、髪の色に一つ、人差し指の長さに一つ、という具合に。同様に、あらゆる遺伝性の病気の場合も、偶然起きた一つの変異が原因になっているのではないだろうか。

しかし、現実ははるかに複雑であることがわかった。今に至っても、遺伝性の病気の大半は、特定の遺伝子の変異とつなげることができていない。もっとも、わずかながら原因遺伝子が判明しているものもある。たとえば、本書の著者の一人はミルロイ病を患っている。この病気は、リンパ系の成長やコントロールに関わるFLT4遺伝子の一文字が変わることによって発症する。このたった一つの変異が、FLT4がコードするタンパク質のアミノ酸の置き換えを引き起こし、そのせいで異常なタンパク質が生じて、リンパ系に問題を引き起こすのだ。ミルロイ病はいわゆるメンデル遺伝病（たった一つの異常な遺伝子が引き起こす病気）の典型である。

とはいえ通常は、病気と遺伝子の関係は一対一ではない。パーキンソン病――神経系の進行性疾患――は、ある三つの遺伝子のどれか一つに変異が起きると発症する。健康体では、この三つの遺伝子は協働してタンパク質を分解し、脳細胞にそれが蓄積しないようにしている。これらの遺伝子のうち、一つでもその機能を果たせなくなると、タンパク質が分解されず、蓄積され、脳細胞が機能不全に陥るのだ。

協働する一連の遺伝子のうち、どの遺伝子に変異が起きるかによって、病気の型が異なる場合もある。前章では、ラクターゼ遺伝子の進化について触れた。ラクターゼ遺伝子は乳糖をグルコースとガラクトースに分解する。このガラクトースを代謝できない病気が、ガラクトース血症である。この病気を持って生まれた赤ん坊は、乳を飲むと、ガラクトース由来の有毒な化学物質が体内に蓄積し、肝臓、脳、腎臓、眼の機能が損なわれる。死に至ることも珍しくない。

健康体では、ガラクトースは三段階の化学反応によって消化可能なグルコースに変換される。この一連の反応は、それぞれ固有の遺伝子によって統制されている。これらの遺伝子のどれか一つに変異が起きると、ガラクトース血症が発症する。第一段階を統制する遺伝子の変異は、白内障を招く。ガラクトース血症の症状としては比較的軽度だ。第二段階を統制する遺伝子の変異は、典型的なガラクトース血症の原因になり、治療しなければ発育上の障害や肝疾患につながる。三つ目の遺伝子に起きた変異は、重症につながることもあるし、軽症ですむ場合もある。この三つの変異がもたらす症状は似ているので、いずれもガラクトース血症と呼ばれる。

以上の病気はどれも、原因は個々の対立遺伝子の機能不全にある。これは望みがありそうだ。理論上は、

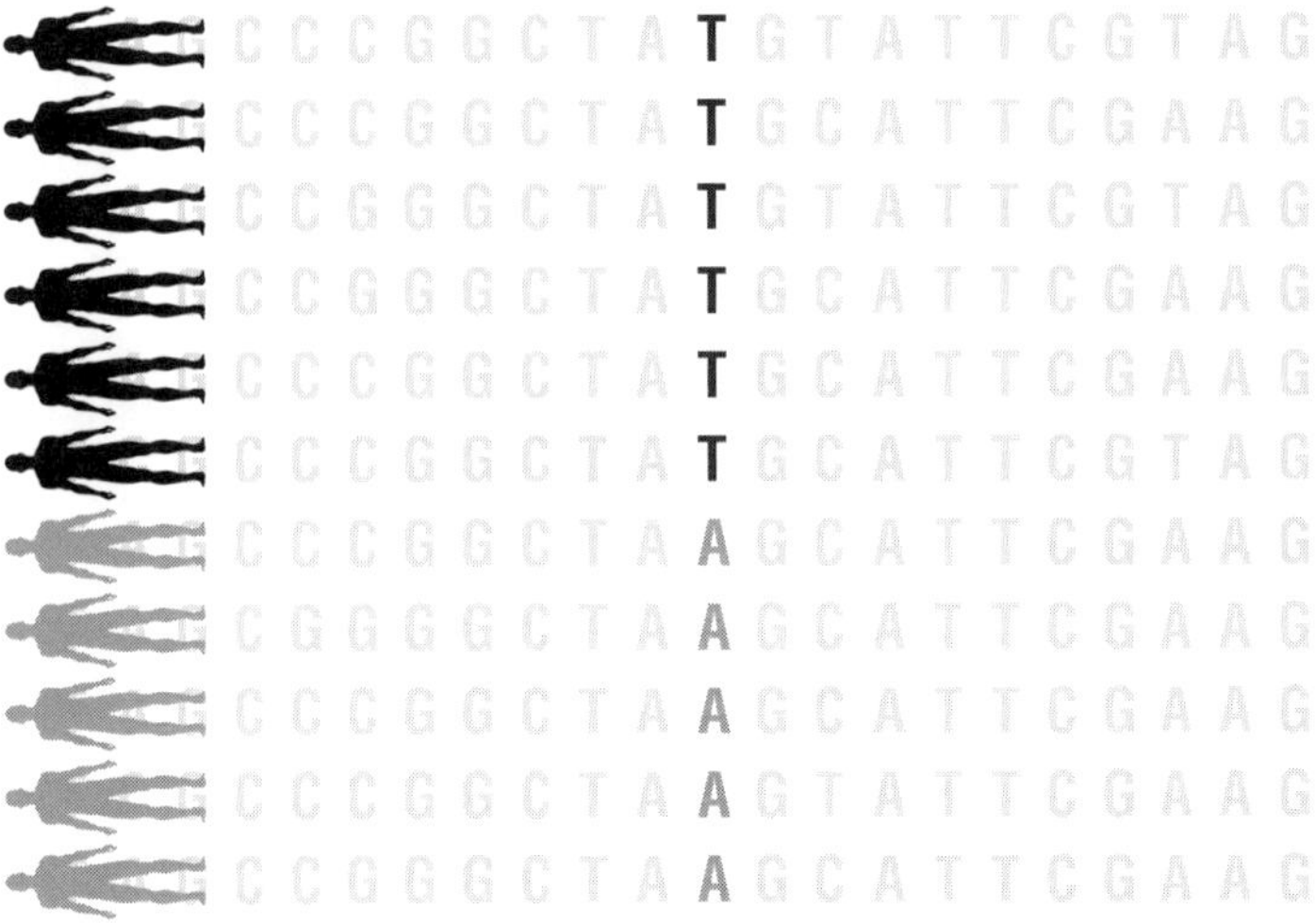

図5・3
全ゲノム関連解析（GWAS）の狙いは特定の対立遺伝子と病状を関連づけることだ。文字列は各人の DNA を引き伸ばしたもの。黒く塗られた上位6人は患者、下位5人は健康な人。中央の濃い文字が二つのグループを完全に分けている。患者はすべて T、健康な人はすべて A になっている。これが、A が T に変化した対立遺伝子は病気の原因になるかもしれない、という手がかりとなる。

どの遺伝子が何に関わっていて、それが機能不全になるとどのような病気が発症するかを、体系的に見出せるはずだ。それがわかれば、医師はあなたのゲノムを調べて、まだ症状が出ていなくても、適切な治療を施してくれるだろう。

　変異と病気とのつながりを調べる方法を見てみよう。たとえば、腸に深刻な炎症を起こすクローン病について調べる場合、まず、かなり大人数の被験者を集めなければならない。仮に一〇〇〇人としよう。半分がクローン病の患者で、半分は健康体だ。次に、被験者のゲノム配列を決定する。その作業は、年々、安く手軽にできるようになってきた。そして、全員のゲノムを並べ、ＤＮＡ上の位置を一つずつ調べて、塩基の種類と、被験者の健康状態の対応を見ていく。仮に、クローン病患者五〇人にしかない対立遺伝子——一六番染色体の五七二七五一四にTがくる——が見つかったとしよう。五〇対〇というはっきりとした比率が偶然に起きる可能性はきわめて低いので、この対立遺伝子はクローン病の予測因子と見なすことができる。実際には、五〇対〇という顕著な比率はめったに見られないが、被験者の数が十分多ければ、重要な対立遺伝子を検出できる可能性がある［図5・3］。このような調査は「全ゲノム関連解析（genome-wide association study 略称GWAS）」と呼ばれる。

そして実際に、六三三三人のクローン病患者と一万五〇五六人の健常者を対象としてGWASを行ったところ、この病気の発症率に影響するゲノム領域が、七一か所見つかった。これらの領域は「リスク遺伝子座」と名づけられた。各領域にある特定のアレルが、この病気のなりやすさを高めるからだ。だが驚くべきことに、クローン病患者のうち、この七一領域のいずれかに病気に関連するアレルを持っている人は、二五パーセントしかいなかった。つまり、遺伝性のクローン病患者の多くは、この病気に関連するとされたアレルを持っていないのだ。おそらくは、七一領域に見つかった遺伝子をはるかにしのぐ原因が関与しているのだろう。それを見極めるには、いっそう大規模なGWASが必要になる。

また別の可能性もある。ゲノム内で互いとうまくやっていけるアレルだけが協働できるが、なかには、他のメンバーのものとそりが合わないアレルもあるだろう。少なくとも一部の患者では、両親から受け継いだアレルが、互いとそぐわなかったためにクローン病を発症したらしい。これらのアレルは、父親と母親の体内ではそれぞれ別のアレルと組んでうまく働いていたようだが、一緒になったとたんに病気を引き起こしたのだ。このようなアレル間の相互作用は「エピスタシス」と呼ばれる。先に述べたパーキンソン病も、原因はエピスタシス、すなわち三つのアレルの相互作用がうまくいかないことに起因する。パーキンソン病は因果関係が明快だが、通常はクローン病のように、より多くの遺伝子が関与している。

今や何百というGWASがさまざまな病気について行われているが、はっきり言えるのは、ほとんどの病気はいくつもの遺伝子の影響を受けている、ということだけだ。加えて、特定の病気に関わる変異の大半は、時として健康な人にも見られるので、おそらくアレルの相互作用や、環境との相互作用が、重要な役割を果たしているのだろう。長年研究されてきたこれらの病気でさえ、新たにGWASが行われるたびに、関係のある遺伝子や相互作用が見つかっている。このような遺伝性の病気の研究が浮き彫りにするのは、特定の機能を果たすには、多くの遺伝子が複雑に関わりあいながら協働しなければならない、ということだ。

朽ちかけたテセウスの船

わたしたちの体は複雑な構造をしており、その活動プロセスの大半はきわめて込み入っているので、いくつものタンパク質、ひいてはそれを作る遺伝子が関わっている。たとえば、食物に含まれる糖をエネルギーに変換するには、数十もの独立した化学反応が起きなければならない。それぞれの化学反応は異なる酵素が取りしきっている。酵素は化学反応を促すタンパク質で、それがなければ化学反応のスピードは非常に遅くなる。各酵素の働きは、そのプロセスに関わる他の要素が正しく機能しているかどうかに左右される。もし、先立つ一つの段階がうまくいかなければ、酵素の生成物は使われずに蓄積され、しばしば悲惨な結果を招く。

前章からもう一つ例を引こう。前章では、肌の色は、あなたが受け継いだ遺伝子が、過去一〇〇〇年の大半を過ごしてきた地域に適応するように進化したと説明した。肌の色は一見シンプルな特徴に思えるが、少なくとも一五種類の異なるアレルが影響している。前章で触れたように、一〇万年前にアフリカを離れるまで、人類は皆、褐色の肌をしていて、サハラ以南の日差しに含まれる、強力な紫外線から体を守っていた。その褐色の濃さは、アフリカ大陸の各地域における紫外線の強さに応じて、さまざまな度合いになった。自然選択に促され、色素形成を変える新たな変異が、アフリカの外の地域の遺伝子社会でも定着した。もっとも、肌の色が似ていても、同じ遺伝子が働いているとは限らない。アジアとヨーロッパの人の肌は、どちらも明るい色合いをしているが、その色をつかさどるのは、異なる遺伝子の変異だ。いずれも同じように紫外線から身を守るが、土台となるアレルが違うので、肌の色合いも少々異なる（一方はピンクがかっていて、一方は黄色がかっている）。

あなたの体を作り維持するプロセスのうち、遺伝子の相互作用の結果でないものを挙げるのは難しい。多くの点において、遺伝子の相互作用は、遺伝子そのものより重要なのだ。「テセウスの船」という命題について考えてみよう。それは、古代ギリシアの哲学者が議論を重ねた命題で、フランスの遺伝学者アントワーヌ・ダンシャンは、遺伝的な相互作用をそれに喩えた。英雄テセウスが乗った木製の船をアテネの

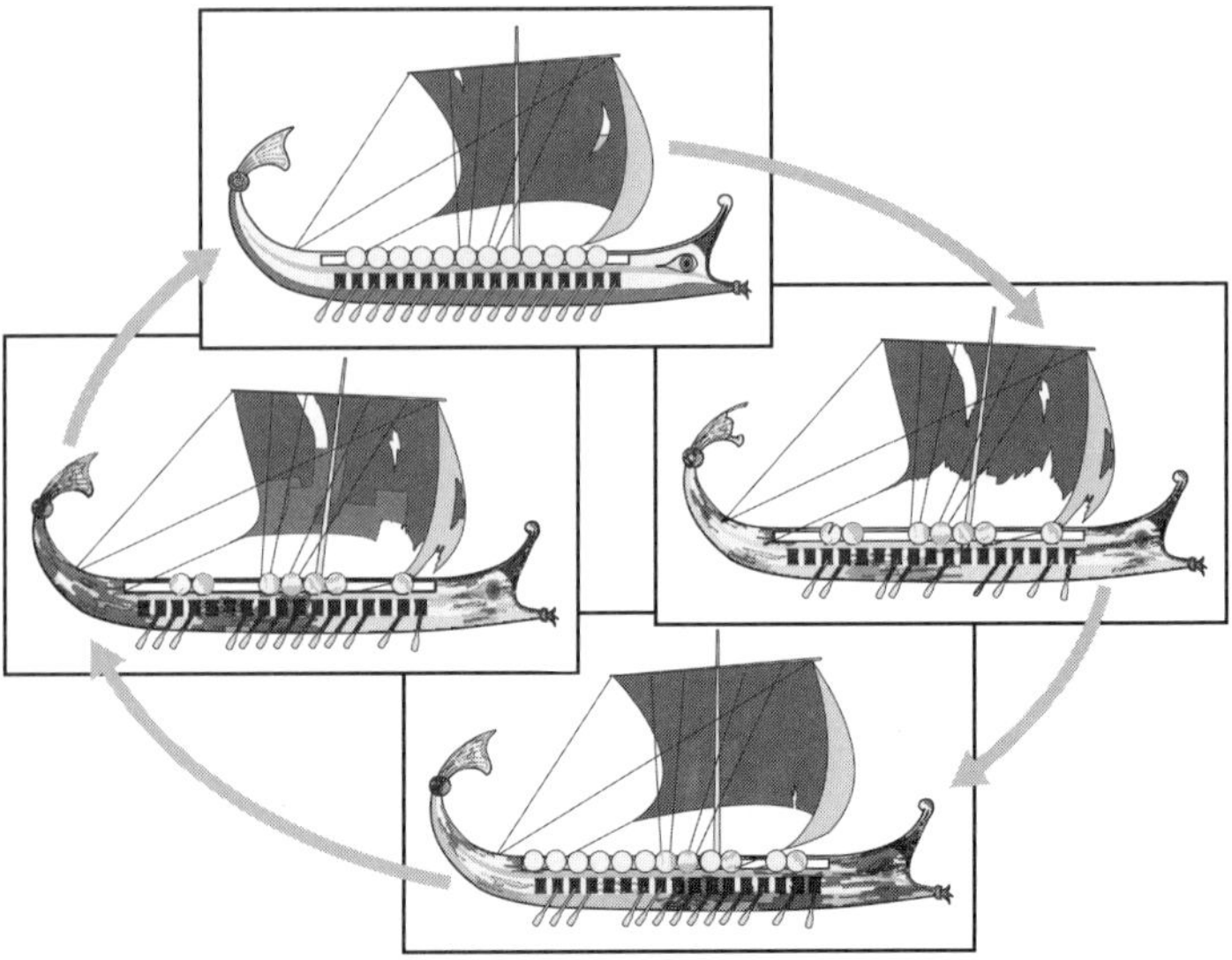

図5・4
テセウスの船。腐食した船の部品を、元の部品がなくなるまで取り換えたら、それでも同じ船と言えるだろうか。

人々は大切に保存していたが、年月が経つうちに朽ちてきたので、徐々に新しい板材に換えていった。そのうちにとうとう、最初に使われていた板材は一つ残らずなくなってしまった［図5・4］。

構成する板材がすべて取り換えられたこの物体は、それでも同じ船と言えるのだろうか。もちろんそうだ！　この船の何が特別かと言えば、それは個々の板材ではない。これらの板材がいかに協調して一つの船を作り上げているか、ということなのだ。各板材はそれ自体の個性によってではなく、船のどこに配置されているか、つまり、他の板材との関係によって特徴づけられる。重要なのは物体どうしの関係であって物体そのものではないのだ。同様に、各遺伝子の重要性を理解するには、他の遺伝子との相互作用に着目しなければならない。わたしたちの遺伝子の数は二万個だが、それらの相互作用の数ははるかに多いのだ。

複数の遺伝子が一つの機能、たとえば肌の色の調整や代謝のために協働しようとするとき、エピスタシスが働く。それは、変異を起こすと同じ病気につながる一連の遺伝子に見たとおりだ。逆に、単一の遺伝子が二つ以上の影響を及ぼすこともあり、それは多面発現と呼ばれる。この多面発現性ゆえに、単一の遺伝子に起きた変異が、通常は無関係な複数の機能に影響し、遺伝的症候群（特定の病気に関連して、複数の形質や異常が同時に起きること）を引き起こすことがある。

先に見てきたように、いくつかの遺伝的症候群はメンデル遺伝病で、単一の遺伝子がいくつものプロセスに影響する。たった一つの変異のせいでさまざまな症状が引き起こされるのは、珍しいことではない。その一例が、ＡＴＭ遺伝子の変異によって引き起こされる毛細血管拡張性運動失調症だ。この病気は神経系や免疫系に影響し、不妊やがん、血管の拡張を招く。放射能への感受性がきわめて高くなることもある。

遺伝子がコードする酵素、すなわち、化学反応の触媒となるタンパク質は、往々にして多機能で、さまざまな分子を分解する。その一つは、ｈＣＥ１遺伝子によって作られるカルボキシルエステラーゼ１という酵素だ。この酵素は対象を選ばないため、さまざまな薬物を分解し、それにはコカイン、ヘロイン、メチルフェニデート（注意欠陥多動障害の治療薬）も含まれる。多機能な遺伝子は、多くの映画に出演する役者のようなもので、単一の遺伝子がさまざまな役柄を演じるのである。

いささか皮肉なことに、一つの遺伝子が複数の機能を持つ例は、メンデルが研究したエンドウマメの形

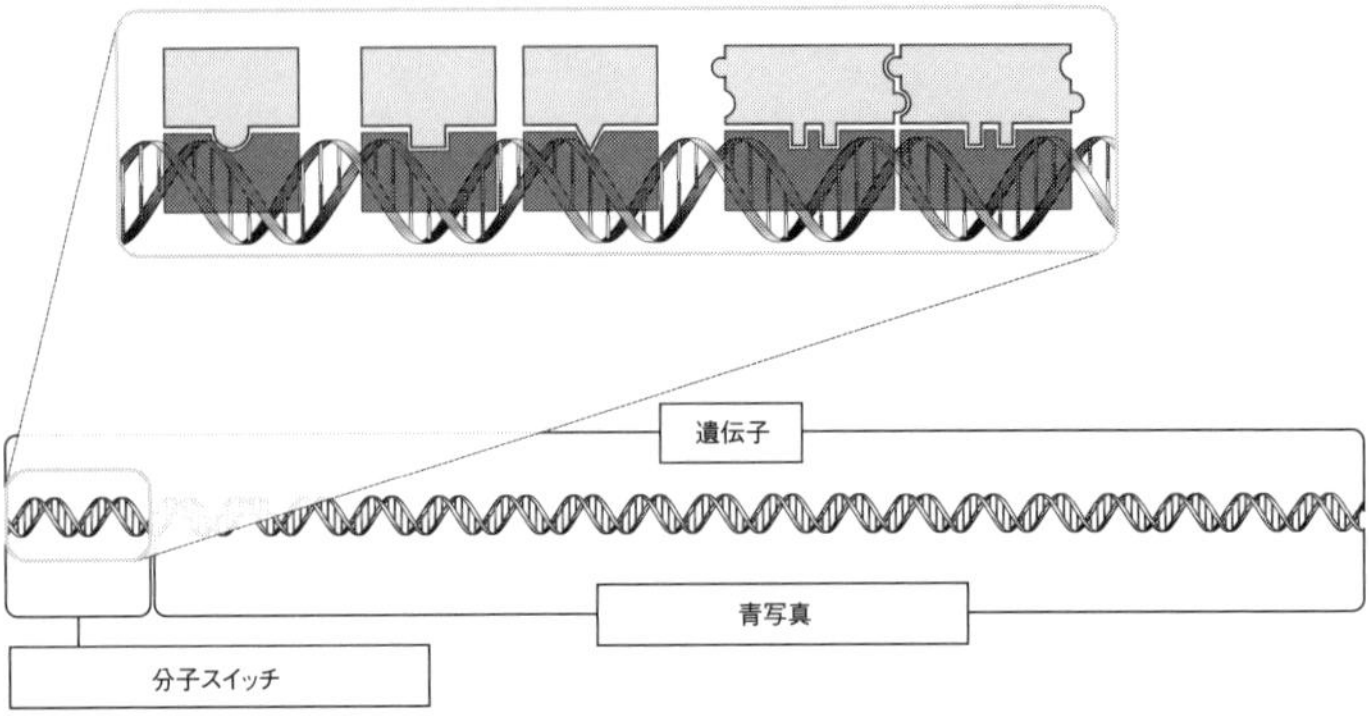

図5・5
上図は SOX9 遺伝子の調節領域の構造。濃い灰色は分子スイッチ。それぞれ特定のタンパク質（薄い灰色）に結合し、SOX9 タンパク質が生成される量を調節している。

質にすでに表れていた。メンデルはある形質について次のように書いている。

種皮の色の違い。これが白ければ常に白い花が咲く。灰色、灰褐色、茶褐色の場合、紫の斑点があってもなくても、花弁の色は一般に紫色で、葉の付け根の茎は赤みがかった色をしている。灰色の種皮は、沸騰したお湯に入れると暗褐色になる。

今日では、多機能な遺伝子が、花の色のパターンだけでなく、種皮の色も決めていることがわかっている。一個の遺伝子にさまざまな機能があるのなら、変異が起きれば各機能に影響し、さまざまな形で体の健全さを損なうだろう。その代表格がＳＯＸ９遺伝子だ。その遺伝子が変異のせいでタンパク質を作れなくなり、ひいては機能不全に陥ると、その影響は驚くほど多様な形で現れる。たとえば性転換、骨格奇形、口蓋裂などだ。もっとも、一人の人に現れる症状は一つか二つだ。遺伝子には調節領域があり、活動を制御する分子スイッチがついていることを思い出してほしい［図5・5］。これらのスイッチはかなり特殊な方法で操作されている。ＳＯＸ９遺伝子はスイッチを三つ持っていて、一つ目は精巣、二つ目は軟骨、三つ目は顔面の発育に関わっている。変異がこれらのスイッチの一つを破壊すると、それに対応する機能だけが抑制される。つまり、変異がＳＯＸ９のある領域に起きれば、性が転換し、別の領域に起きれば、口蓋裂になるのだ。

細菌の見さかいのないチーム

あなたのゲノムはあなたの体を作り、制御している。体は数百種の異なる細胞でできていて、それらの細胞は、無数の方法で互いに作用しあっている。そうした相互作用の全体像は、まだほとんど解明されておらず、多機能性（多面発現）やチームワーク（エピスタシス）がどう影響しているかを明かそうとする取り組みは今も進行中だ。したがって、遺伝子の相互作用の地図を垣間見たいのであれば、人間のものよりははるかに単純な大腸菌（*E.coli*）のゲノムを見たほうがいい。大腸菌はほぼ間違いなくこの地球上で最もよく理解されている生物だ。単純さゆえに扱いやすく、その研究は分子生物学の土台となる多くの発見につながった。遺伝子を四〇〇〇個ほどしか持たないので、その構成や相互作用の大半を明らかにすることができたのだ。そうでありながら、大腸菌は、遺伝子の全体像を理解することがいかに難しいかを人々に見せつけた。これほど単純な菌でさえ、遺伝子のおよそ三分の一については機能がまだわかっていないのだ。

特によく研究されてきた大腸菌のサブシステムの一つは、その生化学的反応システム、すなわち代謝システムである。さまざまな栄養素を、次世代を構成する要素へ変換する際に起きるほぼすべての化学反応が、大腸菌ゲノムにコードされた酵素の触媒作用を受ける。大腸菌遺伝子の生化学的作用を記した地図には一三〇〇を超す遺伝子と、それらが担う二〇〇〇以上もの機能が記されている。しかし、複雑な生化学の探究のたまものであるこの地図を手にしながらも、わずか一つの酵素の働きを解明するのに、往々にして数年かかるのだ。

すべての生物がそうであるように、大腸菌の代謝には多機能な遺伝子が関わっている。その遺伝子の半分近くが、複数の化学反応の触媒作用に関わっている。だが同時に、エピスタシスも働いていて、大腸菌遺伝子が生成したタンパク質は総じて、他の二つの遺伝子の生成物と組んでタンパク質複合体となり、特別な機能を果たしている。大腸菌においてさえそうなのだから、「多機能性」と「チームワーク」は、人間のゲノムのように複雑な遺伝子社会には、さらに浸透しているはずだ。

多機能な酵素が生じる過程は、容易に想像できる。ほとんどの酵素は一つ以上の特定の化学物質（好ましい基質）を処理するよう進化するが、細胞内に通常は存在しない化学物質に「たまたま」働きかけることがある。しかし、環境が変わり、そうした化学物質を栄養源として利用できるようになると、多機能な酵素が、たまたま獲得していた新たな代謝能力を活用し、進化させるのだ。

多機能性とチームワークは、遺伝子どうしの関係を複雑にしているが、一個の遺伝子の中でも働いている。変異の帰結は、往々にして同じ遺伝子で先に起きた変異に左右される。この複雑さを体現しているのが、大腸菌の抗生物質への耐性に関わる遺伝子、ベータラクタマーゼだ。最近まで、尿路感染症は抗生物質のペニシリンで治療できていた。ところが今では、かなりの割合の大腸菌が、ベータラクタマーゼの遺伝子に五つの変異を持ち、従来の一〇万倍もの耐性を獲得している。「投薬されたことのない」大腸菌がペニシリンにさらされると、五つの変異が次々に起きて、耐性が強くなる。五つの変異が起きる順序は一二〇通りある［五×四×三×二×一］。中には、先に特定の変異が起きていなければ、逆に耐性を低くする変異もあり、その帰結として一二〇通りの順序のうち、段階を追うごとに耐性が高まるのは、一〇通りだけだ［図5・6］。これが自然選択がもたらした唯一の結果だ。ベータラクタマーゼ遺伝子に起きる変異は互いに依存しており、チームを組んで初めて抗生物質への耐性を最適なレベルまで高めることができるのだ。

遺伝子の変異は、ベータラクタマーゼのいくつもの特性に影響する。変異（多面発現）の影響に見られるトレードオフを調べると、変異が互いに影響する仕組みがわかる。つまり、エピスタシスの起源を見ることができるのだ。ベータラクタマーゼ遺伝子の後半のある一文字が置き換えられると、ペニシリンを破壊する能力は強まるが（大腸菌にとっては望ましい）、ベータラクタマーゼは不安定になり、壊れやすくなる（大腸菌にとっては望ましくない）。通常、ベータラクタマーゼの活性化と安定の度合いは無関係だが、この場合は一つの変異が両方に影響するのだ。しかし、ベータラクタマーゼ遺伝子の前半に二つ目の変異があると、抗生物質を破壊する能力はわずかに弱まるが、ベータラクタマーゼは安定する。この二つの変異は、一つ一つはあまり役に立たないが、二つ同時に起きれば、優れたチームワークを発揮する。一つ目の変異がペニシリンを破壊する能力を増し、二つ目の変異が安定性を維持するからだ。

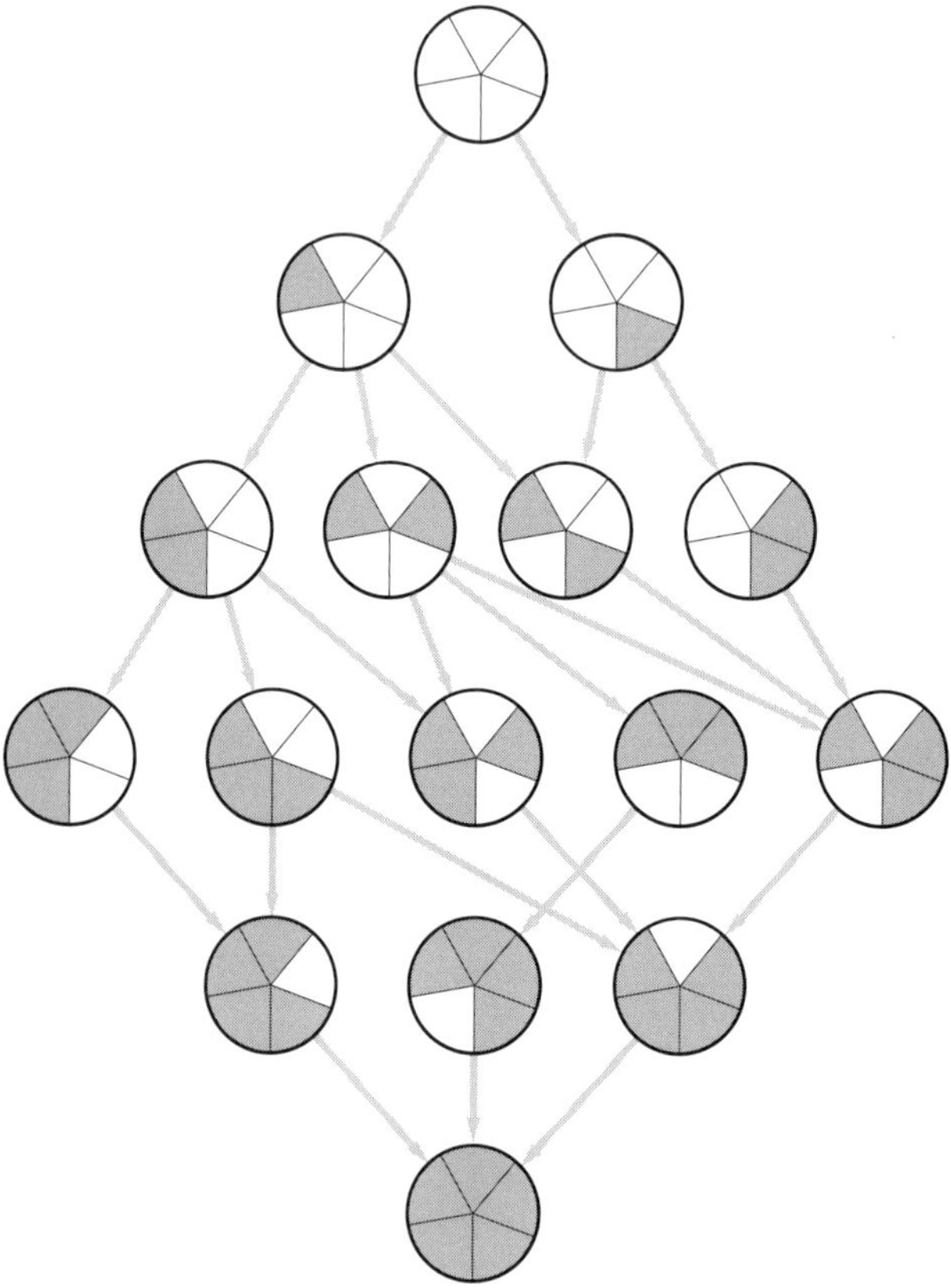

図 5・6
五つの変異が起きる順序の可能性。変異が重なることで、ベータラクタマーゼのペニシリンに対する耐性は 10 万倍になる。各円はベータラクタマーゼが五つの変異のうちどれを獲得したかを示し、矢印は新たな変異が加わって、抗生物質への耐性が強くなったことを示す。エピスタシスゆえに、すべての経路が実現可能なわけではない。時には新たな変異によって、耐性が弱まることもある。そのような変異の組み合わせを持つ個体は、自然選択によって排除されるため、矢印は引かれない。

完璧な薬

通常、医師はそれまでの効果に基づいて治療法を決める。つまり、平均的に見て、他の治療法より効果があるものを選ぶのだ。これは科学としては不完全だ。あなたのゲノムは独自のアレルの組み合わせを持つのだから、症状の原因も、薬に対する反応も、他の患者とは異なるはずだ。診断と治療に、万人向けのアプローチはないのである。

一九五〇年代、サクシニルコリンという化学物質が、大きな手術をする際の筋弛緩剤として使われるようになった。大多数の人にはうまくいったが、中にはこの薬のせいで命を落とした人もいた。通常は、血液中の酵素（コリンエステラーゼ）がサクシニルコリンを分解するため、この薬の投与をやめると、数分後にはその筋弛緩作用は消える。ところが一部の人は、その酵素を作る遺伝子が機能しないため、サクシニルコリンの投与をやめてもしばらくの間、呼吸に必要な胸の筋肉が麻痺したままになっている。したがって、薬の作用が消えるまで人工呼吸器をつけておかなければ、窒息する恐れがあるのだ。

しかし、幸いなことに、このような危険は過去のものになりつつある。現在、アメリカ食品医薬局（新薬の承認に責任を持つ行政機関）は、遺伝子構造によって分けたサブグループ向けの薬を認めるようになった。目指すのは個別化医療、すなわち、個々人の遺伝的特徴に合わせて医薬品を調整することだ。そうすれば薬による反応をより正確に予測し、薬の安全性を高め、最適な治療を行うことができる。

個別化医療における進歩の一例は、ハンチントン病の治療薬であるテトラベナジンだ。ハンチントン病はハンチンチン遺伝子の変異が原因だ。変異したハンチンチン遺伝子は、欠陥型のタンパク質を作り、そのタンパク質が次第に脳細胞を蝕み、ひいては筋肉協調の障害、認知力低下、情動障害などを招くのだ。テトラベナジンが体内で活性化するには、酵素CYP2D6によって分解されなければならないが、この酵素の量は人によって異なる。現在では、医師は患者が体内で作るCYP2D6の量を検査して、それに合わせて投薬量を調整するようになった。

個別化医療はがん治療においても有望だ。従来はひとまとめにされていたがんが、人によって異なる変異の産物であり、サブタイプに合わせた治療が必要だと考えられるようになった。また、ウイルスのゲノムに合わせて薬が作られるようにもなった。たとえば、最近のC型肝炎の薬は、ゲノムのタイプに狙いを定めている。

いつか、深刻な病気のそれぞれについて、原因遺伝子を特定できるかもしれない。医師があなたのゲノムから、たとえば三八歳で偏頭痛に苦しむようになる確率を算出する、という可能性もある。だが、遺伝子社会の相互作用がきわめて複雑で、多機能であることを思えば、全知のゲノム医療というシナリオは実現しそうにない。少なくともしばらくの間、医師たちは、従来の治療法を排除できないだろう。これはわたしたちの健康と寿命にとって最も望ましいことではないが、心理的には良いことかもしれない。知識は力になるだけでなく、重荷にもなるからだ。仮に医師から、何歳である深刻な病気になる可能性が八二パーセントだが、適切な治療法はないと告げられたら、あなたにとってそれは必要とする以上の情報だろう。

遺伝情報を知ることには、倫理的にも哲学的にも重要な問題が絡んでおり、今後わたしたちはそのジレンマにますます悩むことになるだろう。

一つの遺伝子社会のアレルの機能は、絡みあって複雑なネットワークを形成している。このような複雑なネットワークを他の遺伝子社会のネットワークと比べたとき、どのような違いがあるだろう。そうした違いは、種の進化の原因なのだろうか、それとも結果なのだろうか。

第6章 チューマン・ショー

同じ川に二度入ることはできない。
――ヘラクレイトス

オリバーは偉大にはならなかった――偉大さを押しつけられていたのだ。一九七六年に生まれた彼は、半分チンパンジーで半分人間の「チューマン」と称され、スターになった［図6・1］。手を地面について大股で走る普通のチンパンジーとは違って、オリバーは直立歩行を好んだ。また、顔に毛が生えていないせいで、人間のように見えた。しかし、ほぼあらゆる点において、彼はチンパンジーだった。言葉を持たず、高度な道具は使わず、複雑な思考をしているという証拠もなかった。それでも、数年間、チューマンのオリバーはセレブだった。やがて分子ツールが登場し、オリバーの本性を調べられるようになった。彼は本当に人間とチンパンジーとの性的交渉の産物なのだろうか？

この謎については、いくつかの遺伝子を調べれば、簡単に答えが出せる。ヒトのゲノムが四六本の染色体からなることを思い出そう。二三本の染色体が二セット、両親から一セットずつ受け継いだものだ。し

図６・１
1970 年代、人間とチンパンジーの混血であるチューマンとしてショーに出演していたオリバー。

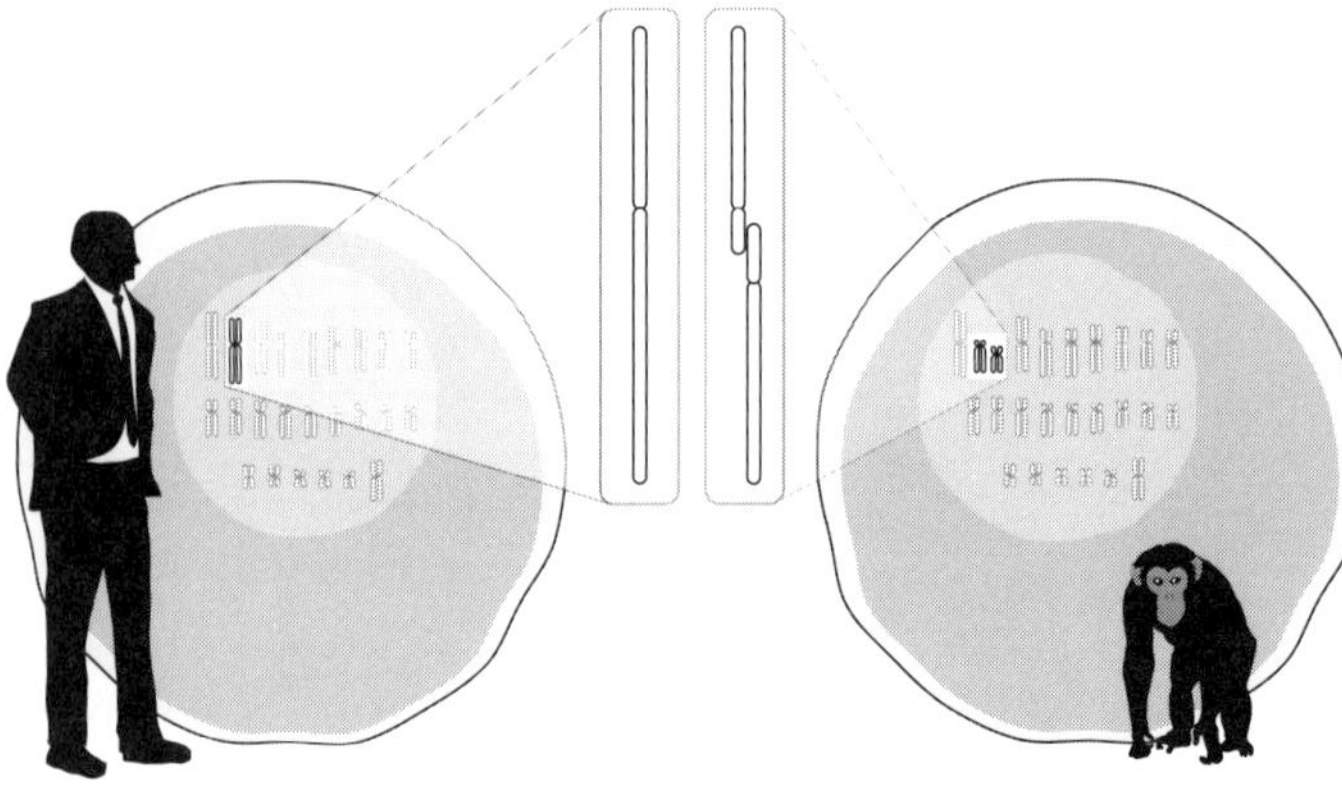

図6・2
ヒトの第二染色体と、チンパンジーの二つの短い染色体。両者の共通の祖先はチンパンジーのような染色体を持っていたが、ヒトが進化する過程で、そのうちの二つが偶然くっついた。

かし、チンパンジーの染色体の数は少し違って、二四本が二セットだ。チンパンジーがわたしたちと大きく異なるのは、わたしたちが失った染色体を持っているからなのだろうか？　いや、そうではない。図6・2に示すとおり、ヒトの第二染色体は、チンパンジーのゲノムにある二本の短い染色体が組み合わさったものなのだ。

ヒトとチンパンジーはおよそ六〇〇万年前に共通の祖先を持っていた。したがって、このゲノムの違いは、チンパンジーが進化する過程で、ヒトが持っているような長い染色体が二つに分かれたか、あるいは、ヒトが進化する過程で、チンパンジーが持っているような短い染色体二本がくっついたかのいずれかだ。現在では、分裂ではなく融合がその原因であることがわかっている。すべての染色体にはセントロメアと呼ばれる特別な領域が一つある。細胞が分裂するとき、分子の「ロープ」がこの領域に付着し、対になっている染色体を引き離すのだ。ヒトの第二染色体には、現在のセントロメアの他に古いセントロメアの名残があり、祖先の二つの染色体が融合して誕生したことを語っている。もう一つの証拠は、ゴリラなど、ヒトとチンパンジーのもっと遠い親戚も、チンパンジーのものによく似た二本の染色体を持っていることだ。つまり、チンパンジーとヒトの共通の祖先は、チンパンジーやその他の類人猿のものに似た染色体を持っていたが、ヒトが進化するある時点で、その二つの染色体が融合して、現在の第二染色体になったのである。

もしオリバーが本当にヒトとチンパンジーの交雑の結果なら、ヒトとチンパンジーから一セットずつ染色体を受け継いでいるはずだ。ヒトの親からは二三本、チンパンジーの親からは二四本の染色体を受け継ぐため、オリバーのゲノムは四七本という奇数の染色体からなるだろう。このような交雑は、法律上のみならず（彼に人権はあるのだろうか？）、遺伝子システムにとってもかなり難題になる。奇数の染色体は割り切れないので、精子の生成に必要な、減数分裂という公平なコイン投げシステムは混乱するだろう。結果としてオリバーは精子を作ることができないか、できたとしても、その精子は深刻な欠陥を持つことになる。同じ理由から、動物の雑種の大半は不妊で、そもそも雑種が健康に育つこと自体が珍しい。たとえば、ラバはオスのロバ（染色体は三一本）とメスのウマ（染色体は三二本）との雑種で、子を生むのはごくわずかだ。

そしてオリバーの染色体は四七本ではないことが判明した。チンパンジーと同じ、四八本だったのだ。チューマンは完全に空想の産物だった。オリバーは珍しいチンパンジーだったが、チンパンジーであることに変わりはなかった。しかし、チューマンにとって真の障害となるものは何だろう？　これまでにチューマンは実在したのだろうか？

流動するゲノム

第二染色体の問題がなかったとしても、チューマンが生まれるはずはないと考える正当な理由がある。根本的なこととして、チューマンにとっての障害は、種の実体である遺伝子社会にある。この社会において、遺伝子とその対立遺伝子《アレル》は自由に混ざりあうが、別種の遺伝子社会に属するものと混ざることは非常に稀なのだ。

これまで見てきたように、種のゲノムは、アレルが束の間、集まったものだ。たとえば、一二一年後、この地球上にはまったく異なるヒトゲノムのセットが存在するはずだ。人間とそのゲノムは滅びるが、アレル——遺伝子社会のメンバー——は存在しつづける。しかし、時とともに、その遺伝子も変化する。変異によって新しいアレルが生まれ、進化的なタイムスケールでは、それらが祖先を圧倒することもある。完全に新しい遺伝子が時々加わる一方で、世界の変化ゆえに遺伝子社会に貢献できなくなった古い遺伝子は、追い出される。一つの種の遺伝子社会——一つの種の全遺伝子とそのアレルからなるもの——は、一個体のゲノムを構成する遺伝子セットよりはるかに安定しているが、やはり時とともに変化せざるを得ない。社会もまた進化するのだ。

遺伝子社会は環境の状況によって変化するが、たとえ新たな状況に適応する必要がなくても、変化しつづけるだろう。これがどのように起こるか、わたしたちはすでに見てきた。あなたの両親が、後にあなたのゲノムになる精子と卵細胞を作るとき、いくつか新たな変異が生じ、新しいアレルがもたらされる。これらのアレルのいくつかは、すでに他の人にあるものと同じで、いくつかは、以前に現れたが滅んだものだ。いくつかは、完全に新しいものだ。

あなたのゲノムの中に現れた、これらの新たなアレルの運命について考えてみよう。父親から受け取った第五染色体のある位置が、文字Aになっているとする。他のすべての人の第五染色体のこの位置は、Gだ。Aを含むあなたのアレルは、この先、数世代を生き延びたとしても、結局は消えていく。第5章で、ハエの目の色で見てきたように、このGからAへの変異が受け継がれるかどうかは、偶然だけで決まる。もしあなたの子どもが一人だけなら、あなたが父親から受け継いだAを伝える可能性は五〇パーセントで、母親から受け継いだGを伝える可能性も同じだ。後者の場合、Aは世界から消える。しかし前者の場合、わずかながら、Aがやがて世界中に広まっていく可能性が残される。数千世代のうちに、全個体のゲノムがAを共有し、遺伝子社会における頻度が一〇〇パーセントになるかもしれないのだ。

有性生殖は偶然に左右されるため、どのアレルも、長い年月、遺伝子社会の中で同じ頻度で居つづけることはできない。遺伝子社会における頻度は、世代ごとに高くなったり低くなったりする。長期的視野に立てば、それこそが、わたしたちが進化と呼ぶものなのだ。それは遺伝子社会のレベルで起きるものであって、個体の中で起きるものではない。遺伝子社会は、アレルが競いあう闘技場なのだ。

先の喩えに戻れば、Aを含むアレルが全人口に広まる可能性はきわめて低いが、その明らかな理由は、Gを含むアレルが圧倒的に多いからだ。Aが勝つかどうかは、個体群のサイズと関係がある。人間の場合、

AがGを凌駕する確率は一四〇億分の一だ（およそ七〇億人の全人類がGのアレルを二つずつ持っているため）。それほどわずかな確率では、新しいアレルが全人口に広まることなどないのではないか、とあなたは思うかもしれない。しかし、重ねて言うが、数には力がある。親の生殖細胞系において、受胎した卵細胞のゲノムのどの文字も、変異する可能性は一億分の一だ。ゲノムはおよそ六〇億文字からなるので、これはすべてのゲノムにはおよそ六〇の新しい変異が含まれることを意味する。七〇億人のゲノムにそれぞれ六〇の新たな変異があり、そのいずれも、一四〇億分の一の確率で優勢になる。計算では、これらの数字の一〇億は略せるから、［七〇億×六〇÷一四〇億＝］七×六〇÷一四＝三〇となる。すなわち、地球規模の遺伝子社会では、一世代ごとに三〇の新たなアレルが先代に取って代わっているのだ。三〇という数は、個人のゲノムの半分に起きる新たな変異の数と同じだ。

この計算は、遺伝子社会がかなりの速度で進化していることを示している。実のところ遺伝子社会では、一世代ごとに無数の新たな変異が現れ、その結果として新たに生じたアレルのいくつかが、既存のアレルに取って代わっているのだ。変異の割合も、遺伝子の支配下にある。遺伝子社会は変異が多すぎたり少なすぎたりしないよう、バランスをとっている。人間の身体を修復する機構をコードする遺伝子を例にとってみよう。変異があまりにも多いアレルは、ヒトの身体を作り管理するのに必要とされる多くの遺伝子の機能を妨げるので、このアレルを保有していることは良い結果にならないだろう。変異が少なすぎるのも、同様に危険だ。なぜなら、遺伝子にバリエーションがなければ適応する余地がないからだ。環境が変化するやいなや——環境も常に流動している——変異が少ないアレルの保有者は、苦境に陥る。変異は厄介だが、必要なものなのだ。個体の痛みなくして、社会の進歩はないのである。

ヒトとチンパンジーのゲノムは、ほぼ九九パーセント同じだ。残り一パーセントの違いは、共通の祖先から受け継いだ領域に見られる差異だが、両者のゲノムには、ヒトだけ、あるいはチンパンジーだけに見られる領域が三パーセントあり、それを加えると違いは四パーセントになる。これは人間の個人間のゲノムの違いについても言えることで、一文字だけの変化を数え上げれば、〇・一パーセントだが、DNAの挿入や欠落を計算に入れれば、違いは〇・五パーセントになるのだ。

ここで、先の話に戻って、Gを含むアレルを、ヒトとチンパンジーが共有しているとしよう。ヒトのゲノムにAを含む新たなアレルが出現し、既存のアレルと入れ替わったら、ヒトとチンパンジーのゲノムの違いが一つ増える。合わせて四パーセントになる両者のゲノムの違いは、こうして蓄積したのだ。個々の差異はまず、どちらかの祖先のゲノムの変異として現れた。ヒトとチンパンジーの違いのほとんどは、偶然によって生じたようだ。しかしいくつかの事例では、新たなアレルが何らかの優位性を伴っていたため、集団への拡散が自然選択によって加速された。変異が一つ起きるたびに、二つの種はますます違っていった。両者は少しずつゆっくりと、しかし確実に、分かれていったのだ。

錠前と鍵のずれ

九九・五パーセントが同じゲノム――たとえば、二人の人間のゲノム――は子を作ることができるが、九六パーセントが同じゲノム――ヒトとチンパンジーのゲノム――はそれができないようだ。その境界はどこにあるのだろう？　どれだけ違えば、違いすぎになるのだろう？

長く離れていた集団が再び出会った場合、繁殖がうまくいくかどうかは、離れていた年月によって、正確に予測できる。もしある動物の個体群が、一〇〇〇年ほど地理的に隔たれていた後に、再会した場合――たとえば、川が出現し、やがて干上がった場合など――と、一〇〇〇万年離れていた場合を比べれば、子孫を持てる可能性は、前者のほうがはるかに高い。時が経過すればするほど、二つの遺伝子社会の違いは広がり、それらを再び混合させるのはより難しくなるのだ。

数多くの子孫を作ることは、可能か不可能かということではない。たとえば、分離していた集団が再会し、子をもうけることができたが、その子らは身体が弱く、五〇パーセントが大人になる前に死ぬということもあり得る。分離していた年月が長ければ長いほど、そのリスクは増し、やがて、子どもは生まれても、大人になる前にすべて死ぬという事態に陥る。この時点で、その二つの集団は、単に孤立した集団という以上のものになる。それらは異なる種になるのだ。

ダーウィンは進化について述べた著書を『種の起原』と題したが、当時、遺伝の仕組みは解明されていなかったので、新たな種がどのように形成されるのかが、彼にはわからなかった。現在では、遺伝子社会がこのプロセスの中心であることがわかっている。ゲノムの変化のほとんどは、第4章で述べた「浮動」というランダムなプロセスによって起こるが、それには重大な警告が伴う。すなわち、遺伝子に起きた変異が存続し得るのは、保有者を傷つけない場合に限られる。もし傷つけるのであれば、その変異は即刻、遺伝子社会から排除されるというものだ。言い換えれば、新たな変異がすぐに消えないためには、先住者たる他のアレルと共存しなければならないのだ。やがてその新たな変異は、遺伝子社会で当たり前の存在になる。そうなると、次に起きた変異には、この変異を含む新たな遺伝子社会への適応が求められるのだ。

このように、変異の蓄積には歴史的側面がある。ある変異の拡散は、次の変異の定着を促すこともあれば、阻むこともあるのだ。なぜチューマンが生まれないかを理解するために重要なことは、進化する集団は、その遺伝子社会に一連の変異を蓄積するが、それらは、互いとは共存できても、祖先から受け継いだゲノムと共存できるとは限らず、ましてや、他の集団で独自の変異を蓄積したゲノムと共存できる可能性は低いということだ。

集団はこうして分離していく。川によって隔てられた二つの集団が、それぞれの遺伝子社会に一〇〇〇の変異を蓄積した後に、再会したと想像してみよう。人類のような種では、それだけの変異が蓄積するには、およそ一〇万年かかるだろう。その時点で、二つの遺伝子社会には約二〇〇〇か所の違いがあるはずだ。約一〇〇〇か所は川のこちらで起きた変異、もう一〇〇〇か所は川の向こうで起きた変異だ。もし、こちらの集団のある男性が、向こうの集団のある女性を妊娠させたら、その赤ん坊はこれら二〇〇〇の変異をすべて受け継ぎ、一つのゲノムに統合することになる。そのゲノムでは、こちらの一〇〇〇の変異が、向こうの一〇〇〇の変異と初めて出会うことになる。これら二組の変異のセットは、これまで互いとの相性を試されたことはなかった。一つのゲノムにゆっくりと蓄積されたわけではなく、いきなりひとまとめにされたのだ。それらは仲良くやっていけるだろうか？　この場合、すべての変異がうまく共存する見込みはごくわずかだ。それぞれの集団に一万個の変異が蓄積していたら、その可能性はますます低くなるだろう。

これについて、別の説明もできる。年月が経つうちに形が変わる錠前と鍵があるとしよう。その有用性（「適応性《フィットネス》」）は、うまく合うかどうかで決まる［図6・3］。鍵は歯が変形し、それに合わせて錠前の溝も変形する。時間が経つにつれて、鍵にランダムな変化が起こり、歯の一つが長くなるかもしれない。錠前はそれでも機能している（そうでなければ、鍵は変化を許されなかっただろう）が、その作動は以前ほどスムーズではなくなった。しかし、やがて錠前に変化が起きて、変形した鍵によく合致するようになった。この変化は有益なので、持続しやすい。このような変化が蓄積すればするほど、錠前と鍵は、元の形とはかけ離れていく。こうして進化した錠前を、元の鍵で開けようとしても、開かないはずだ。

この錠前と鍵は、遺伝子社会の中で相互作用する異なる遺伝子に相当する。そのような相互作用がどこでも起きていることを思い出してほしい。たとえば、多くのタンパク質は、その機能を果たすために、他のタンパク質に付着する必要がある。しかしゲノムに変異が起きて、タンパク質の形が変わることがある。あるタンパク質（鍵）の小さな変化は、それが他のタンパク質（錠前）に付着する能力をわずかに減退させるかもしれない。その後、相手のゲノムに変異が起きて、タンパク質（錠前）が変化し、それが偶然、タンパク質（鍵）の変化に合うものだとしたら、その変異は定着しやすい。このプロセスが長期間続けば、相互作用する部分は、相手に合う変化を蓄積する。つまり、それらは共進化するのだ。

進化は、遺伝子社会で偶発的に起きた分子の変化の結果であり、たとえ同じ条件で繰り返しても、細部

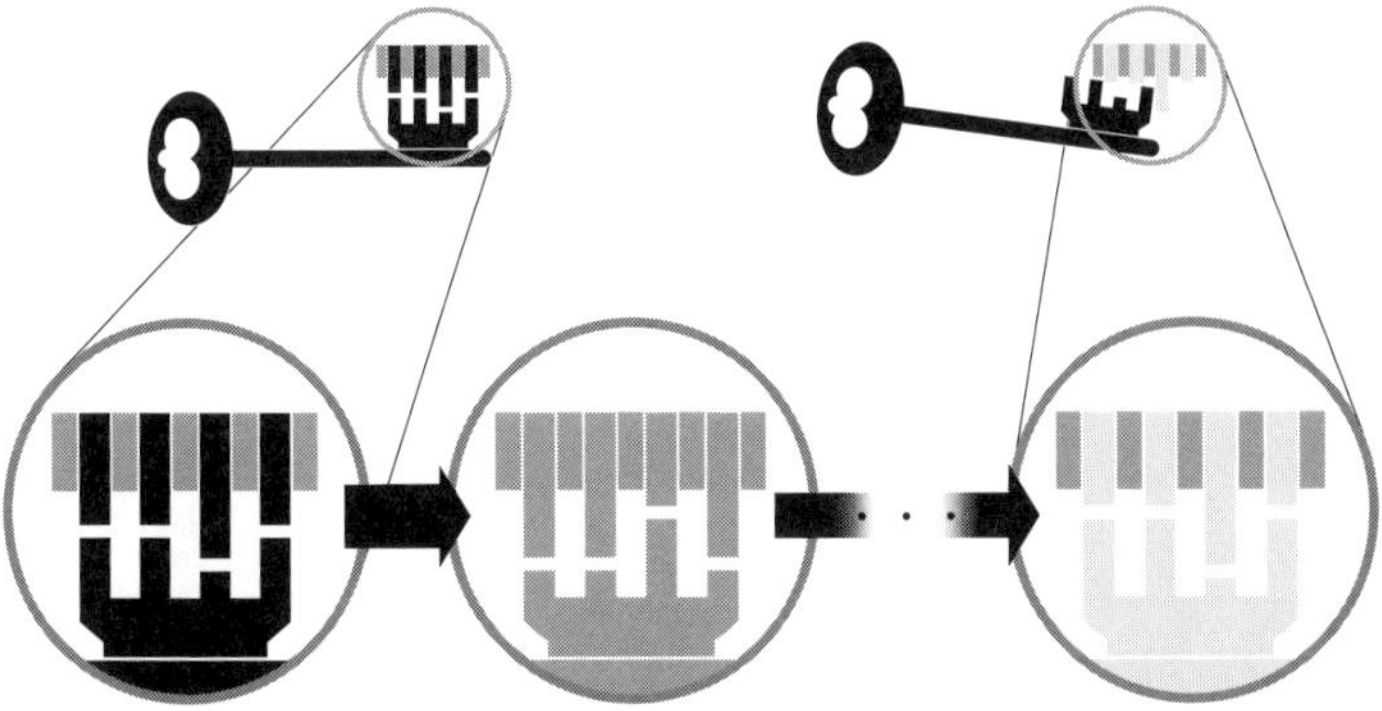

図6・3
錠前と鍵の共進化。時間の経過とともに錠前と鍵の合致の変化がどのように蓄積されていくかを示している。つまり、それらは共進化している。そのような段階をいくつか経ると、元の鍵（黒）は進化した錠前（薄い灰色）には合わなくなる。

は異なるはずだ——個々の進化的変化は、偶然の産物なのだ。したがって、二つの集団が隔離された状態でそれぞれ進化し、後に再び一緒になれば、混乱が生じる。異なる遺伝子社会のメンバーは、互いとどのように関われればよいかわからないからだ。

感動的な家族の再会

オリバーはチューマンではなかったし、近い過去にチューマンがいたとは思えない。しかし、かつて少なくともチューマンに類した生物がいたという証拠がある。ヒトとチンパンジーの四パーセントの違いは、染色体上に均等に分散しているはずだ。Y染色体は例外だが、他の染色体は変異を起こす確率が同じだからだ。しかし、実際はそうではない。ヒトとチンパンジーのX染色体の違いは、他の染色体の違いより約二〇パーセントも少ないのだ。この偏りは、チンパンジーとの比較だけに見られるものだ。もし、あなたのゲノムとゴリラのゲノムを比較したら、その違い（変異）は、X染色体を含むすべての染色体に均等に散らばっているだろう。

このことから、ヒトとチンパンジーが別の種になった経過について、何がわかるだろう？ およそ六〇〇万年前、わたしたちの祖先とチンパンジーの祖先は同じ種に属していた。しかしある日、一つの集団が分離し、孤立した場所で暮らし始めた。彼らは過去を振り返らなかった。以来、二つの系統は断絶した状態で進化し、やがて異なる種になった。このシナリオでは、わたしたちのゲノムとチンパンジーのゲノムとの違いは、ゲノムのあらゆる場所において同じであるはずだ。変異を蓄積するのにかかった時間はどこも同じなのだから。

したがって、ゲノムの場所によって、相違の度合いが異なることを説明するには、その二つの系統が分離してから長い年月が経ち、それぞれのゲノムがかなりの変異を蓄積した後に、両者がセックスをしたというシナリオを受け入れる必要がある。その時点の両者は、初期のヒトと初期のチンパンジーと見なせるが、どちらも共通の祖先と同数の染色体――二四本×二を持っていたようだ。このスキャンダラスな交配の結果、チンパンジーの遺伝子がヒトの系統へ注入されたか、あるいはその逆、あるいはその両方が起きたのだ。

どうしてこのことが、両者のX染色体上の違いが他の染色体上より少ないことの説明になるのだろう？ 最もシンプルな説明は、交配が総じて偏っていた、というものかもしれない。もし、チンパンジーのオスとメスのゲノムが、同じ割合でヒトの系統に注入したのであれば、X染色体と他の染色体には、チンパンジーのゲノムが同等に混ざり込んでいるはずだ。しかし、チンパンジーのメスだけが、初期のヒトの村に入ること許されていたとしたら、事態は変わってくる。両種の交配はすべて、チンパンジーのメスとヒトの男との間で起きる。これらの交配の結果として生まれる娘たちは、半分はヒト、半分はチンパンジーのゲノムを持つ（性染色体XXも、一つはヒト由来、一つはチンパンジー由来）。息子たちは普通のゲノムの他に、父親からヒトのYを、母親からチンパンジーのXを受け継ぐ。その結果、混血の子ども（娘XXと息子XY）のX染色体の三分の二は、チンパンジーである母親に由来することになる。ヒトのX染色体が他の染色体に比べてチンパンジーのものに近いのは、この交配の名残だと考えられる。

　このような交配が起きたのは、はるか昔のことだ。先にオリバーに関して説明したように、今では、あなたのゲノムとチンパンジーのゲノムは、あまりにもかけ離れたものになり、グレーゾーンはなくなった。チンパンジーとヒトは間違いなく別の種なのだ。進化的にチンパンジーよりヒトに近いという個体は存在するだろうか？　そのような生物は存在しない。現代のヒトは孤立した種であるからだ。しかし、そう遠くない過去では、状況は違っていた。わずか四万年前まで、ネアンデルタール人はヨーロッパと中東でわたしたちの隣人だった。事実、同時代のネアンデルタール人とヒトの骨が現在のイスラエルにあるケバラ洞窟で発見され、共存していたことを示唆している。

　ネアンデルタール人とヒトの系統は三〇万年以上昔にアフリカで分岐した。その直後、ネアンデルタール人の祖先は中東とヨーロッパに移住し、ずいぶん経ってから、遅れてヨーロッパにやって来た現生人類と遭遇した。このときには、ヒトとネアンデルタール人のゲノムが分離してから、十分な年月が経っていた。現生人類の目に映ったネアンデルタール人はずんぐりしていて、寒冷地に適応した現生人類のようには見えなかった（おそらく、見かけだけでなく、性質も違っていた）。この奇妙な生き物は人間なのか？　ともあれ、合意の上かどうかはわからないが、二つの集団の間に性的関係があったことは間違いない［図6・4］。

どうすれば、これらの関係について知ることができるだろう？　正確なところはわからないが、その粗筋は、わたしたちのゲノムが教えてくれる。細心の注意を払って、古代の骨からDNAを抽出すれば、ネアンデルタール人のゲノムを解読することも可能なのだ。繰り返して言うが、遺伝子社会は常に変化しているため、あなたのゲノムはネアンデルタール人のものとはずいぶん異なるはずだ。しかし、興味深いことに、もしあなたの近い祖先がアフリカ人なら、あなたのゲノムは、非アフリカ系（はるか遠い昔にアフリカを出た人類の子孫）の人に比べて、ネアンデルタール人との違いが少し多い。このアフリカ系と非アフリカ系との秩序だった違いを説明するには、三〇万年以上前に分岐した現生人類とネアンデルタール人が、後にアフリカの外で再び性的な交渉を持ったと考えるしかない。つまりその違いは、アフリカを出た人類が、中東とヨーロッパでネアンデルタール人と遭遇し、交配したことを示しているのだ。

非アフリカ系のヒトのゲノムにネアンデルタール人のDNAが存在することは、ほんの一〇万年前には、ヒトとネアンデルタール人は生殖能力のある子どもを持てたことを示している。テクノロジーは進化したものの、生物学的な種としての人類は、その頃からそれほど大きく変わっていないと一般に考えられている。わたしたちの祖先とネアンデルタール人が首尾良く交配できたということは、両者が別の種ではなかったことを意味する。つまりネアンデルタール人は人類だったのだ。彼らは長く孤立した状態で暮らし、

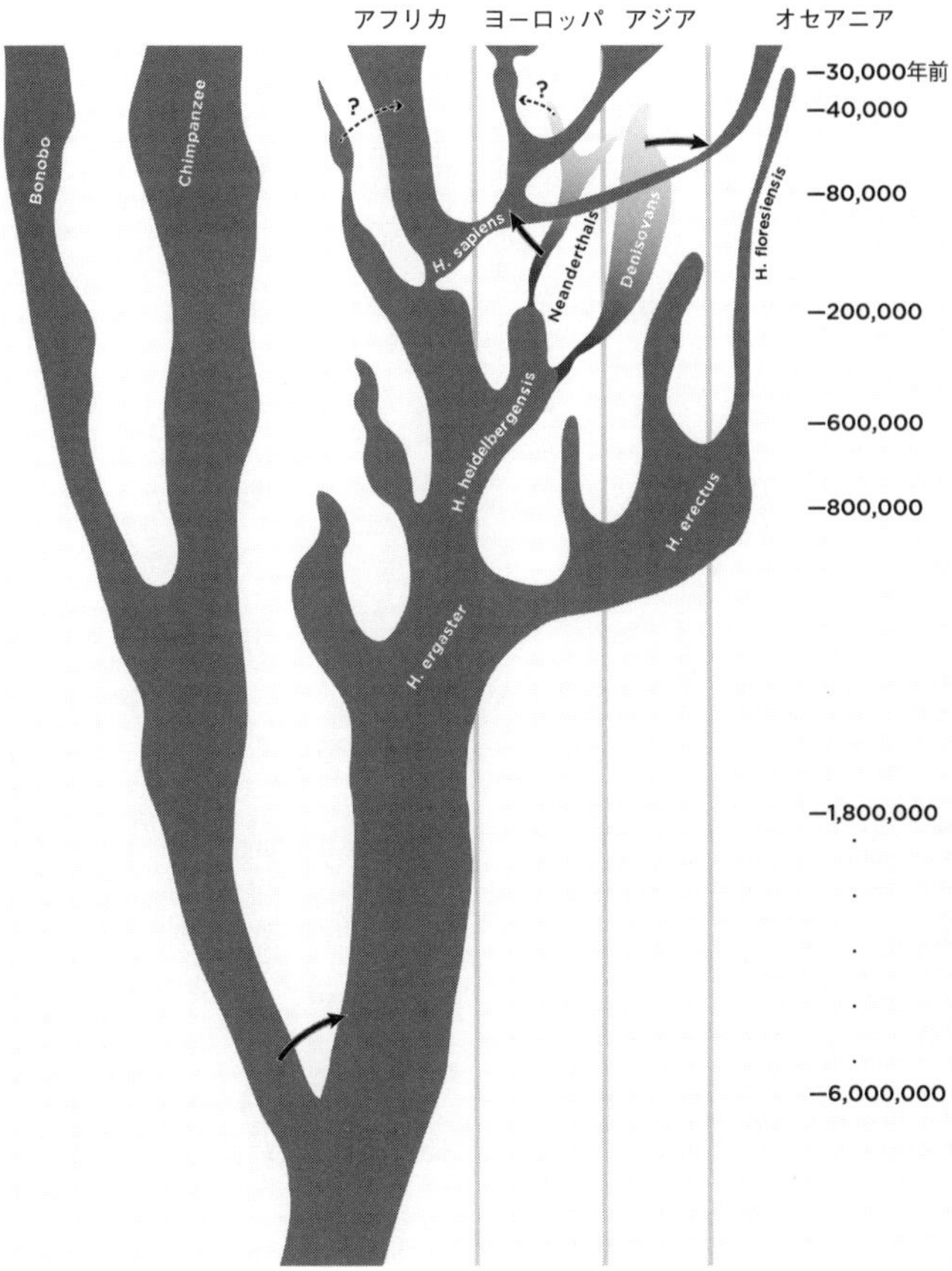

図6・4

現存する種の中でヒトに最も近い親類であるチンパンジー、ボノボと、ヒトの祖先のグループの進化的関係を描いた系統樹。数字は、進化的イベントが起きた時期。ヒトとチンパンジーの系統はおよそ600万年前に分かれたが、そのずっと後（樹の根元近くの矢印）に、両者の一部が性的関係を持ったことを示す証拠がある。およそ30万年前、現生人類はネアンデルタールとデニソワ人の共通の祖先から分岐した。現生人類は初めアフリカにとどまり、その親類たちがヨーロッパとアジアに渡った。10万年前以降に現生人類はアフリカを出て、向かった先で彼らと再会した。ネアンデルタール人、デニソワ人とヒトの系統をつなげる矢印は、ヒトと両者が出会った地域のヒトゲノムに認められる性的関係の痕跡を示している。

種族を形成したが、分かれていた期間がそれほど長くなかったので、その遺伝子社会が現生人類と交われなくなるほどの変異は蓄積しなかった。わかりやすくするために、本書ではこの先も、人類とネアンデルタール人という言葉を使いつづけるが、ネアンデルタール人が人類の一部であることを忘れてはならない。彼らは先史時代にアフリカを去りヨーロッパとアジアへ進出した、遠い親戚なのだ。

現生人類がアフリカから出たとき、すでにその外の世界で暮らしていた人類は、ネアンデルタール人だけではなかった。アジア北部にはネアンデルタール人の遠い親戚であるデニソワ人が暮らしていた。その名前は、骨が最初に発見された洞窟に由来する。ネアンデルタール人と初期のヨーロッパ人が性的に接触したのと同じように、デニソワ人は東南アジアに到達した人類と性交した。現代の東南アジア人のゲノムにはその痕跡が残されている。

セックスよりも良い

そういうわけで、あなたが現代のアフリカ人、およびその子孫でなければ、あなたのゲノムには古代の人類種（ネアンデルタール人やデニソワ人）から獲得したアレルが含まれているはずだ。しかし、現生のチンパンジー、ゴリラ、オランウータンなどに由来するゲノムは含まれていない。交雑できないことが、それらを人間とは別の種にしている。種の定義は、交雑できるか否かに基づいている。もし、あなたとある個体のゲノムが交わり、特に問題のない子をもうけることができるのであれば、両者は同じ種だと言える。

つまり、同じ遺伝子社会に属しているのだ。では、性がないまま繁殖する種についてはどうだろう？　細菌は動物、植物、菌類などの複雑な生物を数で圧倒している。二つの細菌が、同じ種かどうかは、どうすればわかるだろう？

最近まで細菌の種は、見かけやゲノムに基づくあいまいで、やや独断的な基準によって分類されていた。こうした分類は、往々にしてルーズだった。たとえば、大腸菌に分類される二つの細菌は、ゲノムの中身がかなり異なり、その違いはあなたとイルカのゲノムの違いにも匹敵するのだ。しかし、メンバーどうしが交配可能なグループを一つの種と見なすことは、性のない細菌にも適用できることがわかった。

本質的に、セックスとはゲノムを混ぜ合わせることだ。そうすることで遺伝子社会のアレルは、世代ごとに新たな組み合わせを作ることができる。細菌はそれを、セックスとは別の方法でやってのける［図6・5］。他の細菌から最大数十個の遺伝子を包むDNA断片をもらって、自らのゲノムに導入するのだ。新しいDNAを細胞内に取り込む道筋はいくつかある。ひとたび中に入ると、この外来のDNAは、ヒトの生殖細胞が染色体を混ぜ合わせるのに似た組み換えのプロセスによって、元々そこにあった細菌のゲノムと合体する。動物の「相同組み換え」では、細胞機構は、母親と父親から受け継いだ一対の染色体の対応する領域を見分けなければならない。細菌でも、同じことが要求される。合体するには、外来のDNAは、細菌染色体の、自分とほぼ同じ文字列の横に並ばなくてはならないのだ。このことが、細菌の種の定義に、きわめて単純な基準をもたらす。この対になる部分がおよそ九九・五パーセント一致すれば、その組み換えはうまくいく。つまり、これらの細菌の遺伝子は同じ遺伝子社会に属し、ゆえに両者は同じ種と見なせる

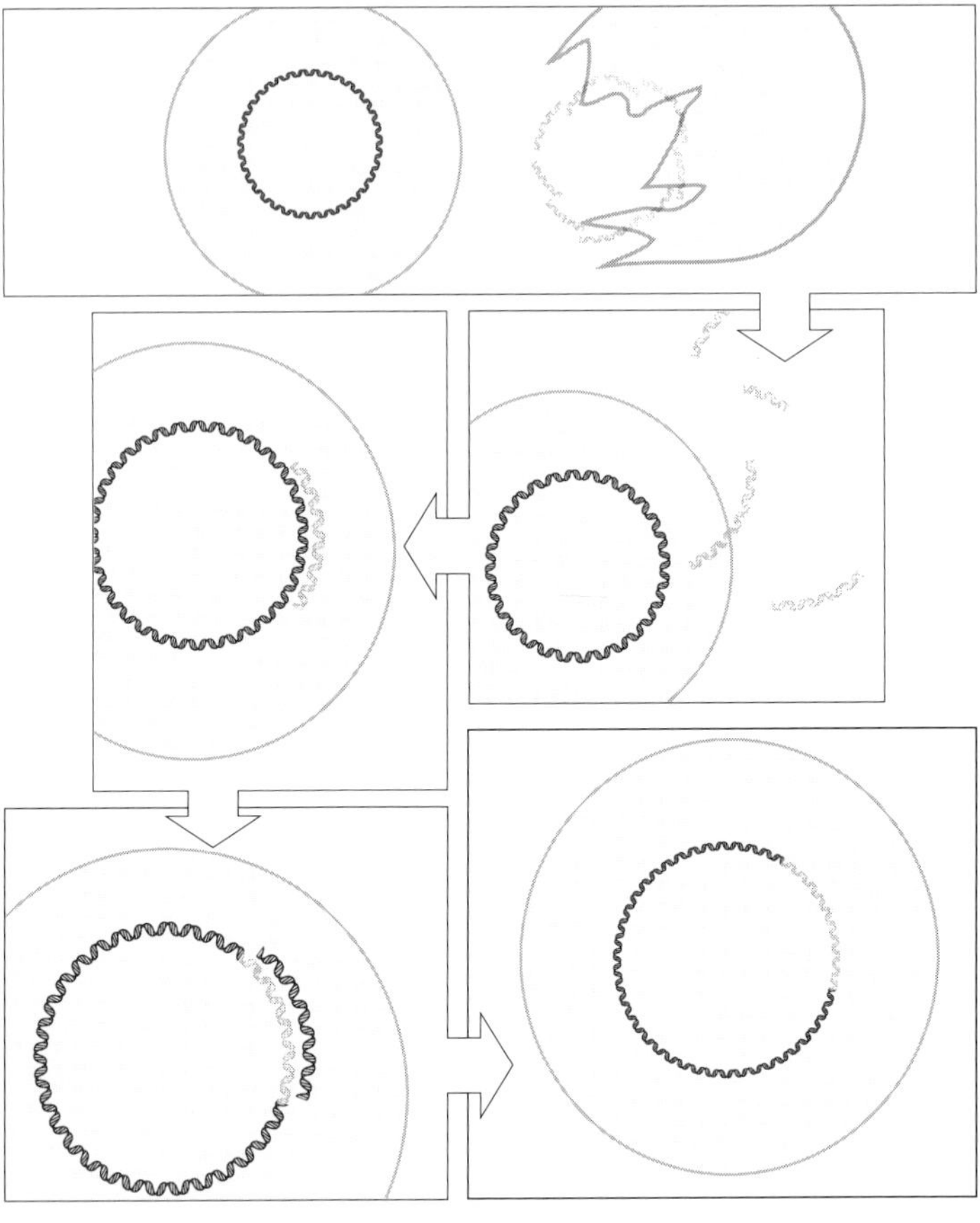

図 6・5
細菌は、近い関係にある細菌の DNA 断片を取り込む。近くで死んだ遠い親類から DNA 断片を吸収する。その断片は細菌ゲノムの対応する部分に並び、ヒトの精子や卵細胞の生成において対応する染色体領域を交換する組み換えに似たプロセスで入れ替わる。「細菌のセックス」で起きるこの DNA の混合は、動物のセックスほどきちんと統制されていないが、遺伝子社会に対しては、同じ役割を果たしている。

のだ。セックスにおいて相同組み換えは中心的な役割を果たすので、ヒトから細菌に至るまで、種の境界となる遺伝的差異が桁違いでないのは、偶然ではないのだろう。

戦うのでなく、愛しあおう

人間のゲノムを見れば、現生人類とネアンデルタール人は完全に交配できたことがわかる。結局、ネアンデルタール人は人間だったのだ。では、ネアンデルタール人がもうどこにもいないのはなぜだろう？　単に、アフリカから新たにやってきた親類に併合されたのかもしれない。しかし、今も世界の多くの場所で起きていることに基づく、もっと可能性の高い別のシナリオがある。ネアンデルタール人から見れば、人類の出アフリカの旅は侵略だった。一方、人類から見れば、ネアンデルタール人は脅威であり、少なくとも食料や住まいをめぐって競いあうライバルだった。多くの遭遇において、わたしたちの祖先はネアンデルタール人を殺そうとしただろう。そして、もしそうしたのであれば、祖先たちは成功を収めたと言える。何しろ、四万年前を最後に、ネアンデルタール人の痕跡はこの地球上から消えたのだから。

このシナリオは、「われわれvs奴ら」という人種差別主義の際限のないサイクルの一つにすぎず、それを駆り立てた遺伝子と思想は、今日も世界中で破壊的な所業を続けている。わたしたちの遠い祖先はサハラを渡って世界を征服したが、それは近代ヨーロッパの艦隊が、アフリカ、アジア、オーストラリア、そしてアメリカの広大な地域を征服したのによく似ている。ヨーロッパとアジアに現れた最初の現生人類は、原住民たちと激しく戦った。その原住民とは、現在、ネアンデルタール人やデニソワ人と呼ばれている人々だ。

しかし、近代の侵略と同じように、現生人類とネアンデルタール人とのカップルの中には、戦わず愛しあうものもいて、ネアンデルタール人のゲノムの遺産は現生人類の遺伝子社会にしっかりと刻み込まれていった。同じことは世界中で起きたようだ。たとえば、デニソワ人とネアンデルタール人がセックスしたことを示すゲノムの証拠も見つかっている。

現生人類とネアンデルタール人がヨーロッパの至るところで交配した結果、何が起きただろう？　ゲノムの大半の部分については、現生人類のDNAがネアンデルタール人のものと入れ替わったとしても、大した違いはないはずだ。しかし、ネアンデルタール人は現生人類が到着する二〇万年前からヨーロッパに暮らしていたため、その地域の気候と病原体にはるかに適応していた。その遺伝子社会には、その地域で人類が生き残る確率を格段に高める、特別なアレルが含まれていたのだ。これらのアレルをネアンデルタール人の親や祖父母から受け継いだ人は、混血ではない隣人よりはるかに有利だった。

ヒト白血球型抗原HLA-AとHLA-Cは、免疫系の機能にとって重要な遺伝子である。それらがコードするタンパク質は、細胞内部から細胞の表面へタンパク質断片を運ぶ役割を担っており、第2章で述べたように、それらは細胞の表面で「問題なし」あるいは「助けて！　侵略された！」の信号を発する。ヒトの遺伝子社会には、これら二つの遺伝子のアレルが数多く含まれている。そしてあなたのHLA遺伝子の配列は、細胞表面にどのタンパク質断片が運ばれるかに影響する——つまり、どの病原体をあなたの身体が認識できるかに影響するのだ。もしあなたがユーラシアに祖先を持つなら、あなたのゲノムは、祖先がネアンデルタールとセックスをして獲得したHLA-AとHLA-Cを含む可能性が高い。

同じように、多くの現代アジア人のHLA遺伝子は、デニソワ人のゲノムに見られるものによく似ている。全体的に見て、現代アジア人の七〇~八〇パーセントは、二つの非アフリカ人――ネアンデルタール人とデニソワ人――のいずれかに由来するHLA-Aアレルをそのゲノムに含んでいる。現代ヨーロッパ人では、ネアンデルタール人のアレルを持つ可能性はおよそ五〇パーセントだ。対照的に、あなたのゲノムがアフリカの系統なら、これらの古代型のHLA-Aタイプの一つを持つ可能性はわずか六パーセントとなる。この稀な事例は、おそらくその人の祖先がユーラシアからアフリカへ戻った結果だろう。現代ヨーロッパ人は半分がネアンデルタール人というわけではないが、その免疫系の重要な部分は、ありがたいことにネアンデルタール人由来の特質を備えている。

遺伝子社会は常に進化している。ある社会が二つに分かれると、遺伝子社会も必然的に二つに分かれる。そして、たとえばより大きな脳といった、新たな特質を進化させるには、種は必ずしも新たな遺伝子を必要としない。変化は往々にして、これまでと同じ遺伝子を異なる方法で扱うことによって推進されるのだ。それが次章のテーマだ。

第7章 要は、どう使うかだ。

偉業をなしとげるのは難しい。だが、人に偉業をなしとげさせるのは、さらに難しい。

――ニーチェ

皆さんはマシュマロチャレンジというゲームをご存じだろうか？　このようなゲームだ。参加者を三、四人からなるグループに分ける。与えられた材料を使って、マシュマロをできるかぎり高いところに維持するのが目標だ。材料は、乾燥スパゲティ二〇本、粘着テープ一ヤード、ひも一ヤード。制限時間は一八分［図7・1］。

グループの大半は、マシュマロを地面から上げることさえできない。ＭＢＡ［経営学修士］が下手なのは有名だ。誰がリーダーになるかをめぐって策をめぐらせるうちに時間がなくなり、今にも壊れそうな構造にマシュマロを載せるのがおちだ。ＣＥＯたちも大差ないが、プロジェクトマネジャーがグループに加わると、成功の確率は大いに高まる。おもしろいことに、幼稚園児のグループは、このゲームがひじょうにうまい。その秘密は？　彼らはマシュマロからスタートし、それを少しずつ高くしていく方法を探すのだ。

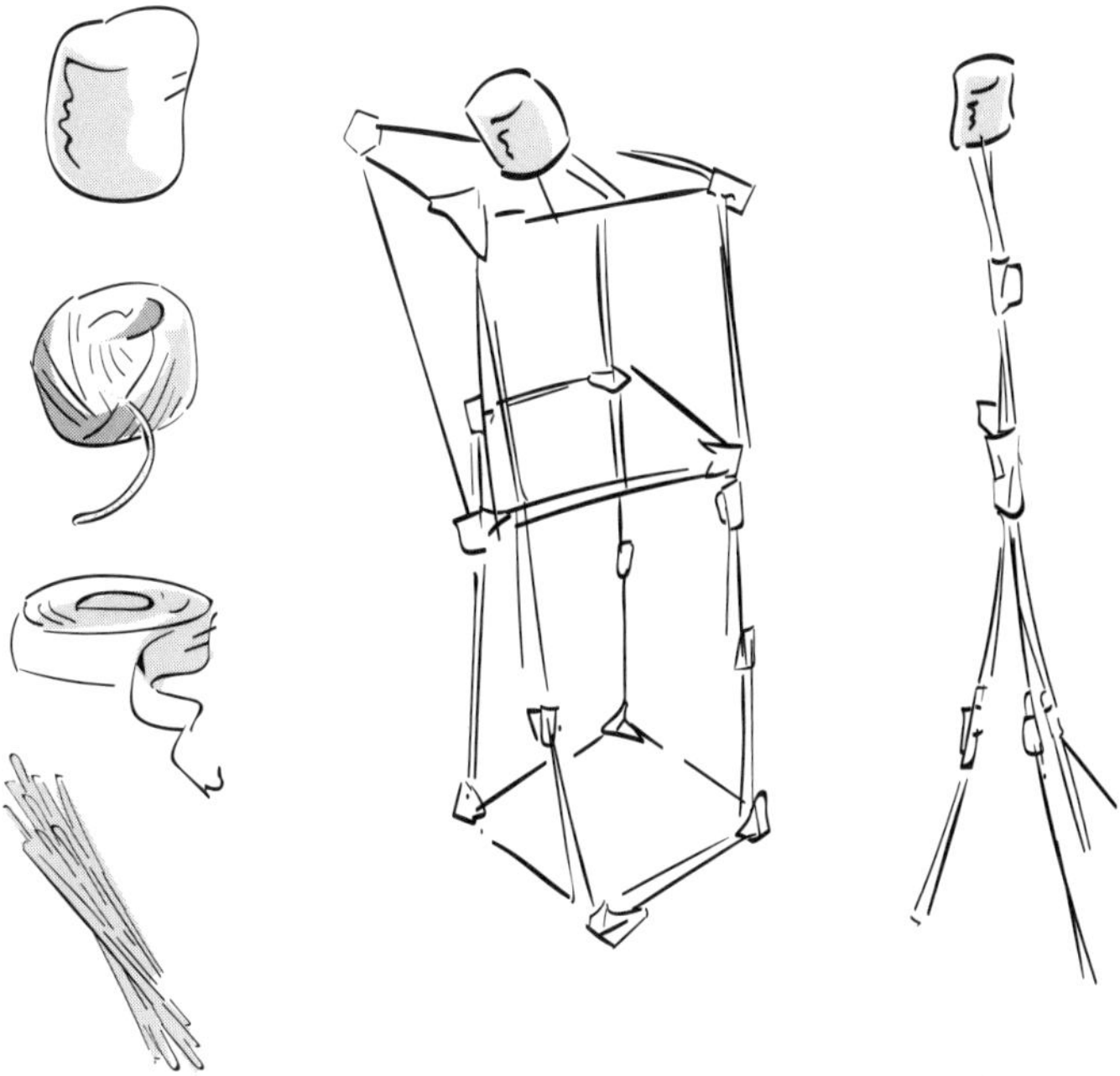

図７・１
マシュマロチャレンジ。ひも１ヤード、テープ１ヤードと乾燥スパゲティ 20 本を使って、マシュマロをできるだけ高所にキープする構造物を作る。材料は限られているが、構造物には無限の可能性がある。

マシュマロチャレンジは、タスクの遂行においてマネジメントの仕方がいかに重要であるかを明らかにする。テープとひもとスパゲティと時間という条件が同じでも、結果はさまざまだ。

言葉にする

わたしたちは、数々の生物学的な革新を経て、最も近縁であるチンパンジーを含む他の動物との距離を広げてきた。わたしたちは直立歩行し、大きな脳を持ち、技術を発明する。何より力強いイノベーションは、言葉だろう。空気圧を微妙に調節して複雑なコミュニケーションをとる能力は、おそらく複雑な思考の土台となっており、ゆえに哲学者ルートヴィヒ・ウィトゲンシュタインが述べたように、言語は、この世界の理解に欠かせないものとなったのだ。では、言語はどこから来たのだろう？　人間が話せるようになるには、遺伝子社会においてどのような革新が必要だったのだろう？

この問いに答えるには、言葉の創造と解釈に関わる遺伝子を同定する必要がある。その方法の一つは、言語障害を持つ人々と持たない人々の遺伝子を比べて、その違いを調べることだ。第5章で論じたのと同じ、全ゲノム関連解析（GWAS）の戦略である。

イングランドのある大家族が、格好の被験者になった。その家の祖母には深刻な言語障害があり、文法が理解できず、筋の通った話をすることができなかった。そして彼女の五人の子どものうち四人が、同じような障害を持ち、孫の代では、およそ半分にその障害が見られた。その家族の中で、障害のある人々とない人々の遺伝子の違いを詳しく見ていくうちに、犯人が見つかった。ＦＯＸＰ２という名前の遺伝子だ。障害のある人々は、ＦＯＸＰ２の文字配列の中や周辺に、数々の変異があったのだ。

　ＦＯＸＰ２が言語能力にとって重要な遺伝子だとする理由はさらに二つある。第一の理由は、ＦＯＸＰ２の仕事が、オペレータではなくマネジャーであることだ。先に述べたように、遺伝子社会では、ある種のメンバー（オペレータ）が、細胞を維持するのに必要な仕事――たとえばＤＮＡの巻き戻し、細胞膜の構築、糖の分解など――を実行し、その他のメンバー（マネジャー）が、そのオペレータをコントロールしている。このマネジャーの大半は、転写因子と呼ばれるグループに属し、遺伝子の分子スイッチと結びついて、他の遺伝子の発現をオンにしたりオフにしたりしている［図５・５］。

　こうした転写因子マネジャーの数は、それらがコントロールする社会の大きさによって決まる。たとえば遺伝子を二倍多く持つゲノムは、転写因子を四倍多く必要とする。人間は多くの遺伝子を持っていて、ゆえに転写因子も多く、遺伝子の一〇分の一ほどが転写因子だ。ＦＯＸＰ２はその一つである。発話には、喉だけでなく脳の活動も多いに求められる。ＦＯＸＰ２はそうしたタスクを実行するために、総支配人《ゼネラルマネジャー》として多くのオペレータを統括している。そのＦＯＸＰ２が仕事をやめると、オペレータも仕事を放棄し、発話ができなくなるのだ。

　ＦＯＸＰ２が発話にとって重要だとするもう一つの理由は、そのゲノム上のご近所が似ていることだ。思い出していただきたい。二つのヒトゲノムを比べると、だいたい一〇〇〇文字に一つ違いがある（欠損や挿入は数に入れない）。しかし、ＦＯＸＰ２を含む領域は、どの人のものも、非常によく似ている。その違いは、通常の〇・五パーセント以下だ。これほどの均一さが偶然生じたとは思えない。その理由として予想されるのは、その領域の文字の大半が、その生物の適応上、不可欠で、その領域に少しでも変異が起きれば、致命的な結果を招くということだ。しかし、これまで見てきたとおり、遺伝子の中や周囲で起きる変異の大半は、機能上、重要な意味は持たない。ではなぜ、FOXP2を含む領域は、全人類においてこれほど均一なのだろう？

このパターンは、選択浄化［重要な変異の周辺で多様性が失われること］と呼ばれる状況を示唆している。先史時代のある時点までは、わたしたちの祖先のコミュニケーションは、他の哺乳類の吠え声に似た、簡単なものだったのではないだろうか。しかし一人の初期人類——仮にオルフェウスと呼ぼう——に変異が起きて、もっと複雑な言語表現ができるようになった。変異した対立遺伝子を受け継いだその子らは、かつてない複雑な会話を父親や互いと交わせるようになった。コミュニケーション能力が高まったことで、よりうまく協力できるようになり、オルフェウスの子どもや子孫は、他の家族より繁栄し、より多くの子孫を持った。こうしてオルフェウスの変異は、先史時代の遺伝子社会に広まった。数十世代を経て、オルフェウスの家系と婚姻関係にあるほぼ全員が、優れたコミュニケーションを可能にするオルフェウスのアレルを受け継いだ。

オルフェウスの子どもや孫は、全員が好ましい変異を受け継いだわけではないし、受け継いだ人も、オルフェウスの全ゲノムを受け継いだわけではない。彼らのゲノムの半分は、母親に由来するのだ。拡散したのはオルフェウスの全遺伝子ではなく、変異だけなのだ。しかし、変異は、孤立して存在するものではない。それはゲノムのある場所で起きる。当然ながら、隣りあう文字や遺伝子があり、それらは、ゲノムを次世代に送るためのいくつかの段階を経ても、分離する可能性が低く、変異とともに拡散していく。

つまり、自然選択により、好ましい変異が拡散すると、往々にしてすぐ近くの文字や遺伝子も一緒に拡散するのだ。じきに、集団のメンバーの全員が、その変異と、近隣の対立遺伝子を共有するようになる。自然選択によって比較的最近起きた変化の特徴となるのは、好ましい変異とその周辺領域が多様性に欠けることだ。ＦＯＸＰ２を含むゲノム領域が多様性に欠けるのは、まさにこの選択浄化が起きた結果であるらしい。

人間以外の哺乳類や鳥類も、ＦＯＸＰ２遺伝子に相当する遺伝子を持っているが、それらは言語能力をもたらさなかった。ＦＯＸＰ２は多機能の遺伝子で、すべての哺乳類と鳥類に共通する器官の胚発生にさまざまな形で貢献する。では、ＦＯＸＰ２に起きたどのような変化が、オルフェウスとその子孫に優れたコミュニケーション能力をもたらしたのだろう。

その答えはＦＯＸＰ２の中にではなく、その用いられ方にある。ＦＯＸＰ２はマネジャーだが、マネジメントされる側でもあるのだ。ＦＯＸＰ２は、人体ができあがる段階のある時期、ある場所において、他のマネジャーによってオンにされる。たとえば、胎児の肺や消化器官が成長する時期に、それは活性化する。チンパンジーや他の類人猿が持つＦＯＸＰ２とは対照的に、人間のＦＯＸＰ２は、「エリアＸ」で発現する。エリアＸは言語能力に関わっていると、神経学者は考えている。人間の遺伝子社会は、言語を可能にするための新たなメンバーを必要としなかったようだ。言語の発明は、新たな道具を獲得したからではなく、マネジメントの変化によってもたらされたのである。

オルフェウスに話を戻すと、その言語能力をもたらした変異について、現在ではかなり詳しいことがわかっている。FOXP2に起きた変異は、その機能ではなく、他のタンパク質との結びつき方を変えた。その結果、FOXP2がいつどこで機能するかが変わった。この変化は、マシュマロチャレンジに似ている。与えられていた部品は他のグループと同じだが、優れた戦略によって、桁外れの成功がもたらされたのだ。

鳥は話せないが、その歌は人間の言語とやや似ている。鳥の歌は、長く複雑で、ただ呼びかけるのではなく、求愛や交尾と結びついている。独自の文法と構造を持ち、多様な表現と規則的なリズムは、音楽のようだ。鳴禽類の多くの種は、歌の少なくとも一部を父親から学ぶので、方言のように、地域的な違いが生じる。

鳥のすべての種が歌うわけではない。では、歌う鳥と歌わない鳥との違いは何だろう？　歌う鳥だけが持つ「鳥の歌遺伝子」というようなものは存在しない。しかし歌う鳥は、人間のエリアXに相当し、歌の習得において重要な働きをする脳領域でFOXP2が発現している。またカナリアはある季節に歌を変えるが、その時期だけFOXP2が活性化する。このように鳥の歌と人間の言語は驚くほどよく似ている。FOXP2のマネジメントの変化が、鳥にとっても人間にとっても重要なのだ。当然ながら、FOXP2の活動だけで、言語の複雑な特徴をすべて説明することはできないが、この遺伝子が特定の脳領域で発現することが、言語と複雑な文法には欠かせないという証拠には、説得力がある。

大きな脳仮説

人類は、大きな脳のおかげで、火の使用からスマートフォンの組み立てまで、複雑な技術を開発し、マスターすることができた。この大きな脳を作るには、遺伝子社会に新たな遺伝子を導入する必要があったのだろうか？　ＦＯＸＰ２の物語は、マネジメントを変えるだけで十分であることを示唆している。その方法の一つは、脳ができあがる時期の、脳細胞の分裂を少々長引かせ、より多くの脳細胞を作ることだ。わたしたちの脳は多くの点で、チンパンジーの脳に似ている。彼らと分かれてから六〇〇万年の間に、わたしたちの遺伝子社会が変更したのは、ゲノムのマネジャーが脳の発生を管理する方法だった。

この考えにはいくつか確かな証拠がある。チンパンジーと人間のゲノムとの違いの一つは、ＧＡＤＤ４５Ｇ遺伝子のスイッチを含む領域に見られる。ＧＡＤＤ４５Ｇはマネジャー・タイプの遺伝子で、どの細胞の成長を止めるかという、がん性腫瘍の抑制に欠かせないタスクを管理するため、腫瘍抑制遺伝子と呼ばれる。人間のＧＡＤＤ４５Ｇでは、その遺伝子の調整に関わる領域の、三二〇〇文字からなるかなり長い配列が欠けている。マウスのゲノムでそれに相当する領域を除去すると、脳の成長に関与する遺伝子の発現が変化する。つまり、わたしたちがいかにして大きな脳を持つに至ったかについて、説得力のある説明は、あるマネジャー遺伝子が、胚成長のある段階で脳領域の成長を止める能力を失った、というものだ。興味深いことに、やはり大きな脳を持っていたネアンデルタール人のＧＡＤＤ４５Ｇも、同じ配列が欠けていた。

人間とチンパンジーの違いに関して、マネジメントの変化は、例外ではなく、普遍的なルールであるらしい。実のところ、人間に独自の遺伝子や、チンパンジーに独自の遺伝子は存在しない。しかも、両者のゲノムに見られるわずかな違いは、タンパク質の機能に大して影響しない。つまり両者は同じオペレータとマネジャーを持っているのだが、マネジャーが出す指示が異なるのだ。

このことは、歯磨き粉の会社、コルゲートにまつわる都市伝説を思い出させる。ずいぶん前のことだが、同社は売り上げが低迷した。そこで敏腕社員が集まって、売り上げアップのアイデアを出しあった。すると、たまたまその部屋にいた掃除のおばさんが、歯磨きチューブの口をもっと大きくしたらどうか、と提案した。そうすれば、出てくるペーストの量が増えるからだ。結果は歴史が示すとおりだ。製品を変える必要はなかった。些細なことを変えただけで、大きな成果が得られたのだ。

あなたの各細胞にあるゲノムは二万個以上の遺伝子を含んでおり、きわめて幅広い活動をしている。細胞は個々の遺伝子をオンにしたりオフにしたりできる。オンにすれば、その遺伝子は読み取られ、タンパク質が生産される。オフにすれば、遺伝子は読み取られず、休眠する。このスイッチをオンにするかオフにするかで、同じゲノムが、無限の異なる仕事をこなせるのだ。同じ抵抗とコンデンサでも、つなぎ方によって火災報知器になったりラジオになったりするようなものだ［図7・2］。

あなたの体のさまざまな細胞の機能は、こうした遺伝子活動のパターンに従う。各細胞は同じ遺伝子のセットを持っているが、そのすべてが常時オンになっているわけではない。たとえばあるタイプの肝細胞

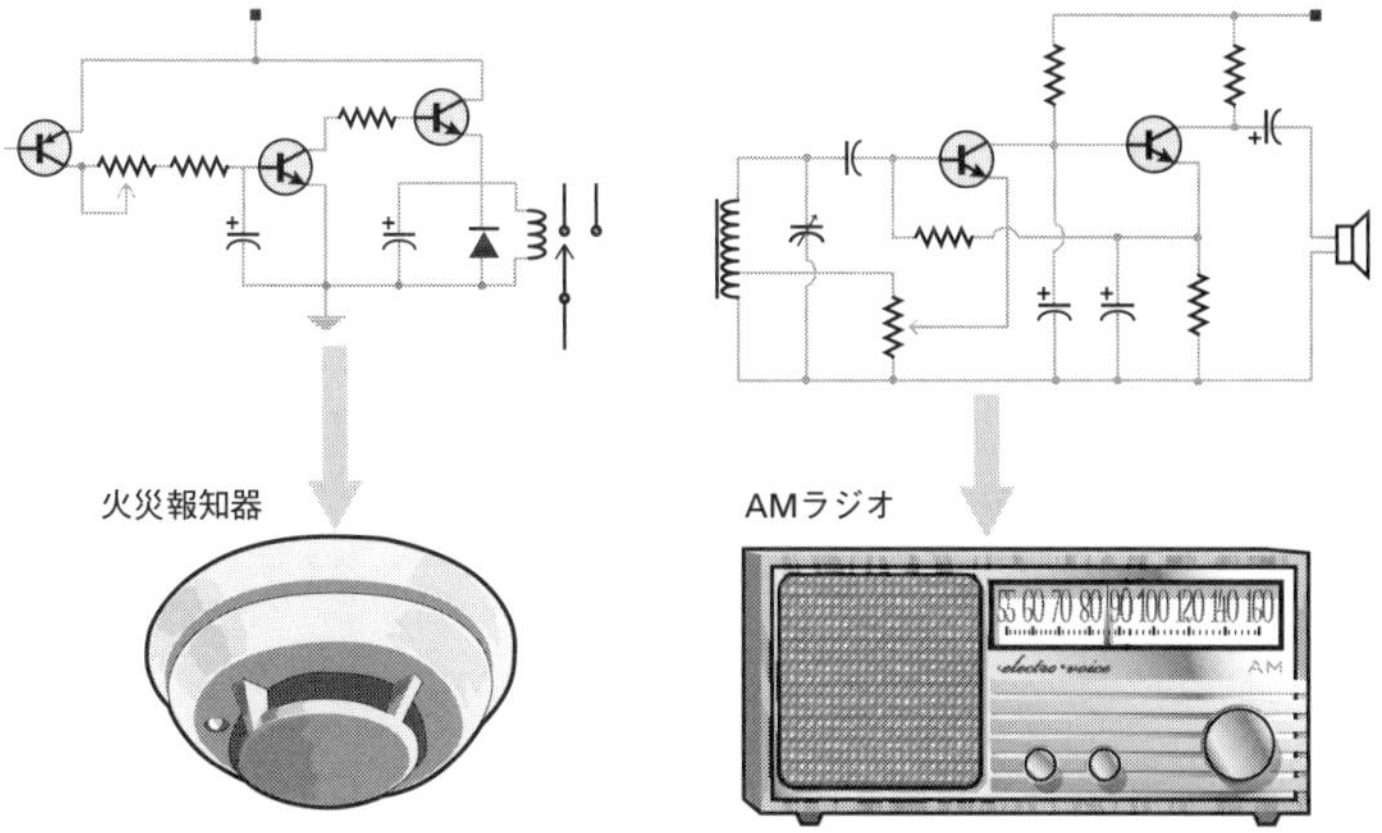

図7・2
一つの電気回路を異なる機器とつなげることで、まったく異なる機能を果たすことができる。

は、独自のオンとオフの設定を持っており、その肝細胞の成長と維持に必要な遺伝子だけがオンになり、他の遺伝子はオフになっているのだ。このような、どの遺伝子をオンにしてどの遺伝子をオフにするか、というマネジメント・パターンを変えることで、ゲノムは体内のさまざまな細胞の要求に応じている。理論上は、新たな仕事がどれほど増えても、ゲノムはこの方法でそれをこなすはずだ。新たな遺伝子を発明する必要はないのである。

人間とチンパンジーのゲノムをより正確に比較しようとするのであれば、遺伝子を調べるだけでなく、さまざまな細胞におけるオン・オフ設定を調べる必要がある。ヒトとチンパンジーの脳細胞、肝細胞、血液細胞を比較すると、遺伝子発現のマネジメントの違いは、脳において最も顕著であることがわかる。それも当然で、脳は、人類と他の動物を最もはっきりと区別する器官なのだ。わたしたちの知的能力が拡張したのは、遺伝子マネジメントの変化の結果なのだろう。

遺伝子をオンにする

では実際のところ、マネジャーはどのようにして遺伝子にその役目を遂行させているのだろう？　科学では、発見は往々にして還元主義からもたらされる。生物学者ピーター・メダワーの「科学は、問題解決を追求する学問だ」という言葉は有名だ。複雑なプロセスは、多くの謎からできているが、その多くの謎を一気に解決することはできない。コツは、一度に一つの謎に集中することだ。

したがって、複雑きわまる人間の体内で遺伝子がどのようにマネジメントされているかという問いを解決するには、問題をマネジメント可能なサイズに還元しなければならない。それには、わたしたちよりはるかに単純な生物で、本書に何度も登場した、大腸菌のオン・オフスイッチを調べるのがいいだろう。

大腸菌の、乳糖（ラクトース）の消化に関わるスイッチを考えてみよう。大腸菌のラクトース・オペロンは、乳糖を吸収し消化するのに必要な機構をコードする遺伝子群である。この一連の遺伝子の活動は、しっかり統制される必要がある。大腸菌は常に、周囲の細菌との厳しい競争にさらされているので、この遺伝子は必要とあらば、すぐ活性化しなければならないのだ。だがその一方で、大腸菌には、エネルギーや作業スペース（すなわち細胞の内部）の無駄遣いを容認する余裕はない。そういうわけで、大腸菌は手に入る資源の量に応じて各領域を調整するように進化した。

またラクトース・オペロンには、オン・オフスイッチの領域も含まれ、そのスイッチは、一連の遺伝子

（それらはまとめて管理され、解読される）の発現をコントロールしている。ラクトース・オペロンの戦略は、ラクトースやグルコースがあるかないかによって、ラクトース遺伝子をオンにしたり、オフにしたりするところにある。環境にラクトースがあれば、ラクトース遺伝子は活性化し、ラクトースをエネルギーに変換するのを助ける。ラクトースがなければ、資源を無駄遣いしないために、ラクトース遺伝子はオフになる。しかし、より栄養が豊かなグルコースがある場合は、細胞はもっぱらグルコースを消化するためのタンパク質だけを生産する。その状況では、環境にラクトースがあっても、それを消化するためのタンパク質は生産されない。要するに、ラクトース遺伝子からなるラクトース消化機構は、ラクトースが入手可能で、それよりおいしいもの（グルコース）がない状況でのみ、活性化されるのだ。

このプログラムは、遺伝的にどのようにコードされているのだろう？　第1章で見たように、ポリメラーゼは、遺伝子の配列を読み取ってメッセンジャーRNAに転写する酵素で、そうすることで遺伝子をオンにする。ラクトース遺伝子を読み取るには、ポリメラーゼはまずラクトース・オペロンの始まりのところに付着しなければならない。しかし、細胞内にラクトースがない場合、抑制タンパク質（下位マネジャーに相当する）が、ラクトース・オペロンの始まりのところに付着する。邪魔をされたポリメラーゼは、ラクトース遺伝子を読み取ることができず、結果として、ラクトースを消化する機構は作られない。しかし、ラクトース分子が環境に現れると、その一部が細胞内に流れ込み、抑制タンパク質に付着する。すると、抑制タンパク質は形がやや変化し、DNA（ラクトース・オペロン）に付着できなくなる。こうしてラクトース・オペロンが抑制タンパク質から解放されると、ポリメラーゼはそれにアクセスできるようになり、

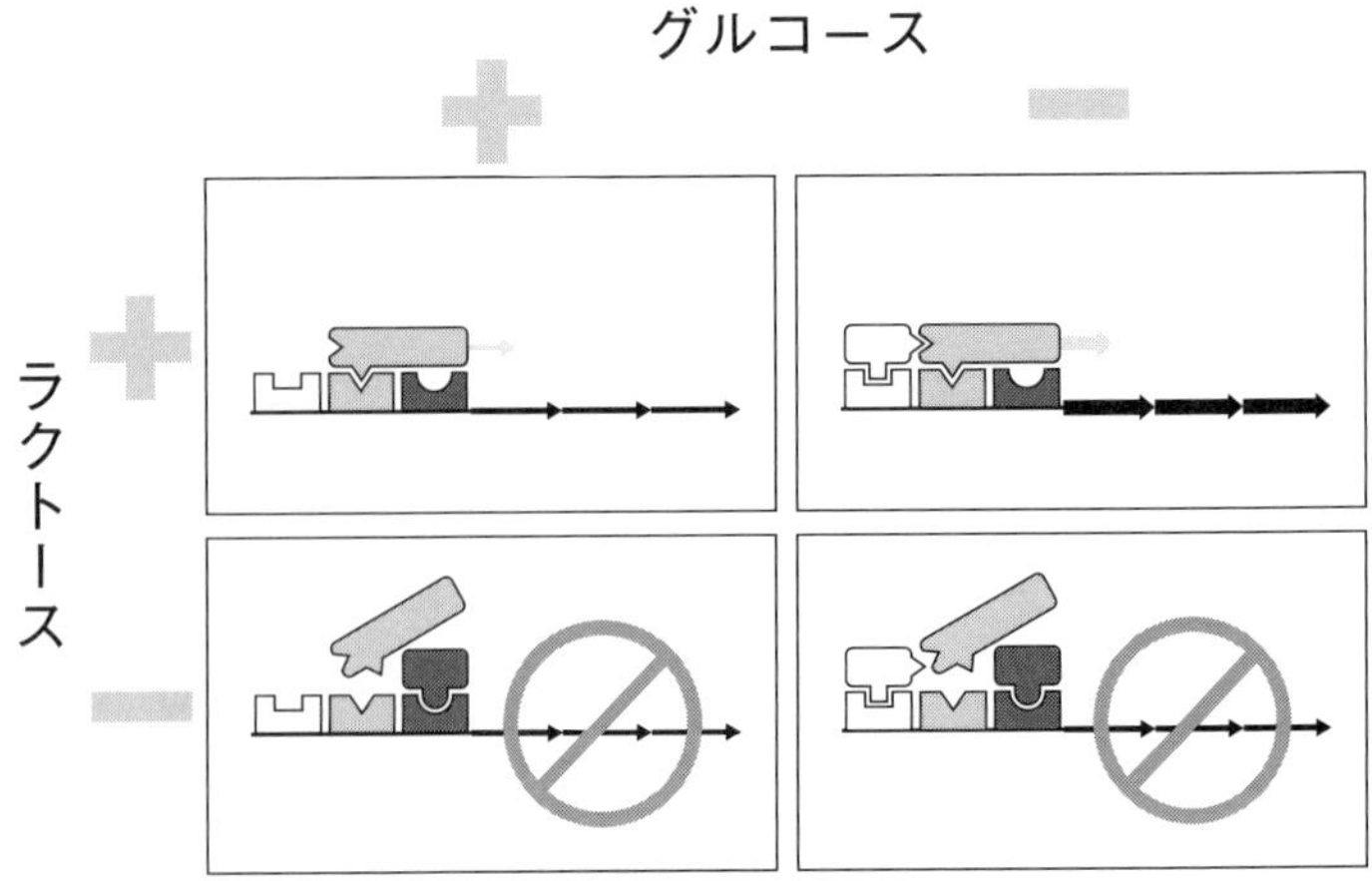

図7・3
ラクトース・オペロンにコードされた論理回路。右左の縦列は、細菌の環境にグルコースがある場合とない場合を示す。上下の横列はラクトースがある場合とない場合を示す。3個のラクトース遺伝子（矢印）は、ラクトースの消化に必要なものだ。ラクトースがない場合（下段）、ラクトース遺伝子は役に立たないので、抑制タンパク質（濃い灰色）がその発現を阻む。より好ましい糖のグルコースがない場合（右軸）、活性化因子（白色）がポリメラーゼの結合を促し、ひいてはラクトース遺伝子の発現を促す。すなわち、ラクトース遺伝子は、グルコースがなく、ラクトースがある場合（上段右）に発現する。

ラクトースを消化するタンパク質が生産される［図7・3］。これが、マネジメント・アルゴリズムの前半部分だ。ラクトースがなければ、ラクトース遺伝子はオンにならないのだ。

ポリメラーゼは、ラクトース・オペロンを解読するための出発点を、偶然見つけることもあるが、その確率は非常に低いので、偶然に頼っていては、ラクトースを消化するタンパク質を必要なだけ生産することができない。そこで、ポリメラーゼを向かうべき場所に向かわせるために、第二のマネジャーの登場となる。そのマネジャーは、活性化因子（タンパク質）を生産し、それがポリメラーゼが結合すべき場所（ラクトース・オペロン）のすぐ前でDNAと結合して、ポリメラーゼを誘導するのだ。しかし細胞内にグルコースがあると、この活性化因子は不活性化し、結果的に、ラクトース消化機構はごくわずかしか生産されない。これがアルゴリズムの後半部分で、より栄養豊富なグルコースを利用するために、ラクトース処理に使われていた細胞の資源が転用されるのだ。このように、ラクトース・オペロンのマネジメントは、コンピュータの単純な論理回路と同じように作用する。ラクトース・タンパク質は、ラクトースが手に入り、グルコースが手に入らない場合に生産される。それ以外の状況では生産されないのだ。

コンピュータの頭脳であるCPU（中央処理装置）は、何百万ものこうした単純な論理回路から作られている。それと同様の計算をゲノムも行っている。その原理は、ラクトースの処理について見てきたとおりだ。転写マネジャーは、環境からのシグナルをゲノムの特定の場所に送る。論理回路を構成するのは、転写機構の遺伝子へのアクセスを促進、あるいは疎外する転写因子の組み合わせだ。

遺伝子社会で成功するマネジメントは、知性や意図に基づくものではない。染色体上ではタンパク質がマネジメントのダンスを繰り広げるが、それは、タンパク質の分子親和性がもたらす結果にすぎない。分子親和性とは、タンパク質がその形状と表面の電荷によって、特定の分子を引きつけたり、より大きな分子、たとえばＤＮＡ配列に引きつけられたりすることを指す。大腸菌のラクトース・オペロンに着目すれば、より複雑で多層的な人間の遺伝子社会で、どのようにマネジメントが行われているかについて、基本的なことが理解できる。

　第5章では、ＳＯＸ９遺伝子について学んだ。そのタンパク質生成能力が変異すると、さまざまな影響が出る。多くのマネジャーはＳＯＸ９と結合して、その発現を促すか、抑制している。大腸菌のラクトース遺伝子では、一連の遺伝子がまとめて制御されるが、あなたのゲノムでは、一つ一つの遺伝子が演算装置《コンピューティング・ユニット》を持っており、それによってマネジメントの複雑なネットワークが作り上げられる。共に機能する遺伝子群は、転写因子のカスケードによってマネジメントされる。このようにして、転写因子の活動自体が転写因子によってマネジメントされ、一連の複雑な情報処理を可能にしている。

　このネットワークの一部を垣間見るため、ここで再びＳＯＸ９遺伝子を取りあげ、特に胎児の性別決定に焦点を当てよう。ＳＯＸ９は性別決定に関わるが、本来それは、性別に関係なく発現する。しかし、女性になる胚では、将来、卵巣になる場所で、βカテニンと呼ばれるタンパク質が発現し、それはＳＯＸ９タンパク質を見つけると付着する。これは言うなれば自殺行為で、βカテニンタンパク質とＳＯＸ９タンパク質はどちらも破壊される。こうしてＳＯＸ９のレベルが下がると、細胞は卵巣を作り始める。さらに、この決定が覆されないよう、他のマネジメントタンパク質が、生涯を通じてＳＯＸ９の発現をブロックし、卵巣内のＳＯＸ９レベルを低く保つ。

男性の場合、ゲノムにＹ染色体が含まれるので、違った展開になる。Ｙ染色体が持っているＳｆ１遺伝子はＳＯＸ９の発現を促進する。ＳＯＸ９タンパク質は、十分に増えると、自力でことを進め始める。転写因子として自らの遺伝子に働きかけ、自分と同じＳＯＸ９タンパク質の生産を増やし、ＳＯＸ９のレベルが生涯を通じて高くなるようにするのだ。しかし、βカテニンに閾値にまで増えるチャンスはない。男性の場合も、βカテニンがＳＯＸ９に結合して自殺を図るが、ＳＯＸ９がはるかに多いので、問題はない。こうしてβカテニンは、将来、睾丸になる部位から消えてゆき、ＳＯＸ９はますます数を増やし、細胞の運命を、睾丸へ向かう道へと押し込むのである。

こうして、ＳＯＸ９タンパク質は自分の発現をマネジメントし、正のフィードバックループを作る。これは、ひとたびＳＯＸ９がオンになり、ＳＯＸ９タンパク質が増えて閾値を超えると、その状態が続くことを保証する。睾丸の発生は一方通行なのだ。しかしそこでは、「フィードフォワードループ」と呼ばれるもう一つの興味深い仕組みが働く［図７・４］。Ｙ染色体のＳｆ１はＳＯＸ９発現を促進するが、それができるのは、別のタンパク質ＳＲＹが支援するからだ。そしてそのＳＲＹをオンにするのは、Ｓｆ１なのだ。

なぜこんなに複雑なのだろう？　なぜＳｆ１は、ＳＲＹの支援がなければ、ＳＯＸ９をマネジメントできないのだろう？　なぜＳｆ１は、このタスクに役立つ第二のマネジャー（ＳＲＹ）を先に生産しないのだろう？　それはおそらくこの第二のマネジャーが、不安定性に対処するための安全装置になっているからだ。遺伝子社会におけるマネジメントは、完璧にはなり得ない。もし何かのアクシデントで、女性にな

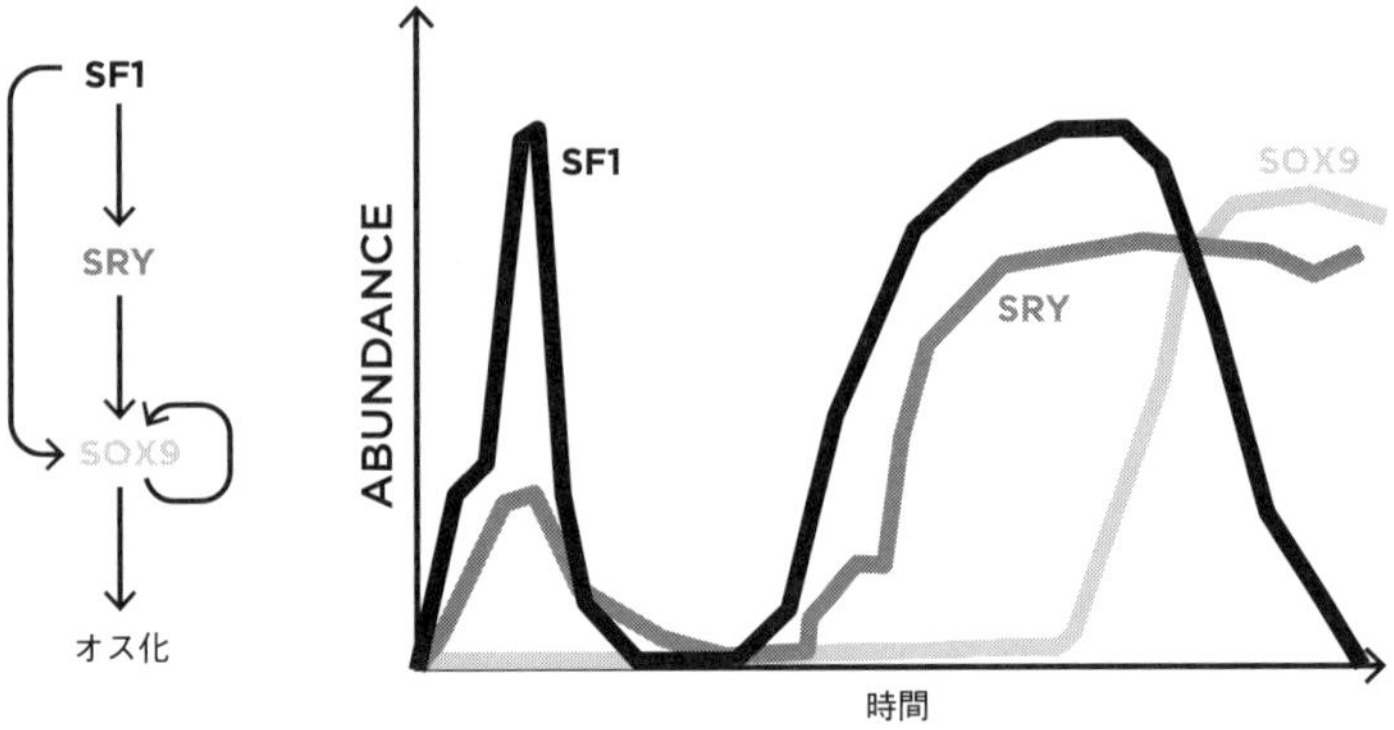

図7・4
フィードフォワードループ（左）と、その経時的な機能（右）。Sf1 タンパク質が短期間、発現しただけでは、SOX9 はオンされない。十分な SRY が蓄積されていないからだ。対照的に、長期間 Sf1 が発現すると、SRY が蓄積し、協力して SOX9 のスイッチをオンにする。

る胚で短期間Ｓｆ１が発現した場合、それだけでＳＯＸ９がオンになるのであれば、女性の体に睾丸が生じるかもしれない。だが、このフィードフォワードループの構造では、そうしたことは起こり得ない。Ｓｆ１タンパク質が十分長い間、存在する場合のみ、十分な数のＳＲＹが蓄積し、Ｓｆ１を助けて、ＳＯＸ９をオンにするのだ。このように、遺伝子社会のマネジメントは、アクシデントのせいで決められた道筋が歪んだりしないようにしている。

　ゲノムでは、短期間の偶発的な変異が起きるのが常だが、多くのシステムでは安定性が重要なので、このようなフィードフォワード回路がそこここに見られる。同様に正のフィードバックループ（いったん始まればシステムをオンの状態に保つ）と、負のフィードバックループ（十分な複製が作られたら転写因子の生産を止める）も有益なので、ゲノムのマネジメント機構の重要な要素になっている。

　以上、見てきたのは、規制のメカニズムの一つ、計算回路の一つにすぎない。すなわち、ゲノムに結合して遺伝子の発現を誘発あるいは抑圧する転写因子だ。しかし人間の細胞内で動いている「コンピュータ」ははるかに複雑だ。進化はありあわせの材料で工夫する修繕屋なので、計算能力があるものは何でも利用する。たとえば、ＲＮＡとタンパク質による転写・翻訳の妨害、ｍＲＮＡとタンパク質による破壊と安定化、さらには全ゲノムの活動停止あるいは再開、といったことだ。

主要な制御因子と望ましいモンスター

ここまで、わずかに異なる要素が結びつくことで、驚くほど多くの構造ができあがるのを見てきた。この原理は進化的変化の軸となるもので、大きな脳や言語能力の発達よりはるかに基本的な変化をそれはもたらす。たとえばハエのゲノムにある変異が起きると、その頭に、触角ではなく、二本の余分な脚が生える。たった一個、文字が変わっただけで、なぜこれほど気味の悪い結果に至るのだろう？　変異の影響が限定的であることを考えてみよう。ハエはすでに数組の脚を備えていた。したがって、頭に生えた脚は、それがもう一組増えただけで、新たな付属物が増えたわけではない。しかも脚が生えた場所は、別の付属物の触角が生えるべき場所だった。つまりこの変異は、身体の新たな部品を発明したわけではなく、元々あった部品を別の部品と取り換えただけなのだ。

一九〇〇年、イギリスの遺伝学者ウィリアム・ベイトソンは、そうした形質転換のカタログを出版した。

余分な乳首やあばら骨を持つ人もいた。ベイトソンは、自然における変化はしばしば不連続だと結論づけた。つまりそれらは突発的に起きるものであり、進化を漸進的なプロセスと見なすダーウィンの自然選択説はおかしいと言うのだ。進化は往々にして漸進的に進む、というダーウィンの主張は正しいが、このような突発的な変化は起きるものだ。遺伝子社会の歴史においては漸進的な変化が一般的だが、それは単にゲノムがコードする生存機械にとっては、そのほうが安全だからだ。しかしベイトソンが記録した形質転換は、進化に飛躍が起きるという圧倒的な証拠を提供した。

そのような形質転換には気味の悪いものや滑稽なものもあるだろうが、時には、適応性が向上した、いわゆる「望ましいモンスター」が生まれることもある。たとえば二枚の羽を持つハエから四枚の羽を持つハエへの形質転換を考えてみよう。羽の余分な一組は、通常、ハエがバランスをとるために用いる平均棍という小さな付属肢と同じ場所に生える。飛翔性昆虫にとって、少なくともある条件の下では、四枚羽は二枚羽より都合がいいかもしれない。実際のところチョウを含む他の多くの飛翔性昆虫は、四枚の羽を持っている。

しかしどうすれば、たった一個の変異が、いくつもの異なるタイプの細胞からなる完全な形の余分な羽をもたらすのだろう？　この途方もない変異は、ウルトラバイソラックス遺伝子（Ｕｂｘ）を弱体化する。Ｕｂｘは平均棍の発生をマネジメントする遺伝子だ。平均棍は、ハエの祖先では羽があった場所に生えている。たとえばショウジョウバエは、二番目の羽の一組が退化して平均棍になった。

チョウは羽を二組持ち、平均棍を持たないが、そのチョウにもＵｂｘ遺伝子はある。チョウの二組目の

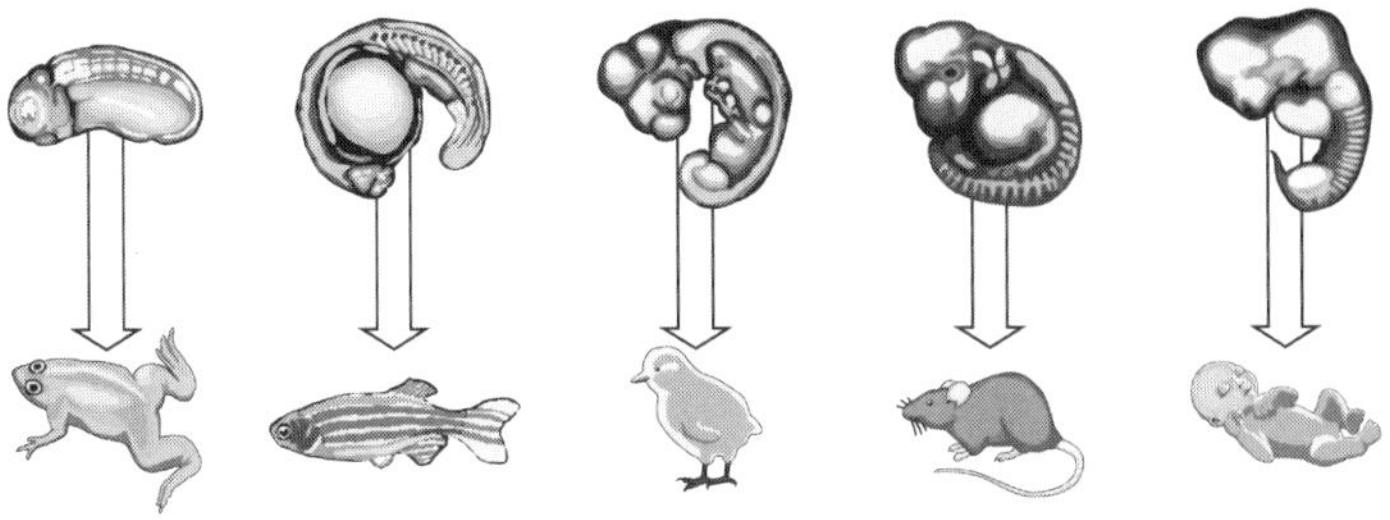

図7・5
さまざまな動物（下段）は体のプランは非常に異なるが、胎生はファイロティピック段階（上段）では、驚くほどよく似ている。

羽は、一組目より小さく、模様も異なる。Ｕｂｘはすべての昆虫のどの体節に何を発生させるかをコントロールしているのだ。

Ｕｂｘは上級マネジャーであり、転写因子として、プログラム全体を管理している。ハエとチョウのＵｂｘの違いは、それが管理する遺伝子のセットである。ハエの場合、Ｕｂｘは平均棍を作る遺伝子をオンにするが、チョウでは二組目の羽を作る遺伝子をオンにするのだ。

胎発生のマネジメントを調べると、さらに深い洞察が得られる。今から二世紀ほど前、生物学者カール・エルンスト・フォン・ベーアは困った事態に陥った。は虫類、鳥類、魚類の胎生を入れたガラス瓶のラベルが劣化し、読めなくなったのだ。そこで、この偉大な発生学者は、目で胎生を見分けようとし、それが不可能であることを発見した。胎生のある段階では、すべての脊椎動物は本質的に同じに見えることに彼は気づいた。

胎生のこの時期は、ファイロティピック段階［形態形成の段階］と呼ばれる。これは胎生に脊椎動物らしい特徴が生じ始める時期だ［図7・5］。ファイロティピック段階は、共通する土台を提示し、その上に、カメの甲羅、ブタの鼻、人間の大きな脳といった、種に特有の特徴が育っていく。『種の起原』においてダーウィンは、このベーアの観察を引き合いに出し、種が共通の祖先を持つことのさらなる証拠とした。

このことは、生物がいかに作られるかについて、何を語るだろう。胎生のある時期に、動物がなぜこれほど似ているかを明かすのに、以来、一〇〇年以上かかった。それを語るには、まずショウジョウバエに話を戻す必要がある。一握りの遺伝子に変異が起きると、ショウジョウバエの体の部位が大幅に（たとえば、触角を脚に、平均棍を羽に）変換されることについて、思いがけない事実が二つ明らかになった。第一は、それらの形質転換遺伝子は、ハエの染色体において近隣にあるということ。第二は、発生の時期にこれらの遺伝子は、染色体上に並ぶ順番どおりに活性化するということだ。まるでこの領域に、ハエを作るためのマスタープランが書かれているかのようだ。

しかし最も驚くべき事実は、ハエのこのゲノム領域を他の動物の同じ領域と比べたときに見つかった。一九八〇年代までは、動物はそれぞれ種に固有の遺伝子を持っていると考えられていた。そのため、ハエの形質転換遺伝子――まとめて、ホメオティック遺伝子群＝ＨＯＸ遺伝子群と呼ばれる――に対応する遺伝子が、センチュウにもマウスにもあるとわかったのは、じつに驚くべきことであった。いずれもほぼ同じ文字配列なのだ。

さまざまな動物のＨＯＸ遺伝子は、ひじょうによく似た文字配列を持つだけでなく、それらは互いの代役を務めることができる。センチュウやマウスのＨＯＸ遺伝子コピーに欠陥があった場合、ハエのＨＯＸ遺伝子を導入することで、胎の正常な成長を導くことができるのだ。ほとんどの動物はＨＯＸ遺伝子群を持っている（例外的にクシクラゲ類などは持っていない）。ＨＯＸ遺伝子が身体の各部分の独自性を管理しているのだとすれば、さまざまな動物の胚が、ある時期に同じように見える理由が見えてくる。それは、いずれも同一の上級マネジャー、つまり同一のＨＯＸ遺伝子セットを持っているからなのだ。

さまざまな動物の発生をコントロールするゲノムには、ＨＯＸ遺伝子を共有することの他にも、驚くほどよく似たところがある。たとえばすべての動物の筋肉の発生を監督するのは、三つのまったく同じマネジャー遺伝子なのだ。しかし結果は、マウスとハエのように異なる。その違いをもたらしているのは、遺伝子の違いではなく、それらの相互作用の違いである。マネジメントの相互作用のネットワークは、協調と妨害が複雑に絡みあってできている。相互作用の一部は、すべての動物において同じだが、いくつかは、進化の過程ですっかり変貌した。

これまで動物の発生について見てきたが、ここでまったく別の種類の発生に目を向けてみたい。枯草菌は、危機に見舞われると、子孫を一種のタイムカプセルに閉じ込め、状況が改善したら発芽できるようにする。栄養が欠乏すると、枯草菌は「芽胞」という抵抗性に優れ、熱湯にも原子爆弾の放射線にも耐える、特殊な細胞を作り始める。芽胞ができあがると、母細胞は自殺し、子細胞は、良い時代が来るまで、たとえ一〇〇〇年でも休眠しつづける。そしてその時がくれば、芽胞は発芽し、通常の枯草菌細胞の仕事を再開する。このプロセスをコントロールしているのも、やはりマネジメントのネットワークである。それはＳｐｏ０Ａと呼ばれる上級マネジャーから始まる。Ｓｐｏ０Ａは、他のマネジャーからなるカスケードをオンにし、最終的に、細胞全体が芽胞の作成に関与するようになる。これは人間の細胞が、胎発生の間に卵巣または睾丸の作成に取り組む様子に似ている。Ｓｐｏ０Ａは特に珍しい存在ではなく、細菌のＨＯＸ遺伝子と呼ばれている。すべての生物において、最上級のマネジャーたちは遠い親戚であり、それぞれ非常に異なる生物の中で、同じような仕事をこなしているのだ。

遺伝子制御に関する最後の考察として、もしもあなたが何かの事故で指を一本失ったらどうなるか考えてみよう。なぜ新しい指が生えてこないのか？　そもそもその指を作ったのはあなたであり、あなたの細胞はその作り方を知っている。ではなぜ、もう一度それができないのだろう？　幸いなことに、大半の人は、指を失うようなことにはならないが、歯については、そうではない。もし新しい歯が自然に生えてきて、古い歯と取り換えることができたら、ありがたいのではないだろうか？

過去六〇年にわたって、わたしたちはゲノムの言葉を解読し、理解してきたが、ゲノムがこの言葉を自ら発する方法については、ほとんどわかっていない。いつの日か、遺伝的プログラムの変え方を理解し、欠陥のある部位を取り換えられるようになるだろうか？　トカゲは肢や眼を再生できるし、他にも、失った部位を再生できる動物はいる。彼らのゲノムとわたしたちのゲノムの違いを研究することによって、わたしたちもまた細胞に命じて、失った部位を再生させられるようになるかもしれない。

遺伝子を制御することで、同一の遺伝子からじつに多くの表現型《フェノタイプ》（目に見える生物の形質）を作ることができる。しかし新しいもののすべてが、混合と適合の結果ではない。時には、遺伝子社会に新たなメンバーが導入されることもある。

第8章 窃盗、模倣、イノベーションの根

独創とは思慮深い模倣にすぎない。
——ヴォルテール

二〇世紀の初め、後にイスラエルになる地域に、二つの集団主義的社会が誕生した。キブツとモシャブである。このキブツとモシャブの出身の若い女性——仮にエイダとイヴと呼ぼう——を思い浮かべてみよう。二人には、どのようなキャリアパス［職業の道］があるだろう?

数百あるキブツでは、一種のユートピア的な社会主義を目指して、集団生活のシステムが構築された。エイダは両親とは引き離され、他の子どもたちと一緒に暮らし、成長した。キブツでは、資源はすべて共有され、預金口座も各キブツに一つだけだ。成長したエイダは、キブツにとどまり、幼なじみの一人と結婚することを期待される。仕事はキブツの主要なビジネスであるダイヤモンドの研磨や、点滴灌漑での野菜栽培だ。世代が交替し、キブツ全体の人口が増えるにつれて、新たな仕事を創出しなければならなくなる。この必要を満たすため、すでにある仕事を、いくつかの専門的な仕事に分割する。エイダの母親がキ

ブツの工場で二つの関連する仕事、たとえばダイヤモンドの研磨とその品質の検査をしていたら、それらは、二人の娘に分割される。エイダが品質検査を、もう一人が研磨を専門にするのだ。この専門化によって、エイダ姉妹は母親より高レベルの専門家になれる。

モシャブで成長したイヴの経験は、エイダらとは異なる。モシャブは協力的な農家のコミュニティで、今も多く存在する。農場は決まった大きさで、各家庭が特定の作物や製品を作っている。目標はコミュニティが自給自足することだ。各家庭の農場は、広さを維持するために、一人の子どもがすべてを相続する。その子どもは農業を続けなければならない。残りの子どもは、土地を一切相続しない。イヴはヤギのチーズ作りを家業とする家で成長した。彼女は土地を相続しないため、他の職業を考えなければならない。ヤギのチーズ作りの技術を持っているので、新たなコミュニティ、たとえばチーズ職人のいない他のモシャブに移ることができる。このように技術を運ぶことで、イヴも、転入先のモシャブも、恩恵を受ける。モシャブはヤギのチーズを得、イヴは将来が保証されるのだ。

目には目を

キブツとモシャブの子どもたちの状況は、ある社会の新たなメンバーが生計を立てる二つの方法を示している。一方は、専門化して新たな仕事を作り、もう一方は、技術を持って他の集団に移るのだ。専門化と技術の移転は、遺伝子社会に新たなメンバーが加わるときの主な方法でもある。

前者の例として、動物の進化の過程で、新たな遺伝子が採用され、モノクロではなくカラーで世界を見られるようになったことについて考えてみよう。わたしたちが見る色彩は、目にあるわずか三種類の色覚受容体が感受した光の波長から生まれる。感受する波長の範囲はそれぞれ異なり、その範囲が赤、青、緑に対応する。三種の受容体は異なる遺伝子から生まれる。光が目に入ると、三つのシグナルが誘発され、それを脳が処理して、幾多の色の識別を可能にする。

この三つの受容体のシステムがどのように進化したかを理解するには、もっと最近の発明であるカラーテレビについて考えるといいだろう。わたしたちがバーチャルリアリティを認識するうえで、それは劇的な進歩だった。テレビがまだ白黒だった頃、多くの人は、夢も白黒だと考えていた。ともあれ、技術的に言って、白黒で映していた画像をカラーにするのは、どのくらい難しいのだろう。

カラーテレビは、人間の色識別システムを錯覚させることによって幾多の色を映しだしている。人間の色識別を支えているのは三種類の受容体なので、カラーテレビはその三つのシグナルを送るだけでいい。たとえば紫色を感受させるには、赤と青の受容体を刺激する。脳はそのシグナルを統合して、元の色は紫だと判断する。テレビをカラー画像にするため、開発者は白黒テレビが備えていた光投影システムを三つに増やし、それぞれに赤、緑、青の色を与えた。白黒テレビの一部をコピーし、それに小さな「変異」を加えることで、カラーテレビは誕生したのだ［図8・1左］。

色覚も、遺伝子社会において、同じような方法で作られた。一種類の光受容体を持つ、モノクロの色覚（基本的に白黒）は、ずいぶん初期の動物も備えていた。この受容体が複製され、何度も改良されるうちに、

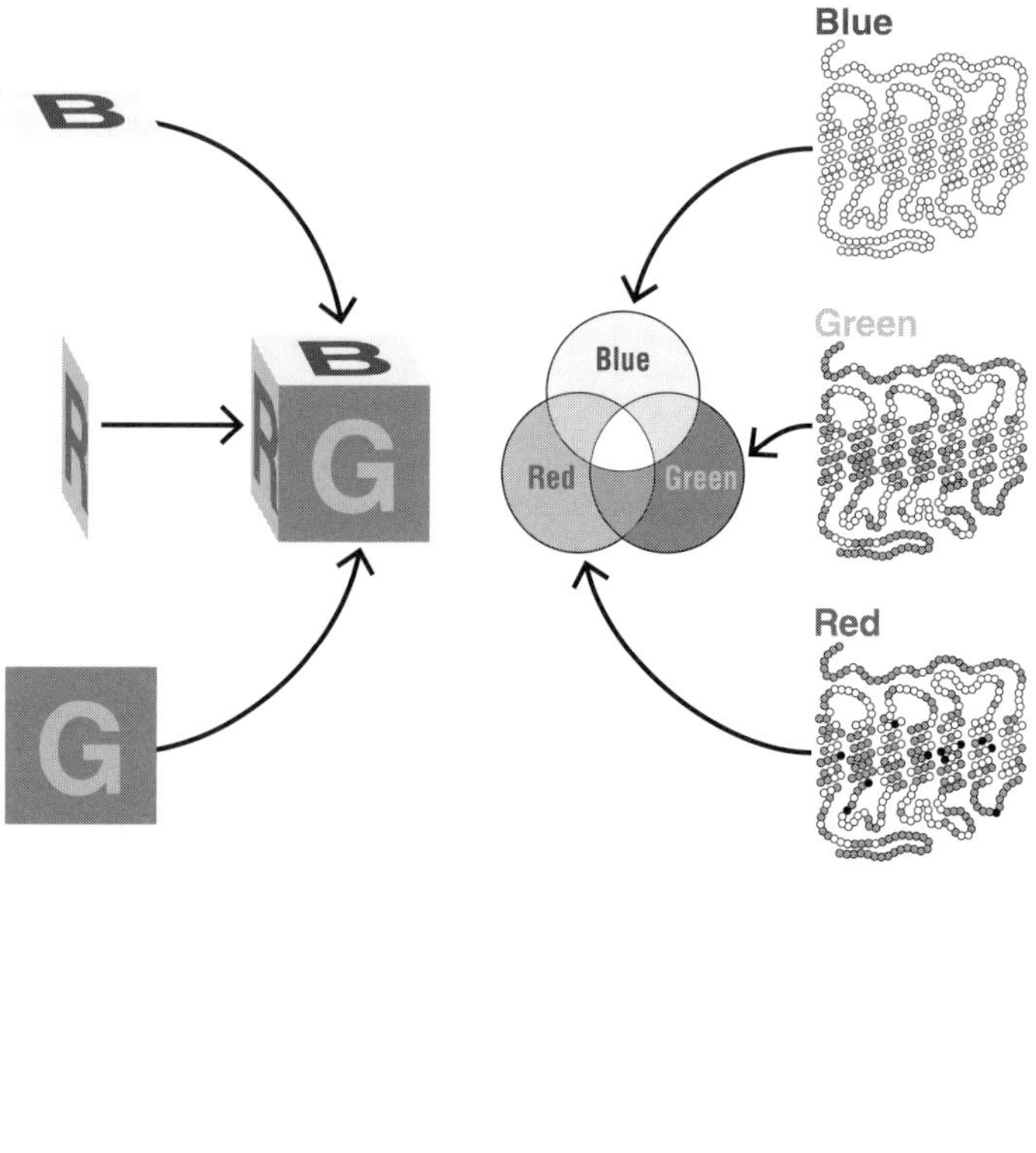

図 8・1
左は、脳がカラーテレビの色を認識する仕組み。画面には赤、青、緑のきわめて細かい画素が規則的に敷きつめられている。脳は、その画素の光を合成してカラー画像にする。右は、光受容体を構成するタンパク質、オプシン。7本のらせんが束になっている。青と緑のオプシンで異なるアミノ酸をグレーの丸、緑と赤のオプシンで異なるアミノ酸を、黒い丸で示している。

現在の遺伝子社会に見られる、異なる色を感受する三つの光受容体になった。それがわかるのは、三種の受容体のタンパク質、すなわちオプシンをコードする遺伝子の配列が、非常に似通っているからだ。それほどの類似が、偶然の結果ということはあり得ないので、それらが共通の祖先に由来するのはほぼ確実だ［図8・1右］。

遺伝子の重複は、変異の特殊なタイプである。重複は、DNAを複製する際のミスから生じる。DNA複写マシーンであるポリメラーゼが鋳型の上ですべって、すでに読んだ部分を再度、読んでしまうのだ。また、減数分裂の過程でも、重複はよく起きる。第3章で述べたが、生殖に先立つ減数分裂では、両親から受け継いだ染色体の一部を交換（乗り換え）する。そのときに、一方の染色体の領域がもう一方の間違った領域にくっついて交換を行うと、間違った領域から本来の領域までの配列が、一方の染色体からは抜け落ち、もう一方には重複してコピーされるのだ。

オプシンが誕生した頃、わたしたちの遠い祖先である動物は、オプシン遺伝子を一つしか持っていなかった。この遺伝子が四回重複し、五個のオプシン遺伝子となってゲノム全体に広がった。その五つの一つが桿体オプシンで、これは色を見分けることはできないが、薄暗い光にも高い感受性を持つ。夜道を歩くネコがどれも灰色に見えるのはそのためだ。その暗さでは、桿体しかネコの姿を感受できないからだ。わたしたちが、この桿体オプシンしか持っていなければ、テレビは白黒で十分だ。それとは別の、錐体オプシンによって、わたしたちの祖先は色を見分けられるようになった。祖先の色覚は、オプシン遺伝子が複製され、変異によって修正されるうちに、ますます豊かになった。

恐竜の時代にいた初期の哺乳類は夜行性だったので、色覚をほとんど必要としなかった。明るくなければ、色は識別できないからだ。そのため、祖先で進化していた四つの錐体オプシンのうちの二つを失った。したがって、現在の哺乳類の大半が見ている世界は、人間が見ている世界よりはるかに色が乏しい。ただし、あなたが色覚障害だと話は別で、色覚障害者のゲノムは、多くの哺乳類と同じように機能する錐体オプシンを二つしか含まず、見える色も多くの哺乳類とほぼ同じなのだ。

しかし、類人猿やサルの祖先は、色覚が豊かなほうが有利であることを悟った。彼らは夜行性でなかったので、日中に餌を探すのに、色が見えたほうが便利だったからだ。彼らの錐体オプシン遺伝子の一つがたまたま重複し、自然選択によって遺伝子社会で優位に立ったせいで、彼らは三原色を識別できるようになった。より豊かな色覚は、果実を見つける能力を高めたに違いない。また、三色を見分けられるようになった人類や類人猿が、顔の毛を部分的に失ったのは偶然ではないだろう。地肌が露出すると、敵や友人の肌色の微妙な変化がわかるようになるからだ。

重複によって生まれた二個目の遺伝子は、ゲノムの別の場所に挿入される。このことは、新しいものの創造に関わる謎の答えとなる。一九七〇年に、遺伝子重複の重要性を、他に先駆けて認めた生物学者、大野《おおの》乾《すすむ》は、「自然選択はただ改良するだけだが、遺伝子の重複は創造する」と述べた。大野は、遺伝子社会のほぼすべての新規性は、既存の遺伝子の重複から生じる、と考えた。たとえば、変異が起きたせいで、ある遺伝子が有益な機能を持つようになったとしよう。変異する前も、その遺伝子は遺伝子社会にとって有益なサービスを行っていたはずだ。どうすれば、その従来の機能を維持できるだろう？　答えは重複にある。変異が起きる前に、この遺伝子が重複によって二つに増えていれば、一つは古い機能を維持し、もう一つは、変異によって新たな機能を取り入れることができる。そして、その機能が有益なら、自然選択によって、そちらのコピーも保存されるのだ。

二度の重複によって生じた新たなオプシン遺伝子は、機能が以前と変わらなければ、生き残れなかっただろう。なぜならそれが消えても、自然選択上、不利にならないからだ。しかし、機能が向上して、光の他の波長に対応できるようになったのであれば、そのコピーは生き残り、遺伝子社会に地位を確立する。

喩えるならこういうことだ。イスラエルのキブツに娘二人と暮らすセールスウーマンについて考えてみよう。一方の娘は、母親に倣ってキブツ内の顧客や、顧客になりそうな人に手紙を送る。もう一方の娘は、新たな機会を自由に探求する。彼女は最終的にウェブサイトを開設し、キブツの事業にインターネットの流通経路を開くかもしれない。

一般に、重複によって新たに生まれた遺伝子は、鋳型になった遺伝子とほぼ同じで、機能もひじょうに似通っている。しかし重複によって、劇的に異なる性質を獲得することもある。たとえば視覚は、単に光受容体があればそれでいいというものではない。カメラが感光材（フィルムやセンサー）に光を集めるのにレンズが必要とされるように、目も、受容体に光を集めるためのレンズ、すなわち水晶体を必要とする。水晶体は、クリスタリンと呼ばれる透明なタンパク質によって形成される。クリスタリンの主な仕事は、水晶体のスペースを満たし、屈折率を向上させることだ。しかし、ＤＮＡ配列から、いくつかのクリスタリン遺伝子は、代謝に関わる遺伝子が重複し、進化したものであることがわかった。クリスタリンの元々の仕事は、アルコールの分解だったのだ。

動物の多くは、クリスタリンを作るのに使う遺伝子を新たに作ったりはしない。アヒルの水晶体のクリスタリンの一〇分の一を作るタンパク質は、乳酸（激しい運動の間に筋肉が生産する物質）の分解を助ける酵素としても働いている。このように二つの機能を持つことは、酵素では珍しくないのだ。酵素の多くは複数の機能を担い、それらの機能は、互いと似ているものもあれば、似ていないものもある。こうした多機能主義は、遺伝子の機能に、緩やかな進化の機会を提供する。つまり、ある仕事をしなければならないとき、ひまそうにしていて、少しでも見込みがありそうな遺伝子が採用されるのだ。その後、その遺伝子の表現型や配列が、ランダムな変異と自然選択によって変わり、与えられた仕事をよりうまくこなせるようになる。

しかしながら、たいていの場合、二つの機能の間にはトレードオフが働く。船も楽器もうまく作れるという職人がめったにいないのと同じだ。二つの機能を持つタンパク質をコードする遺伝子が重複して二つになると、進化はそのチャンスを生かして仕事を分割し、二人の専門家を創出する。

嗅覚も、色覚と同じようなシステムに依存しているのだろうか？　わたしたちはさまざまな匂いを嗅ぎ分けることができるが、それらは空中にただよう分子の組み合わせである。色覚は、たった三種の光検知装置で、送られてくる光のシグナルが波長スペクトルのどこにあるかを特定し、幾多の色を見分けている。しかし、匂いの分子は分散しており、それらを数個の受容体で効率的に認識するのは不可能だろう。それでも、数百個の匂い検知装置があれば、数百万の匂いを嗅ぎ分けられるはずだ。匂いの分子が鼻の中でいくつかの受容体を活性化し、それら数百のシグナルを匂いを専門とする脳の領域が処理する。作動した受容体の情報を統合して、一つの匂いを特定するのだ。

原理的には、受容体の一部を組み合わせることで、新たに多くの受容体を作ることができる。これは、侵入したタンパク質を見分けるために、既存の遺伝子の部分を組み合わせて数百万の検出器を作る、免疫システムのミキシーズ・ゲームのような戦略と同じだ。しかし、匂いに関して、進化はもっと単純な方法を選んだ。数百の匂いの受容体を、それぞれ異なる遺伝子にコードしたのだ。

魚に似た初期の動物では、最初の匂い受容体は、匂い分子の一タイプしか認識しなかった。ところが、ある個体のゲノムで遺伝的アクシデントが起きて、この遺伝子が重複した。その後、重複によって新たに生まれた遺伝子が変異し、元の遺伝子とはわずかに異なる匂い分子を認識できるようになった。この遺伝子を受け継いだ個体は、食べていいものと食べたら危険なものを、嗅ぎ分けられるようになったので、自然選択に後押しされた。

このプロセスが繰り返され、重複が重複を生み、ついには、現代のわたしたちのゲノムに行き渡っている匂い受容体のフルセットができあがった。それは少人数の家族が創設したキブツに似ている。最初のうち、彼らは、必要な仕事をすべてこなさなければならなかった。しかし、創設者の家族が拡大するにつれて、キブツは複雑なシステムを持つ社会に発展し、労働は専門化し、創設者の子孫たちの間で分割されたのだ。

あなたがご自分のゲノムを調べたら、遺伝子の五パーセントは、重複した匂い受容体遺伝子であることがわかるだろう。労働力という意味では、匂いの検知は、遺伝子社会最大のビジネスだ。その遺伝子群は、人間のゲノムの中で最大の遺伝子ファミリーなのだ。しかし、匂い受容体遺伝子はおよそ一〇〇〇個もあるが、その三分の二は壊れた遺伝子だ。これらは変異のせいで、有益な働きがまったくできなくなった遺伝子で、「偽遺伝子」と呼ばれる。

なぜゲノムは、匂い受容体遺伝子の墓場を持っているのだろう？　そもそも、なぜそれらは死んだのだろう？　通常、ある遺伝子の機能を麻痺させる変異は、長期的に見れば成功者とは言えない。そのような変異を起こしたアレルは、保持する人にとってマイナスになるため、早々に遺伝子社会から消える。このプロセスは、「負の選択」と呼ばれる。これまで論じてきた、正の選択、あるいはダーウィン流の選択は、適応度を高める変異が普及するというものだったが、負の選択はその逆なのだ。

わたしたちの祖先である霊長類は、三色型色覚が発達するにつれて、嗅覚より視覚に頼るようになった。したがって、匂い検知システムは、次第に重要でなくなった。そのシナリオでは、ある匂い受容体遺伝子に変異が起きて、その機能を果たさなくなっても、保持者に悪い影響を及ぼすことはない。したがって、保持者の子どもの半分は、その役に立たなくなった匂い受容体遺伝子をそのまま受け継ぐ。年月が経つうちに、こうして多くの匂い受容体遺伝子が機能を失い、死んでいった。しかし多くはまだ、死に向かう途上にある。そういうわけで、何らかの匂い受容体遺伝子について、多くの人のアレルは機能するが、他の人のアレルは死んでいる、という状況になった。そのどちらが遺伝子社会に残るかは、運次第なのだ。

イヌは、色の受容体（錐体オプシン）を二種類しか持たず、色の認識は、色覚障害の人と同じだ。だが、イヌの色覚の貧弱さは、匂いを検知し識別する驚くべき能力によって十二分に補われている。イヌの遺伝子社会に存在する匂い受容体遺伝子の数は、人間のそれと同じなのだが、その大多数は今も健在で、活躍しているのだ。

家族みんなで

複雑な遺伝子社会では、遺伝子の重複はごく当たり前に起きている。わたしたちのゲノムは、一コピーしかない遺伝子も含んでいるが、大半は重複した遺伝子だ。遺伝子のファミリーは、何回も重複が繰り返された結果であり、さまざまな大きさになる。先に述べたように、最大のファミリーは匂い受容体遺伝子で、およそ一〇〇〇個の遺伝子からなる。一方、視覚オプシンのファミリーはひじょうに小さい。

だが、そもそもファミリーとは何だろう。人間の核家族は、祖父母を含む大家族の一部であり、その大家族もまた、いとこやはとこを含むより大きな家族の一部だ。匂い受容体遺伝子も、遺伝子のいとこを含む大家族の一部と見なすことができる。そのいとこたちは、細胞間のコミュニケーションに関わっている。匂い受容体と、細胞と細胞とのコミュニケーターであるいとこは、同じ「祖母」遺伝子の重複から生まれた［図8・2］。

古代の重複では、たびたび変異が起きたが、今日それを見極めるのは難しい。たいていの家系が数世代前までしかたどれないのと同じだ。ただ、論理的に言えるのは、あなたの遺伝子のほぼすべてが、一つの

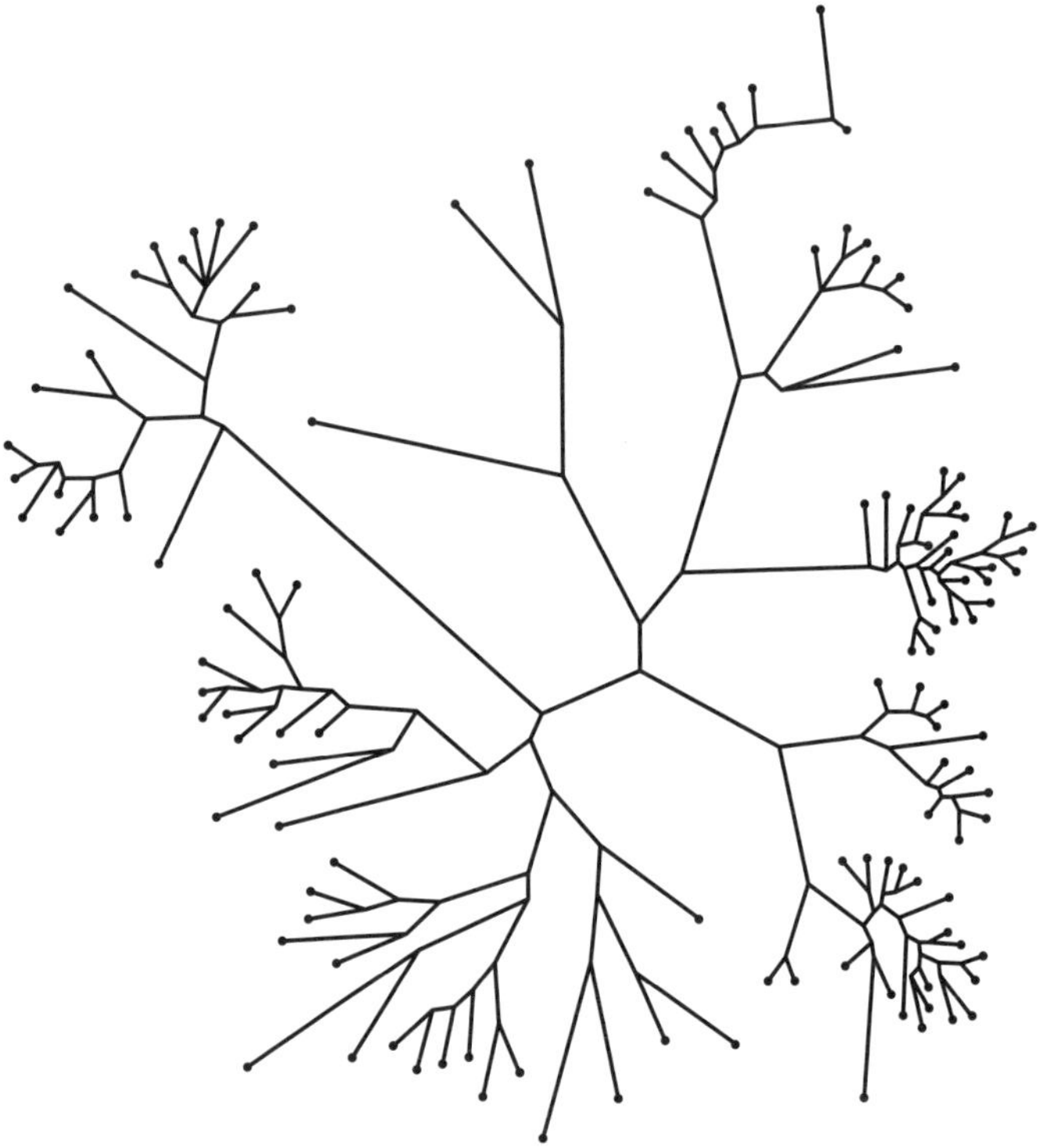

図 8・2
遺伝子の家系図。丸は遺伝子を示し、線はつながりを示す。このすべての遺伝子は同じファミリーに属すが、核家族がいくつ存在するかは判断がつきにくい。この図の場合、1 個か 4 個か、それとも 11 個か？

大家族のメンバーだということだ。このファミリーの祖先は、遺伝子が数個しかなかった時代までさかのぼれるだろう。その数個が、長い一連の重複と修正を経て、人間の豊かな遺伝子社会になったのだ。

重複はさまざまな規模で起きる。わずか数個の文字しか含まない、遺伝子一個分の重複もあれば、一つの染色体がまるごと重複し、多くの遺伝子に影響することもある。重複した染色体は、細胞分裂時の間違いによって細胞に挿入される。

重複の「母」は、ゲノムまるごとの重複である。もっとも、細胞機構は四セットではなく、二セットの染色体を扱うようにできているので、これほど大幅な変化を受け継いだ胎生が、まともに成長する可能性はきわめて低い。仮に成体になったとしても、通常の染色体を持つ異性との間に、健康な子どもを持つことはできないはずだ。子どもはそれぞれの親のゲノムの半分を受け継ぐが、この場合、染色体の複製を三つ持つことになるからだ。仮に彼らが成長し、卵細胞または精子細胞を作る時期になると、三つの複製を半分に分けることはできないので、繁殖不能となる。しかしそのような大きな障害があるにもかかわらず、全ゲノムの重複は、たまに成功する。わたしたち人間の遺伝子社会は、およそ四億年前に、魚のような祖先に一度ならず二度も起きた、全ゲノム重複の子孫なのだ。

これらのゲノムの重複は、遺伝子社会に大きな足跡を残した。その好例は、遺伝子社会の最高経営者であるHOX遺伝子ファミリーだ。前章で見たように、HOX遺伝子は発生の段階で、どこの遺伝子をいつオンにするかをコントロールして、その体を作っていく。センチュウやハエは、染色体の一つ（ハエでは、二つに分かれている）に単一のHOX遺伝子群を持っているだけだが、ヒトゲノムでは四本の異なる染色体に一つずつＨＯＸ遺伝子群があり、これは全ゲノム重複が二回起きた結果と考えられる。ＨＯＸ遺伝子という、体の構造をコントロールするマネジャーが増えるにつれて、遺伝子社会は、より複雑な体を作れるようになった。脊椎動物に見られるように、体制《ボディ・プラン》がますます複雑になったことは、ＨＯＸ遺伝子が増えたことに起因するようだ。たとえば、あなたの親指について考えてみよう。他の指はすべて、一つのＨＯＸ遺伝子群の三個の遺伝子が発現して作られるが、これら三つは、親指が作られるときには発現しない。親指の形が違うのはそのためだ。

ゲノム重複は、人類だけに起きたわけではない。植物、菌類、魚類でも起きてきた。ゲノム重複は、遺伝子社会で時々起きる大幅な飛躍で、ダーウィンの「進化は漸進的だ」という主張と対立する。実のところ、漸進的な進化は、遺伝子社会の多くの変化の理由だったはずだが、劇的な変化をもたらしたのは、稀にしか起きないゲノム重複だったのだ。

遺伝子社会にとって、ゲノム重複は何を意味するだろう。遺伝子を社会として見るとき、それぞれの遺伝子は一つの産業であり、その中で複数の対立遺伝子が競合している。遺伝子の重複が起きると、産業全体が重複する。全ゲノム重複は、全産業が複製された状態だ。そのような社会では多くの遺伝子が余剰になり、一つで事足りるのに、パン製造や自動車修理など、どの産業も二つあるような状況になる。重複した産業の多くは、長くは存続しない。自然選択が働き、ランダムな変異によって、余剰遺伝子の機能は消されていくのだ。

重複したものが長く生き延びる唯一のチャンスは、専門化にある。あらゆる種類のパンを売っていたパン屋が、パン、ベーグル、ドーナツをそれぞれ専門とする店に分かれるようなものだ。重複したゲノムには、一種の執行猶予期間が与えられる。その間に、新たな役割を見つけて専門化すれば、自然選択に守られるようになり、ランダムな変異によって機能を失うことにはならない。

ヘモグロビンは赤血球中のタンパク質で、細胞の炉に燃料となる酸素を運ぶのを仕事にしている。それは、重複したものが専門家になることで繁栄する良い例だ。ヒトのヘモグロビンは、α《アルファ》グロビンとβ《ベータ》グロビンというタンパク質によって作られる。その両グロビンは、別々の遺伝子にコードされている。その二つの遺伝子（αグロビン遺伝子とβグロビン遺伝子）はとてもよく似ているので、同じ祖先が重複して、二つに分かれたことがわかる。その祖先は専門化していないグロビン遺伝子で、かつてはそれだけでヘモグロビンを作っていたのだ。

実際のところ、あなたのゲノムは、グロビン遺伝子がさらに重複して生まれた少々性質の異なるコピーを持っている。そのうちの一つ、γ《ガンマ》グロビン遺伝子はまったく使われていない。それらは、あなたが胚であった時期、すなわち父親のゲノムと母親のゲノムが合体してから六週間だけ機能した。誕生後、ヘモグロビンは、αグロビンとβグロビン各二つずつによって作られるようになる。ヘモグロビンと酸素が結合する強さは、元になったグロビン遺伝子のタイプによって異なる。胚の時期にαグロビンとγグロビンが作るヘモグロビンは、大人のヘモグロビン（αグロビンとβグロビンが作る）より強く酸素と結合するため、胎盤を通して母親の血流からうまく酸素を吸収することができるのだ［図８・３］。

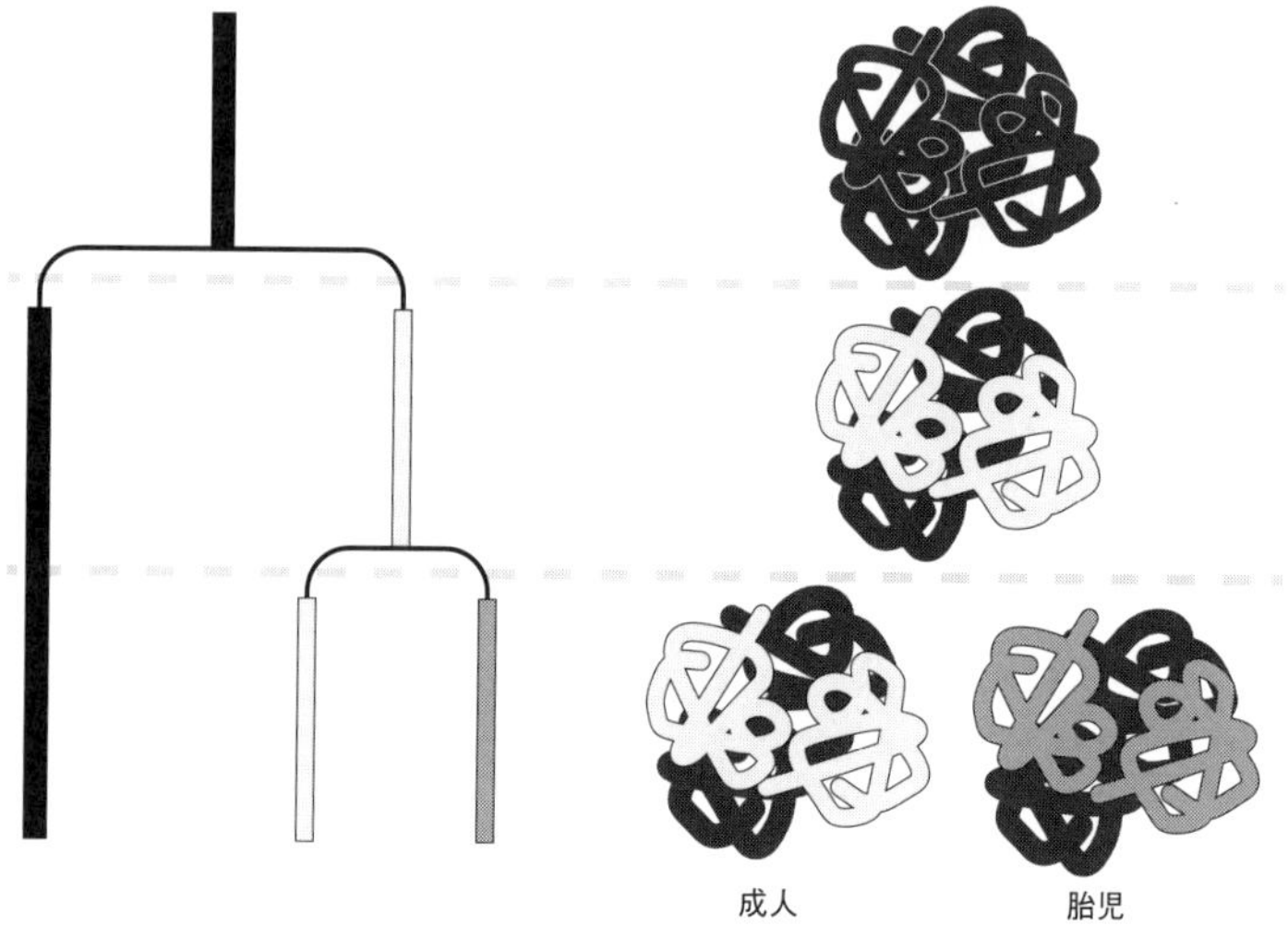

図8・3

多くの成人のヘモグロビンは、二つのαグロビン（黒）と二つのβグロビン（薄グレー）からなる。胎児のヘモグロビンでは、βグロビンがγ《ガンマ》グロビン（濃グレー）に置き換わる。左の系統図はこれら三つのヘモグロビンの関係を示す。祖先のグロビン遺伝子（上段）が重複して専門化し、αグロビンとβグロビンができた（中段）。次にβグロビンが再び重複して、子宮内の環境に合うγグロビンができたのだ。

遺伝子社会のレゴ

親と子で意見が一致することがあるとしたら、それは、デンマークのおもちゃ、レゴ・ブロックが、これまでに発明された中で最高のおもちゃだということだろう。現在、同社は顧客をリピーターにするために、何か決まったもの、たとえばレッカー車やデススター「『スター・ウォーズ』の戦闘ステーション」を作るセットを売っている。しかし、その本来の発想はよりシンプルで、より空想をかき立てるものだった。長方形のブロックは、十分な数があれば、想像し得るほぼすべてのものを作ることができるのだ。多くの遺伝子も、同様の効率的なモジュール工法、つまり領域《ドメイン》の組み合わせで作られる。ドメインは、遺伝子社会においても何度も複製されてきた単純なブロックだ。

たとえばゲノムのマネジャーを例にとろう。第7章では、転写因子は、遺伝子の最初のところにある制御スイッチに結合し、いつどこでそのスイッチをオンあるいはオフにするかをコントロールすることを学んだ。転写因子の一種で、人間の言葉や鳥の歌に関与するＦＯＸＰ２遺伝子には、そのようなドメインが二種含まれている。その一つは翼状らせんドメインで、コードするタンパク質がチョウのような形をしていることからそう名づけられた。このドメインは適合するゲノム領域を翼の間にはさむような形をしている。もう一つはジッパー・ドメインで、その役割は、他のＦＯＸＰ２タンパク質のジッパー・ドメインと結合することだ［図8・4］。

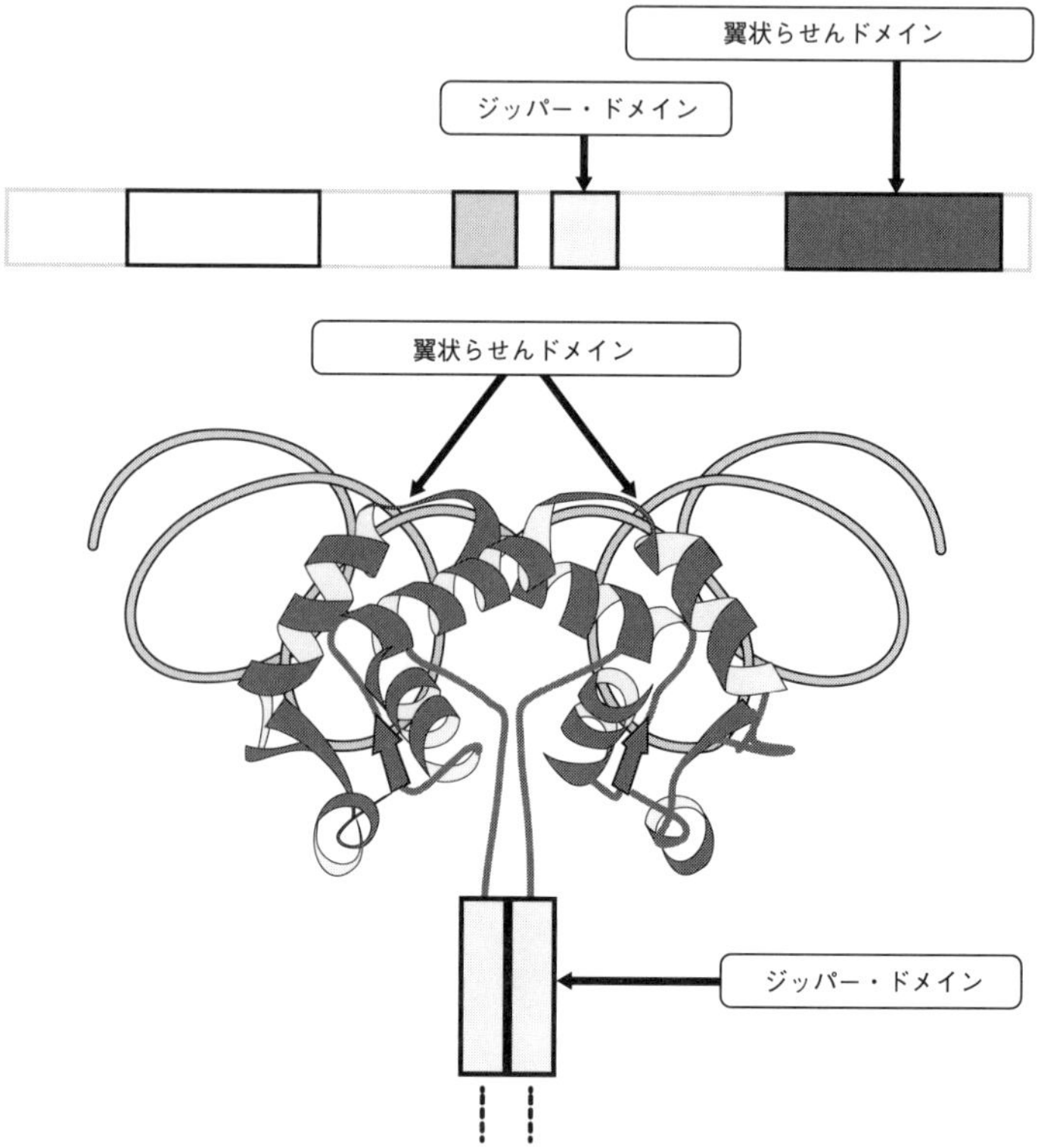

図 8・4
FOXP2 遺伝子およびそのジッパー・ドメインと翼状らせんドメイン。上図は遺伝子配列を図式化したもので、グレーや黒のブロックはドメインを示す。下図は、ジッパー・ドメインによって結合された二つの FOXP2 タンパク質。左右に広がった黒とグレーのらせんが、翼状らせんドメインで、対応する染色体（FOXP2 と結合する領域）にまたがっている。

レゴのようなドメインが、これまでに数千、同定されている。それぞれのドメインはたいてい一つの特化した機能を担っている。あなたの遺伝子の八〇パーセント以上は、少なくとも二つの異なるドメインを含み、それらのドメインの組み合わせによって、それぞれ特化した複雑な装置になっている。ドメインの組み合わせによって、無限に思えるほど多様な遺伝子が生まれるのだ。これは免疫システムの戦略によく似ている。第2章で見たように、免疫システムは、ゲノムのVDJ（V可変、D多様、J連結）領域を再編成することによって、多様な抗体を作り出している。重要な違いは、抗体は専門的な機構によって日常的に作られているが、ドメインの再編成は、ゲノムの稀なアクシデントによってなされるという点だ。もしも異なる二つのタンパク質が、同じタイプのドメインを含んでいたら、少なくとも一方は、既存の遺伝子の一部がたまたま混ぜ合わされて、つまりドメインのシャッフルによって、生まれた可能性が高い。このように、新たな遺伝子はたいてい、他の遺伝子の重複か、あるいは既存の遺伝子の重複した部分の混ぜ合わせによって生まれるのだ。

輸出・輸入の仕事

ハンターとしても、獲物としても、人類の祖先は空を飛べたら、はるかに有利だったはずだ。ではなぜ、祖先の遺伝子社会は、鳥の飛ぶための遺伝子をコピーしなかったのだろう。

まず、あなたのゲノムに一つ、あるいは数個の鳥の遺伝子を足しても、空を飛べるヒューマノイド［人間そっくりの生物」になることはあり得ない。次に、鳥の遺伝子のコピーは、精子か卵子（生殖細胞系）に組み込まれたときのみ機能するが、そこでは頑丈な障壁が異質なDNAの侵入を防いでいる。たとえ異質な遺伝子配列が精子か卵子にたどり着いたとしても、細胞の中で守られている染色体に入り込むことはできない。これらの頑丈な障壁は、おそらくトレードオフの結果なのだろう。他の生命体から良いものを取り込むのは良いことのように思えるが、外からゲノムに入り込もうとする配列は、往々にして、ためにならないものなのだ。

このような障壁は、複雑な動物と植物のすべてに存在する。しかし、大腸菌などの細菌では話が違う。細菌は、外部のDNAを取り込む方法をいくつも持っている。異質なDNAを食べ物として飲み込むこともできるし、ウイルスがDNAを運ぶこともある。細菌は、精子細胞や卵子細胞を含む生殖細胞系を持たない。それらは単細胞生物で、分裂して増えていくのだ。細胞の内部にあるゲノムは、外からのアクセスが可能だ。同様に重要なのは、細菌は多細胞生物に比べると、失うものが少ないということだ。よそ者のDNA断片を取り込むという危険を冒すと、死ぬ可能性がある。しかし細菌は単細胞なので、同じ遺伝子を持つ姉妹細胞がたくさんいる。新たに取り込んだDNAが少々有害だったとしても、それを取り込んだ細菌は、大勢の双子によって押しのけられるだけだ。細菌の個体数は往々にして膨大なので、そのうちの一個が失われても、害はないのだ。しかしごく稀に、取り込んだDNAから予想外のメリットがもたらされることもある。そうなった場合、その幸運な細菌の子孫が、個体群全体を乗っ取ることもある。

異質なDNAを自らの遺伝子社会に取り込む細菌の能力は、進化においてとてつもない柔軟性をもたらす。一個の細菌が新たな環境に身を置くと、すでにそこでの生活に適応した他の細菌と出会う可能性が高い。新参者は、環境に慣れた先住者からDNAをもらって、適応を速めることができる。これは、人類の祖先がアフリカの外へ出たときに、すでにその厳しい環境で暮らしていたネアンデルタール人から免疫遺伝子をもらったのによく似ている。しかし、人類の遺伝子移転には生殖行為が伴うため、それができるのは人類という同じ種に属する個体間に限られる。

重要なのは、細菌が他の細菌から盗むのはタンパク質ではなくDNAであることだ。DNAを手に入れるというのは、一種の知的窃盗である。細菌が抗生剤への耐性などのイノベーションを起こし、それを他の細菌に渡すと、誰が得をするだろう。もちろん、それを発明した細菌と、そのコピーを手に入れた細菌である。なぜならそれらの生き残るチャンスが高まるからだ。しかし本当に得をするのは、抗生剤への耐性をもたらした遺伝子なのだ。その遺伝子は母体となったゲノムに縛られず、またさまざまな細菌が常にDNAを交換するため、その耐性は多くの細菌に行き渡り、最終的には広範な細菌の種に、抗生剤による攻撃を生き延びる能力を与える。結果的に、抗生剤への耐性をもたらした遺伝子は、いくつもの異なる遺伝子社会に居場所を確立するのだ。

抗生剤への耐性をもたらす遺伝子をコピーすることで、細菌にその耐性が広がっていくことは、十分に報告されてきた。すでに、ペニシリンなど数種の抗生剤が効かなくなった細菌が多く存在する。細菌の一つの種が薬物を逃れる方法を見つけると、すぐ他の多くの種がその策略を真似る。抗生剤の発見は、わたしたちの身を守る能力を大きく飛躍させたが、動物と細菌との長く複雑な歴史においては、それは一つのエピソードにすぎない。人類は科学を味方につけたが、病気を引き起こす細菌は、互いの遺伝子にアクセスし、団結して力を強めるのだ。

細菌にとって人間の消化器官は、抗生物質耐性遺伝子を交換するのに理想的な環境である。消化器官には、数百の異なる種からなる、およそ一〇〇兆個の細菌の、驚くほど豊かなコミュニティが根づいている。これらの細菌叢はしばしばバイオフィルム（異なる細菌の細胞が緊密に結びついた層）を形成している。そのような細胞どうしの緊密な接触は、ＤＮＡの移動を強く促す。実のところ、先進国に暮らす人の九〇パーセント以上が、消化器官内に抗生剤に耐性のある細菌を持っている。このような常住菌は、抗生剤耐性遺伝子の貯蔵所となり、消化器官を通過する細菌にそれらの遺伝子を伝えている。

当然ながら、細菌から細菌へとジャンプする遺伝子は、抗生剤への耐性をもたらす遺伝子だけではない。一般に、そのようなジャンプをしやすいのは環境との相互作用に関わる遺伝子だ。これらはたいてい、その運搬者か、栄養を分解する酵素をコードしている。環境に、それまでなかった栄養素が入ってくると、細菌はまずそれを取り込むための運搬者を必要とし、次にそれを消化する酵素を必要とする。もし近くにいる他の細菌の遺伝子が、すでにそのような運搬者と酵素をコードしていれば、それを盗み取れば話は早い。そういうわけで遺伝子のジャンプが起きるのだ。もしあなたが、ご自分の腸の中にいる大腸菌のゲノムを調べたら、それらの栄養運搬者の三分の一以上が、過去一億年にわたって他の細菌からコピーされてきたものであることがわかるだろう。

遺伝子の水平伝播と呼ばれる遺伝子の知的窃盗は、個体の遺伝子社会内での複製システムより効率的な複製システムと見なすことができる。もし同じ遺伝子が、水平伝播によって二つのよく似た細菌に入り、それらの細菌が異なる環境に適応しなければならないとしたら、それらの遺伝子は、別々の方向に進化するだろう。その後再び遺伝子の水平伝播が起きて、両者が一つのゲノムに戻されたら、その結果は、すでに多様化した遺伝子が複製された状態と同じになる。遺伝子の水平伝播は、細菌の生態系全体を舞台とする遺伝子の複製なのだ。

人間の遺伝子は、同じ人類の遺伝子社会からきた遺伝子としか混合できないが、細菌の遺伝子社会は、すべての細菌が共有する遺伝子プールから新たな遺伝子を導入することができる。とはいえ、細菌が、非常に異なる環境に生きる仲間と出会うことは稀で、また、同じような環境に暮らす自分に似た細菌に貢献した遺伝子を取り込んだほうが、良い結果が出やすいだろう。

この種の遺伝子の知的窃盗は、イスラエルのモシャブの状況にいくらか似ている。そこでは、技術を身につけた子どもたちが、他のモシャブに移り、技術を伝える。モシャブの社会にとってこうした移転は明らかに有益であり、かつてない新たな成長の道を開くのだ。

遺伝子社会での複製と知的窃盗は、新たな遺伝子を組み込むための主要なメカニズムだ。総じてこれらの変化は漸進的だが、稀に驚くような飛躍がもたらされることもある。ゲノム全体が重複されると、かつてない機能への道が開かれる。次章では、ゲノム全体の知的窃盗が、稀ではあるが可能であり、より大きな結果をもたらし得ることを述べたい。

第9章

物陰の知られざる生命

三本の棒を束ねれば強い。
――イソップ

あなたが得意とすることについて考えてみよう。なぜそれが得意なのか、答えを知っているつもりかもしれないが、それが正しいとは限らない。シカゴのヴィエナ・ソーセジ社の会長、ジム・ボドマンはまさにそれを経験した。以下は、「ディス・アメリカン・ライフ」というラジオ番組でボドマンが語った話だ。彼は、おいしいソーセージの作り方を知っていると思っていた。何と言っても、彼の会社は大成功を収めていたのだ。おいしいソーセージを作るためのスパイス、オーブン、水、温度、そのすべてを彼は熟知していた。だが一九七〇年に、シカゴ北部に建てた最先端の設備を備えた工場に移転して、自分は何もわかっていなかったことに気づいた。その新たな工場で作ったソーセージは、以前と同じ味にならなかった。色まで違ったのだ。彼のチームは、一年がかりでありとあらゆる可能性を調べたが、答えは出なかった。前の工場には、アーヴィングという男がいた。誰にでも好かれていたが、会社とともに新天地に引っ越すことを彼は選ばなかった。アーヴィングは、未調理のソーセージを冷凍庫から薫製所に運ぶ仕事をしていた。古い工場は無計画に拡張したので、それぞれの仕事を考えた作りにはなっていなかった。そのせいでアーヴィングは、薫製所にたどり着くまでに、コーンビーフが調理されるエリアを抜ける迷路のような道を、三〇分かけて通らなければならなかった。こうして移動するうちに、薫製所に着くまでにソーセージの温度が上がるという、意図しない効果が生じた。一方、新しい工場では、ソーセージは冷凍庫から薫製所まで、ほんの数秒で運ばれた。

ソーセージをおいしくする秘密の成分は、アーヴィングによる運搬だったのだ！　ジムとチームはこれに気づくと、アーヴィングの道のりを模した新しい部屋を作った。ソーセージは元の味に戻った。古い工場で過ごした長い年月、秘密の成分はずっと陰に隠れていたのだ。

本書を通してわたしたちは、皆さんのゲノムが、疾病から性に至る人間の身体と生命を、どのようにコントロールしているかを説明してきた。しかしジム・ボドマンのソーセージ工場と同じように、あなたの細胞にも秘密の成分、つまり、四六本の染色体を見るだけでは説明できない何かがある。本書の物語の出発点は、細胞が生きていくには、二つの基本的で非常に異なる道、すなわち集団の一部としての道と、個としての道がある、という見方だった。あなたの消化器官にいる細菌は、それぞれが単細胞生物として生きている。コミュニティの一部であり、近隣の細菌と協力したり競ったりするが、細菌の運命は互いと分かちがたく結びついているわけではない。一方、人間の細胞は、言うなれば巨大企業の一部であり、互いと完全に依存しあっている。個体と呼べるのは、その細胞がすべて集まった全体である。

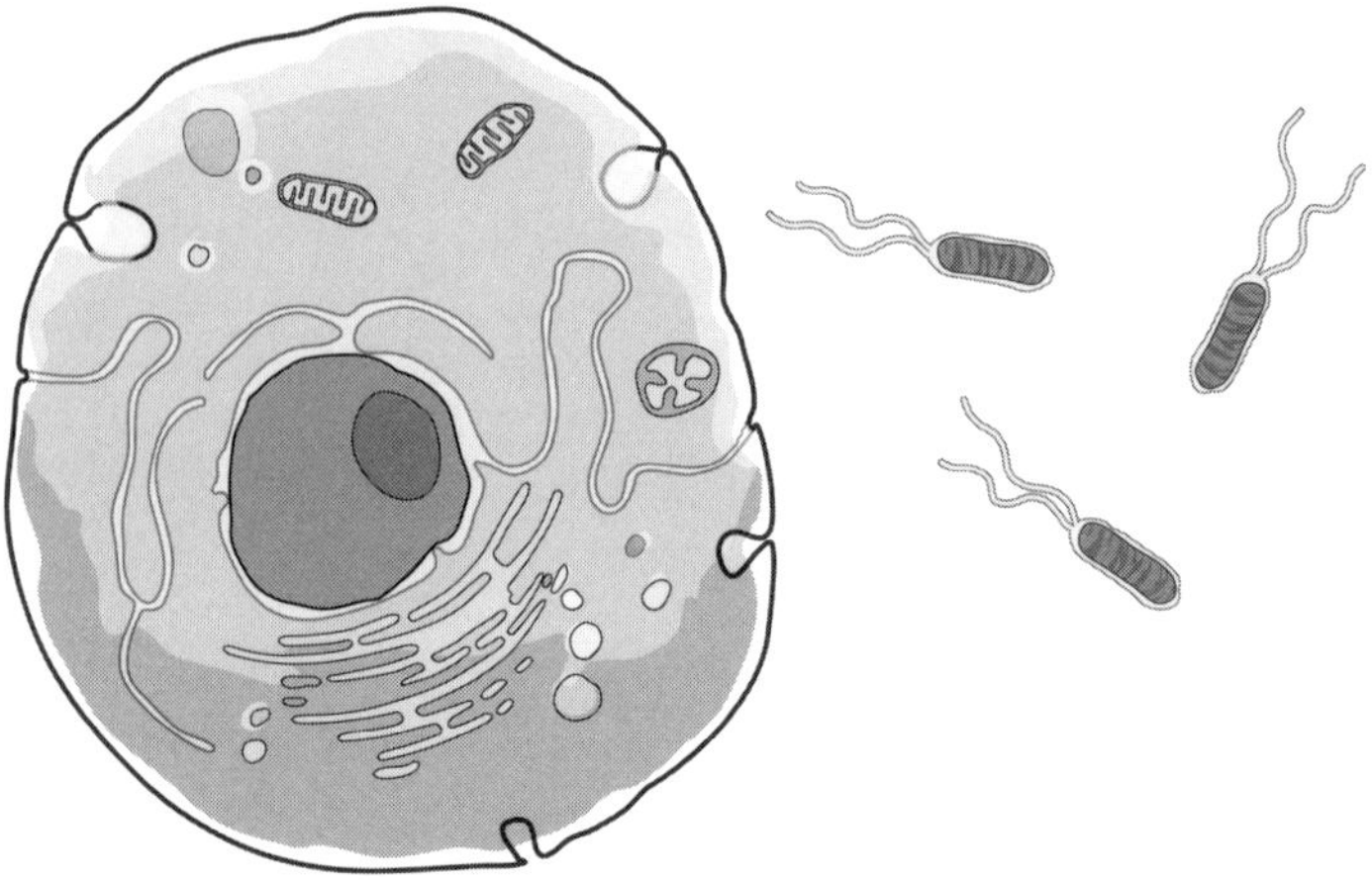

図9・1
動物の細胞（左）は、細菌の細胞（右）よりはるかに大きく、それに比例してより多くのエネルギーを必要とする。

動物は何兆個もの細胞の集合体で、細胞はそれぞれ、その動物が生きるための仕事を分担している。カイメン、クラゲ、マキガイ、センチュウ、ハエ、ヒトデ、カエルを見ればわかるように、その協力のあり方は、驚くほど多様だ。植物、菌類、藻類、粘菌もまた、細胞の集合体からできている。細菌には無数の異なる種類があるが、一つとして動物や植物のように大きく複雑な生命体にはなれない。なぜだろう。何が障害になっているのだろう。

理由の一つは大きさだ。多細胞生物は大きいが、それは多くの細胞からなるというだけでなく、個々の細胞のサイズが、細菌より大きいのだ。それも、ほんの少し大きいのではなく、たとえば人間の細胞は、大腸菌の一〇〇〇倍も大きい。そしてあなたの細胞が大きいのは、あなたの複雑な体の専門化した構造を作り制御するためのすべての指示を、各細胞が所持していなければならないからだ［図9・1］。その指示が記されているのがゲノムで、あなたのゲノムもまた、細菌のゲノムより一〇〇〇倍大きい。また、多くの細胞は、その機能ゆえに、より大きなサイズを必要とする。たとえば脳が働くには、シナプスという特別な形とサイズの細胞が必要とされるが、それは細菌の細胞のサイズではとても作れない。筋肉、血液、免疫システムの細胞についても同じことが言える。それらのサイズは、機能と強く結びついているのだ。

細菌は、大きな細胞を動かすのに必要なエネルギーを作れないことが明らかになっている。人間はなぜ、それほど大きな細胞を作ることができたのだろう。わたしたちの複雑な細胞の陰には、細胞のサイズにとどまらない何かが潜んでいる。人間のゲノムには四六本の染色体があると、先に述べたが、それは嘘だった。また、進化はゲノムの変異によってのみ推進されると説明したが、それもまったくの真実とは言えない。真実はもっと興味深い。これらの謎の中心にあるのは、古代になされた吸収合併だ。

王国の誕生

この人間という複雑な生物が進化し得た理由を理解するには、遠い過去まで進化をさかのぼらなければならない。ダーウィンの見解に従って、わたしたちは人間から細菌まで、すべての生命は一つの大きな家系図《ファミリー・トウリー》の一部であると考えてきた。ダーウィンの最大の偉業『種の起原』に収められた唯一の絵は、樹木という形で進化を表現したもので、それを見れば、ダーウィンがいかにこの概念を推していたかがわ

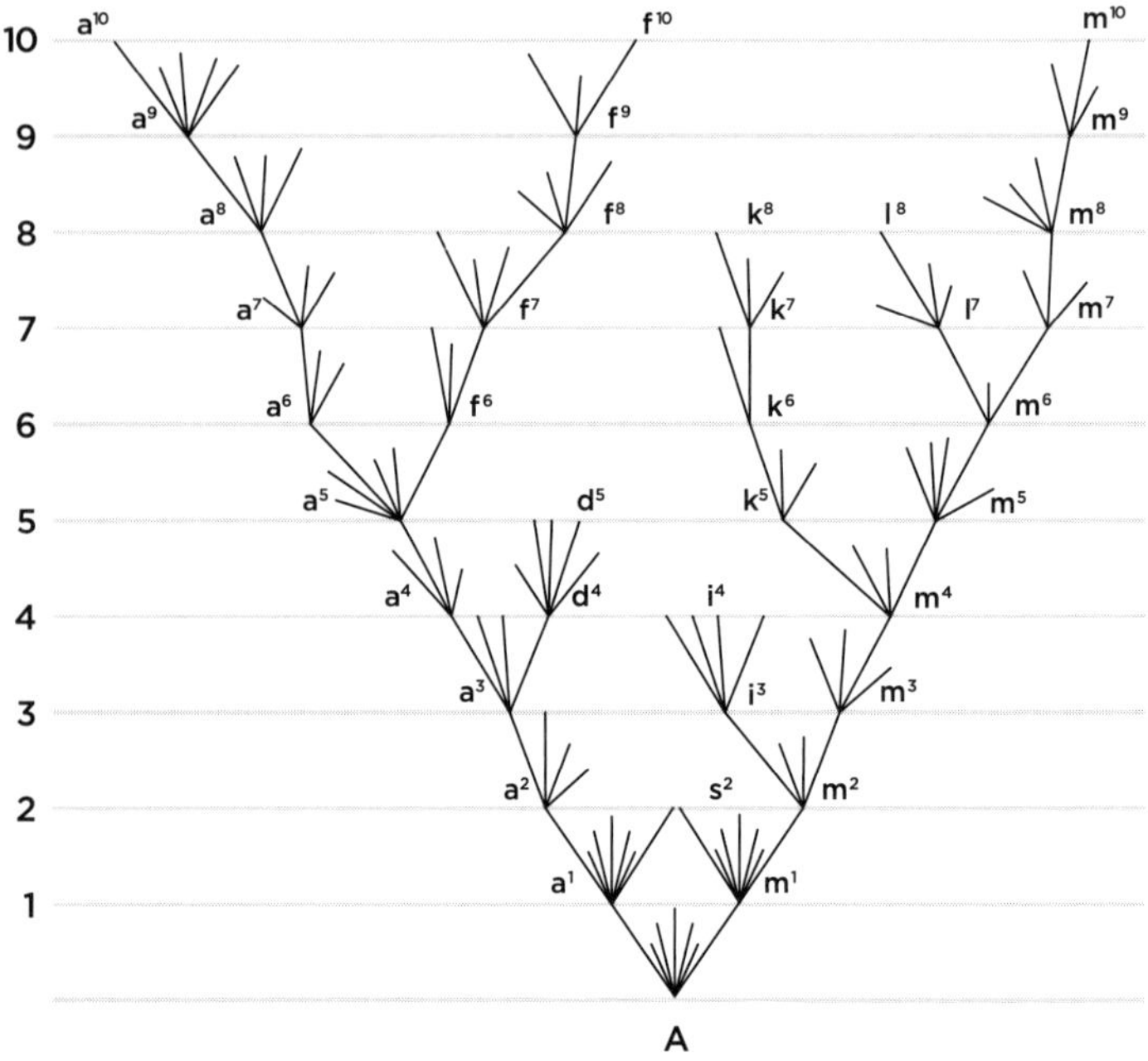

図 9・2
この系統樹は、ダーウィンの『種の起原』唯一の挿絵の一部である。「A」は、ある古代の種を示す。各横線は、1 万世代の経過を示す。それぞれの時期に、種は新たな変異をいくつも生むが、その大半は生き延びられない。最上部は現存する変異で、それぞれ独立した種を形成することになる。

かる［図9・2］。彼はこう記した。「芽は成長して新たな芽を生じる。これらに生命力があれば、四方に枝を伸ばし、弱い枝を覆ってそれらを枯らす。それと同じで、生命の樹も、枯れた枝や折れた枝で地面を覆いながらも、はてしなく広がる枝とその美しい樹形でこの地表を覆ったと、わたしは考える」。

一八五九年にダーウィンの著書が出版されて以来、地球上の生命の歴史を樹になぞらえることは、科学者の想像力を刺激した。一九世紀、二〇世紀を通じて、生命の樹には何度も大がかりな改訂が加えられ、古い枝も若い枝も、今なおアップデートされつづけている。

一九二五年、パリのルイ・パストゥール研究所に務める生物学者、エドゥアール・シャットンは、細胞には核を持つものと持たないものの二つのタイプがあることを発見した。核とは、ゲノムを収納する細胞内の特別な部屋のことだ。シャットンは前者を *eukaryote*（ギリシア語の *eu*「真の」＋ *karyote*「核」＝「真核生物」）と名づけた。多細胞生物は、動物も植物も菌類もすべて、真核生物に属する。一方、細菌は核を持たず、そのゲノムは細胞内で浮遊している。これらの細胞はより原始的な型であることから、*pro*「前の」＋ *karyote*「核」で、*prokaryotes*（原核生物）と名づけられた。

シャットンは、DNA専用の容れ物である核の有無が、細菌と多細胞生物が、はるか昔に進化の異なる道筋を歩み始めた証拠だということを、実証できなかった。異なる系統において、そのような部屋が何度も発明されたり、失われたりした可能性はないだろうか？　生命の深い関係を明かすために、原核生物（細菌）と真核生物（多細胞生物）との大きな断絶を裏づける証拠の探究が始まった。必要とされたのは、原核生物と真核生物よりも、真核生物どうし、あるいは原核生物どうしのほうが近縁にあるという証拠だった。

しかし、進化の遠い過去にさかのぼるとしても、ヒトと細菌ほど異なる生命体を含む家系図は、どうすれば作ることができるだろう。『種の起原』が出版された後のおよそ一〇〇年の間、進化系統樹は目に見える特徴に基づいて作られた。鳥類の進化系統樹を作るためには、くちばしの長さ、形、色を調べた。しかし、そのような身体の特徴の変化をどう解釈するか、そこから種の互いとの関係の近さをどう測るかをめぐって、激しい科学的議論が繰り返された。当時は客観的な判断基準がなかったので、こうした議論を収束させる術はほとんどなかった。しかし、DNA配列を解読できるようになると、すべては変わった。

第4章では、ある家族のゲノムの家系図を作り、最近の祖先（曾祖父母等）から始めて、現世代までつながりをたどった。同じ手法で、今や、細菌から人類にいたるすべての生物を含む進化系統樹を作れるようになったのだ。細菌から人類までとなると、そのゲノムは途方もなく多様だが、生命が誕生した頃に生まれ、今なお、あらゆる遺伝子社会に存在する遺伝子を調べれば、それが可能なのだ。二種の生物について、共有する普遍的な遺伝子の数の違いを調べれば、共通の祖先から分かれてからの年月を推定することができる。

数百万年であれ数十億年であれ、遺伝子は漸進的に変異を蓄積していくので、二種のDNAが似ていれば似ているほど、それらはより近い関係にあると言える。この年代測定では、化石から抽出したDNAを用い、さらに、放射年代測定法によって化石の年代を推定する。一般に両者の結果はよく一致する。

こうしてDNAを比較することにより、興味を引くすべての種に存在する遺伝子の、進化系統樹を再現することができる。そのような普遍的な遺伝子の一つが、16SリボソームRNA遺伝子である。それはアミノ酸を結合してタンパク質を作る分子機構、リボソームの重要な構成要素だ。人間であれ、細菌や植物であれ、あらゆる生物はこの遺伝子を持っており、したがって、この遺伝子を使えば、完全な生命の樹を作ることができるのだ。生物の外見の差異に頼る方法ではなし得なかった偉業である。

一九七〇年代末に微生物学者のカール・ウーズとジョージ・フォックスはこの方法を用いて、最初の包括的な進化系統樹を組み立てた。結果はじつに驚くべきものだった。シャットンが仮定した真核生物と原核生物という二グループではなく、三つのグループができあがったのだ！　大腸菌を含む原核生物のグループは、明らかに真核生物とは異なっていた。しかし、ウーズとフォックスが驚いたのは、真核生物の中に、もう一つの細菌グループが存在したことだ。このグループと原核生物の細菌とは、それぞれが人間と異なるのと同じくらい、互いと異なる生物だった。この新たに見つかった細菌のグループは、古細菌（*archaebacteria*）と名づけられ、もう一つの細菌グループ（原核生物）は、真正細菌（*eubacteria*）と改めて名づけられた。ＤＮＡの文字を比べるだけで、ウーズとフォックスは生物のまったく新たな領域を発見したのである。

この古細菌とは何だろう。ウーズとフォックスの発見以前、それらは他の細菌と根本的に違うようには見えなかった。しかし、両者は大きさこそ似通っているが、ゲノムをよく調べてみると、遺伝子の多くが非常に異なっていた。著しい違いの一つは、細胞壁を作る方法だ。古細菌は、独自の細胞壁を作るために、独自の遺伝子群を持っていた。

古細菌は、極端な環境でも生息できる。それらは地球上で最も過酷な場所、たとえば沸点に近い温度の温泉や、アルカリ性や酸性の水域、牛の消化器官、海底などを生息地とする。中にはガソリンを食べて生きるものさえいる。

ウーズとフォックスの生命の樹では、真核生物は古細菌の系統から枝分かれしている［図9・3］。つまり、古細菌の系統から新たな系統が分岐し、徐々に、他の多くの特徴とともに、核や、細胞内の区画を進化させたらしい。

本当にそうだったのだろうか？　ウーズとフォックスが分析の土台としたのは、たった一つの遺伝子だった。もしも別の広く普及している遺伝子、たとえばアルコールの代謝を可能にする遺伝子を調べたら、結果はどうなっただろう？　実のところ、人間のアルコール代謝遺伝子は、古細菌のものより真正細菌のものとのほうが共通する部分が多いのだ。この結果は、16SリボソームRNA遺伝子について発見された結果とは逆だ。アルコール代謝遺伝子に基づく生命の樹では、人間を含む真核生物は、古細菌ではなく、真正細菌から進化したことになる。

これらの系統樹のどちらが正しいのか？　どちらも、それが正しいという十分な証拠があるため、ひじょうに興味深い状況になっている。どちらの樹も、土台とする遺伝子の進化は正確に示しているが、真核生物の遺伝子社会の進化は示していないのだ。第8章で遺伝子の水平伝播について取りあげたとき、個々の遺伝子の進化史が遺伝子社会の進化史を体現しているとは限らないことを説明した。むしろそれらの遺伝子はその社会では新参者で、独自の歴史を持っている可能性があるのだ。異なる遺伝子に基づく系統樹が一致しないのは、単にそれらの遺伝子が、別の遺伝子社会で暮らしていた結果なのかもしれない。

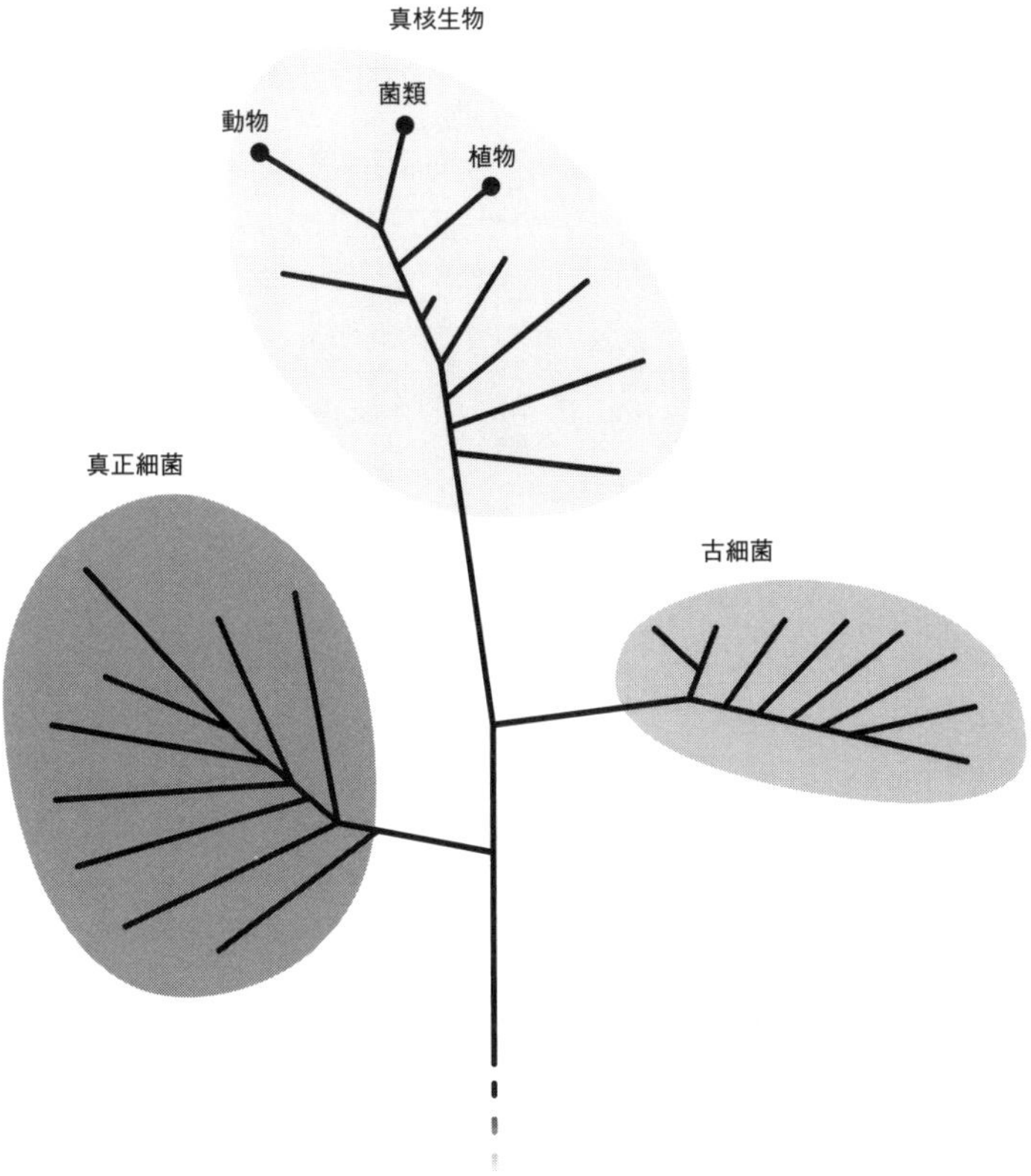

図 9・3
ウーズとフォックスが作成した生命の樹は、16S リボソーム RNA の比較に基づいている。もっとも古い分岐では、一方に真正細菌、もう一方に古細菌と真核生物がくる。

そして、さらに驚くべきことが発見された。

長いものには巻かれろ

もしもウーズとフォックスが、16SリボソームRNAではなく、アルコールを代謝する遺伝子から生命の樹を作ったら、その様相はずいぶん違ったものになっただろう。その理由を理解するには、一歩下がって視野を広げる必要がある。人間の細胞のように大きな細胞を持つには、大きなコストが伴った。細胞には分子機構、その付属物、原材料、生産物といったものがぎっしり詰まっている。細胞が大きくなれば、それだけ中身も多くなる。そして細胞が活動するにはエネルギーが欠かせず、必要なエネルギー量は、容量に比例する。

このエネルギーはどこから来るのだろう。細菌の細胞は、長い糖分子〔多糖類〕とタンパク質からなる壁に囲まれている。その壁と細胞内部は、一枚の膜〔細胞膜〕で隔てられている。細胞のエネルギー通貨（ATPと呼ばれるエネルギーが詰まった分子）を発生させるために、細菌は糖を燃焼させるか、日光を吸収して、細胞内部からプロトン（水素原子の核）をくみ出し、壁と膜の間に蓄える。プラスに帯電したプロトンがそこに貯まると、その電荷が反発を引き起こし、プロトンは細胞内に押し戻される。この一連のエネルギー生成を水車に喩えるとしたら、外壁と膜の間のスペースは、水車に送る水を貯めておく池のようなものだ。プロトンの逆流は、細胞膜の中の特別なタンパク質によって管理されている。それらのタンパク質は、水車のような働きをし、プロトンの流れから得たエネルギーを、ＡＴＰ分子にチャージする。

つまり、膜がエネルギー生成システムなのだが、真正細菌と古細菌が持っている膜は細胞膜だけなので、細菌一個が生産できる最大エネルギー量は、細胞膜の面積に比例する。このエネルギーは、細菌の大きさの細胞を動かすのには十分な量だが、細菌が大きくなろうとしたら、問題が生じる。なぜなら、表面積の増加は、体積の増加についていけないからだ。細胞の直径が二倍になると、表面積は四倍になり、体積は八倍になるのだ。細胞を立方体と見なせば、わかりやすいだろう。立方体の各辺が二倍に増えると、表面積は二×二で四倍になるが、体積は二×二×二で八倍になる。エネルギーの必要量は体積に比例するので、（表面積に比例する）エネルギーの生産量より速く増加する。したがって、真正細菌と古細菌はあるサイズを超すと（それはあなたの細胞一個よりはるかに小さいものだが）、必然的にエネルギー不足に陥るのだ。

では、わたしたちの祖先は、この一見打ち勝ちがたい問題をどのようにして解決したのだろう。あなたはなぜ、脳を構成する細胞を維持できるのだろう。細菌の大きさを制限している原理は、あなたの細胞にも働いている。大きな細胞にエネルギーを供給するには、それらの表面積より広い膜が必要なのだ。この目に見えない膜こそが、多細胞生物のアーヴィング（ソーセージのおいしさの秘密）なのだ。

細菌とあなたの決定的な違いは、あなたの細胞はエネルギー供給のために外の膜を利用しないという点だ。外膜の代わりに、あなたの細胞は、ミトコンドリアと呼ばれる細胞内にある特別な構造を利用している。それは真正細菌のすべての細胞に存在する、一種のワークショップだ。真正細菌の細胞はすべて、細胞の発電所であるミトコンドリアをたくさん持っている。

あなたの細胞内の、異なる区画の構造と働きは、四六本の染色体の遺伝子によって完全に管理されている。しかし、ミトコンドリアは例外で、独自の小さなゲノムを持っている。ミトコンドリア染色体は、あなたの染色体とはかなり異なる構造をしており、細菌の染色体のように環状になっている。このような独立した構造が、どのようにして細胞内に進化したのだろう。それについて生物学者のリン・マーギュリスは、一九七〇年に大胆な仮説を発表した［図9・4］。ミトコンドリアは、元は独立した真正細菌だった、というのだ。真核生物の細胞が、その進化の初期に真正細菌を飲み込んだが、消化せず、細胞内でそれが生き、分裂し、増殖することを許した。以来、宿主となった真核生物の細胞と真正細菌の子孫は、幸せな共生を続けている、というのがマーギュリスの説だ。

当初、彼女の仮説を受け入れる人は少なかったが、ゲノムの解読が進むにつれて、それを支持する証拠が続々と集まった。最も説得力のある証拠は、ミトコンドリアの遺伝子と非常によく似た遺伝子が、真正細菌のあるグループに見られることだ。生命の樹に置いてみると、ミトコンドリア遺伝子は、真核生物ではなく、真正細菌の特定のグループに属するのだ。

およそ二〇年後、ビル・マーティンとミクロス・ミュラーはマーギュリスの理論の新たな解釈を発表した。当時、多くの専門家は最初にミトコンドリアを獲得した細胞は、初期の真核生物だと考えていた。もっとも、そのような真核生物が存在したという証拠は残っていない。マーティンとミュラーは、この祖先は真核生物ではなく古細菌だと主張する。およそ二〇億年前に、この古細菌が細胞の拡張に伴うエネルギー問題を解決する巧妙な方法を見出した。つまり小さな真正細菌を飲み込み、それをエネルギー源にした

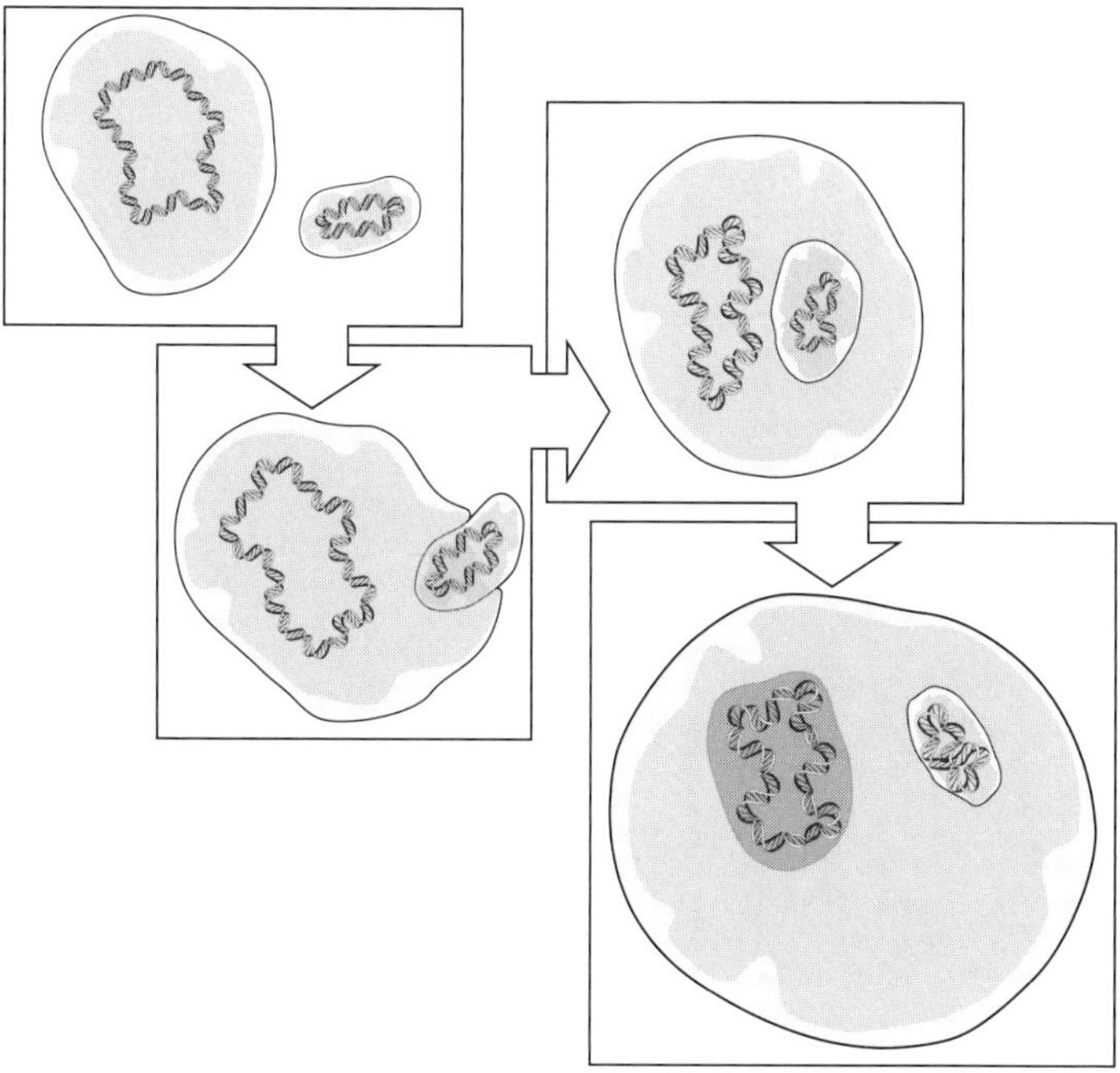

図９・４
リン・マーギュリスの仮説では、初期の真核細胞が真正細菌を飲み込みながら、それを消化せず、間借り人になることを許した。真核細胞内で真正細菌は生きつづけて増殖し、ミトコンドリアへと進化した。マーティンとミュラーはその後、家主は古細菌であって、その統合から真核生物が誕生したと提案した。

のである。

古細菌が真正細菌を飲み込みながら消化しなかったのは、偶然の結果であり、それは大きな変異のような出来事だった。後に共生的な関係につながるこの最初の段階は、おそらく寄生虫と宿主の関係に似ていたのだろう。小さな真正細菌が、快適で栄養に富む古細菌の体内に入り込む道を見つけ、そこで栄養をもらい、厳しく危険な外界から保護されたのだ。あるいは、もともと協力関係にあった真正細菌と古細菌が、その関係をさらに深めたのかもしれない。最初の利益が何であったとしても、どうにかして共に生き残り、チームとして繁栄する方法を学んだのだ。真正細菌は古細菌の内部で増殖し、十分なエネルギーを生成した。宿主の古細菌はこのエネルギーを用いて、他の真正細菌や古細菌は近づけない環境にコロニーを築いていった。

本書では、遺伝子は自然選択の対象になると述べてきたが、それはわたしたちの考えを体系化するための、過剰な簡略化だった。言葉で表現しようとすると、驚くほど多彩で複雑なこの世界を、一〇〇万より少ない単語と限られた概念に変換しなければならず、そこにはおのずと限界があるのだ。より正確に言うなら、自然選択の三つの条件――個体差、遺伝性、適応度への影響――を満たすものは、何であれ自然選択の対象になるのだ。ミトコンドリアの起源において自然選択の対象になったのは、古細菌の中に定住した真正細菌であった。

ある細胞が他の細胞を飲み込むと、当初それらは二つの完全なゲノムを持っている。古細菌が家主で、真正細菌が間借り人だとしよう。次第に間借り人は、自立した生活を放棄したせいで不要になった遺伝子を失い始める。これらの遺伝子には、当然ながら、ときおり、変異が起きていた。通常、細胞にとって有益な遺伝子を弱める変異が起きると、その保有者は死ぬので、結果的に有益な遺伝子だけが生き残る。前章で取りあげた不要になった匂い受容体遺伝子と同じく、機能を失った遺伝子を消失から守るものはない。かつては完全に独立した生物であった間借り人は、こうして遺伝子を失ううちに、家主の外では生きられなくなった。その代わりに、家主の細胞内で自分の複製を増やすようになり、家主が細胞分裂をすると、間借り人も娘細胞に受け継がれた。

家主と間借り人との非対称はずっと続いた。家主が死ねば、間借り人は全滅する。しかし、間借り人の一人が死んでも、他の間借り人がなすべき仕事を果たせば、家主は元気なままだ。死んだ間借り人の亡骸は朽ち果て、その残骸は、細胞機構に食べ尽くされるのだ。

稀なケースとして、死んだ間借り人のゲノムの一部が、偶然、家主のゲノムに入り込むことがある。細菌どうしの間で起きる、遺伝子の水平伝播と同じだ。その結果、ミトコンドリアが活動するにはＤＮＡのコピーは一つあれば十分なのだが、家主のゲノムと、間借り人のゲノムが同じＤＮＡの一部を持つようになる。しかしこの重複は長くは続かない。二つのコピーの一方に変異が起きて、自滅するのだ。もし家主のほうのコピーに望ましくない変異が起きた場合、そのゲノムは自滅するので、家主のゲノムへの遺伝子伝播は起きなかったのと同じだ。しかし、間借り人のほうのコピーに良くない変異が起きて、それが自滅すると、元は間借り人のゲノムにあった遺伝子が、家主のゲノムに取り込まれることになる。こうして、ミトコンドリアのゲノムは年月が経つうちに縮小し、不可逆的にその遺伝子は家主のゲノムに取り込まれていった。

あなたのミトコンドリアはそれぞれ自前のゲノムを持っている。しかし、この伝播が続いた結果、そのゲノムはきわめて小さい。細胞の核は、およそ二万個の遺伝子を持っているが、ミトコンドリアが持つ遺伝子はわずか三七個だ。わずか三七個では、細胞内の細胞と呼ぶべきミトコンドリアの、複雑な機構を動かすことはできない。実のところ、ミトコンドリアの活動には六〇〇種以上の異なるタンパク質が関わっている。その遺伝子の大半は、核の四六染色体のいずれかに移動し終えているが、それらが作るタンパク質が、ミトコンドリアへ戻される。人類とのつながりがずいぶん遠い真核生物の中には、ミトコンドリアのゲノム全体が、核ゲノムに引っ越してしまったものもいる。

では、あなたの細胞にはなぜ核があるのだろう？　おそらく核は、ミトコンドリアという間借り人がやってきた結果、生まれたのだろう。核の壁は、家主のゲノムを取り囲み、死んだ間借り人のＤＮＡの絶え間ない流入からそれを守っているのだ。ロバート・フロストの詩にあるように、良い垣根は良い隣人を生むのである。

家主と間借り人になった二種の細胞は、そうなる前は競争相手だったのかもしれない。しかし合併したことで両者は多大な恩恵を受けた。両者の子孫は枝分かれを繰り返し、今日わたしたちが目にする、途方もないほど多様な多細胞動物に進化することができたのだ。しかしすでに協力者がいるからと言って、協力者探しをやめる必要はない。もしあなたが事業の拡大を目論んでいて、しかもこれまで未経験の分野に進出しようとするのであれば、望ましい方法の一つは、その分野に詳しい会社を吸収合併することだ。植物と藻類の祖先は、これを行った。初期の真核生物の一つがシアノバクテリアを飲み込んだ。シアノバクテリアは、太陽光のエネルギーを用いて二酸化炭素を糖に変える方法を知っていた。今日に至るまでこの仕事は、別のタイプの間借り人、つまり、植物や藻類に入り込んだ葉緑体によってなされている。

原核生物ばんざい

生物学者の中には、真正細菌と古細菌をひとくくりにして原核生物と見なすのは間違いだという人がいる。真正細菌と古細菌の関係があまりにも遠く、しかも、両者を一つにまとめるのは、あなたの兄弟といとこは親戚だがあなたは違う、というようなものだからだ。ウーズとフォックスの生命の樹は、古細菌と真核生物は、真正細菌とよりも、互いと近い関係にある（つまりそれらは「兄弟」である）ことを示した。したがって、古細菌を、はるかに時代をさかのぼる真正細菌（いとこ）と一緒にするのは、確かにナンセンスだと言える。

しかしこの主張は、肝心なことを見逃している。それは、生き物の世界で最大の境界線は、ミトコンドリアと融合した細胞（あなたを含む真核生物）と、融合していない細胞（原核生物）を分かつ線であることだ。言い換えるなら、生物には、古細菌と真正細菌という普通の生物と、その二つが奇妙にミックスされた真核生物がいるのだ［図９・５］。この奇妙なミックスが起きた結果、動物や植物や菌類といったさまざまな種が誕生した。古代のライバルとの特別な提携がそれを可能にしたのだ。古細菌と真正細菌のこの親密な関

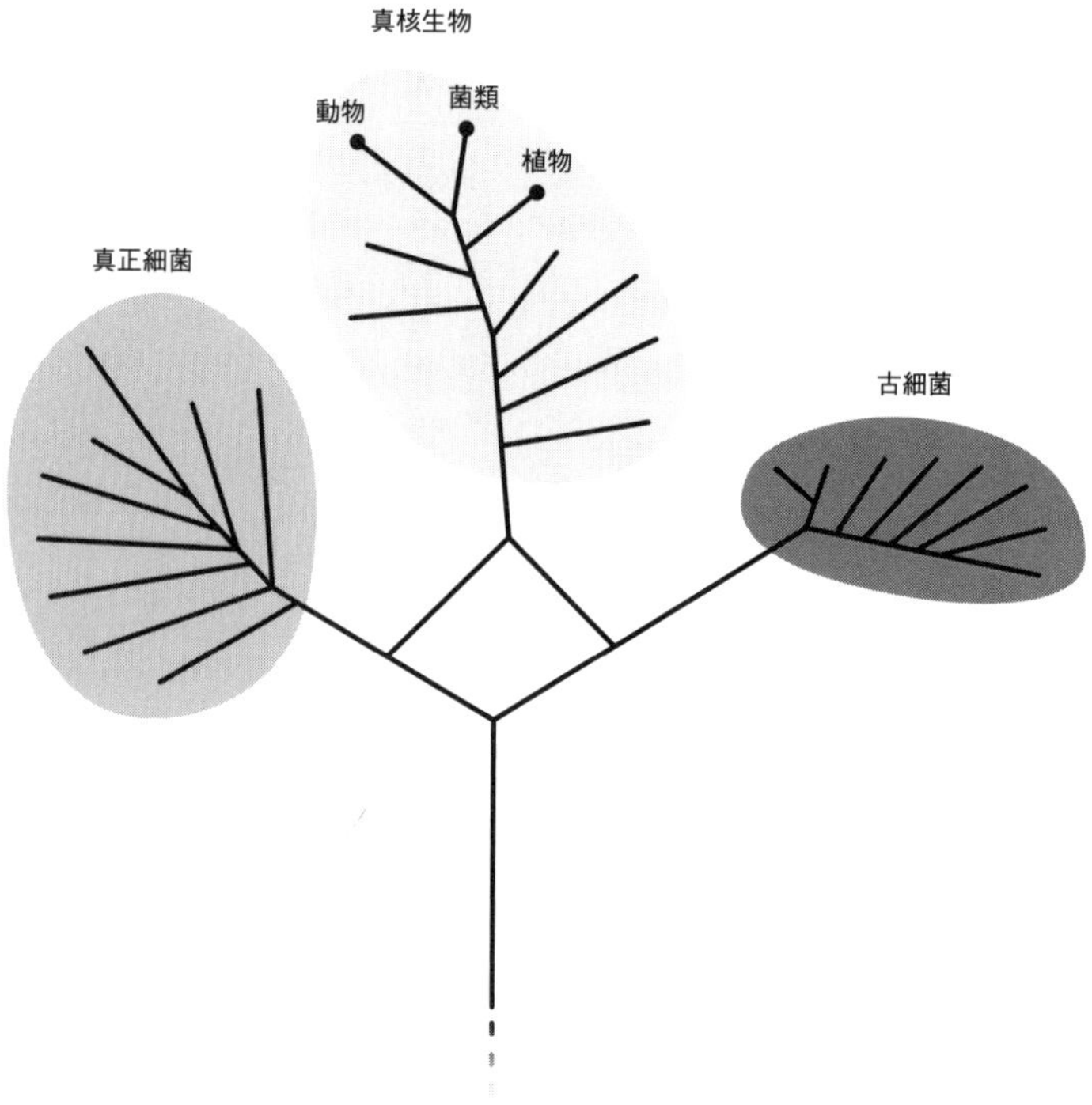

図 9・5
およそ 20 億年前、真核生物は真正細菌と古細菌の合併によって生まれた。

係こそが、真核生物の進化における決定的な段階だった。それがわたしたちの成功の秘密なのである。

細胞の世界でも、政治の世界でも、洗練度を高めるには協力が必要だ。一八六〇年にエイブラハム・リンカーンが大統領候補の指名を得ようとしたとき、三人の強力なライバルがいた。リンカーンは、誰にとってもニ番目に好ましい候補になることで、共和党の候補になり、一六代大統領に選ばれた。組閣に際して、リンカーンはかつてのライバルたちを重要なポストにつけ、最強のメンバーによる最高のチームを作った。歴史家のドリス・カーンズ・グッドウィンが言うように、この「ライバルのチーム」の協力こそが、リンカーン大統領府の成功の秘訣であり、わたしたち真核生物の祖先に成功をもたらしたものなのだ。

しかし、わたしたちの遺伝子社会の陰にいるのは、ミトコンドリアだけではない。第10章では、わたしたちの社会の核心に存在するもう一つの陰の社会を明らかにしたい。それはただそこに存在できるから、存在しているのだ。

第10章 フリーローダーとの勝ち目のない戦い

ただ死者のみが戦争の終わりを見た。
——プラトン

どの社会にもフリーローダーはいるものだ。ジェリー・サインフェルド（人気ドラマ「となりのサインフェルド」の主人公）の隣人、クレイマーをご存じだろうか。彼はいつもジェリーにたかっている。ジェリーがうっかり怪我をして大量出血したとき、クレイマーは駆けつけ、輸血に協力した。病院で目覚めたジェリーに彼は言った。「クレイマーを三パイント（約一・五リットル）くれてやったよ、相棒！」だが、ジェリーは少しも喜ばなかった。「奴の血が俺のなかに入っているのがわかる——俺の血からあれこれ拝借しながら……」。

人間の遺伝子社会において、最も協力的な遺伝子のいくつかのルーツは、真正細菌にまでさかのぼるが、古細菌にさかのぼるものもある。すべての遺伝子はあなたという生存機械を作ったり動かしたりするのに貢献して、生活費を稼がなければならない。それが、少なくとも本書で語ってきたことの前提となっている。だが、遺伝子が生き延びるための戦略は、コミュニティへの貢献だけではない。実を言えば、管理に必要なスイッチも含め、コミュニティの繁栄に貢献するDNAは、全体の三分の一にも満たない。本書が焦点としてきた二万個のタンパク質コード遺伝子や、あなたの健康に貢献すると思われる他のゲノム領域を数に入れたとしても、である。すなわち、DNAの大半は、遺伝子社会の維持・管理に参加していないのだ。では、この四〇億字に相当する残り部分は、あなたの幸せや成功に貢献していないのであれば、いったい何をやって今まで存続してきたのだろう。

謎を解くために、まず、この多数派の配列をよく見てみよう。あなたのゲノムの一五パーセント以上は、ある特定の配列と一致し、それはゲノムの中に五〇万コピー以上存在する。喩えるなら、ニューヨーク公立図書館の蔵書一二〇〇万冊のうち一八〇万冊がまったく同じ本、という状況だ。何という書架スペースの無駄！　もっとも、この五〇万コピーは、すべてまったく同じというわけではない。大方は、他と九九パーセント一致しているが、中には、かなり異なるものもある。

先にDNA配列の類似について述べたとき、人の髪の色や鼻の形が血筋を語るように、よく似たDNAは祖先を共有することを語った。同じことがその五〇万コピーについても言える。それらが互いとよく似ているのは、祖先を共有するからなのだ。そのすべては、数百万年前にわたしたちの祖先である一匹の霊長類の遺伝子社会に入り込んだ配列にさかのぼることができる［図10・1］。この五〇万コピーの大ファミリーは、いくつかのサブファミリーに分かれ、それらを構成する個々のコピーは、先立つコピーの複製によって生まれる。その過程は、先に述べた遺伝子複製によく似ているが、細かなメカニズムは異なる。メン

図 10・1
LINE1 の系統樹の略図。「葉」はゲノムに現存する LINE1 のコピー。黒い丸は、今も機能しているコピー。個々の分岐点が 1 回の複製を示す。樹の幹は人間の遺伝子社会に最初に加わった LINE1 配列に相当する。

バー間の差異は、変異の蓄積によってもたらされる。つまり、複製する際に生じたわずかな違いが次世代に継承され、蓄積していくのだ。

肝心なこと

五〇万コピーも存在するこの配列は、LINE1（long interspersed elements type 1、長鎖散在反復配列タイプ1）と呼ばれる。これも遺伝子だが、特殊な遺伝子だ。完全なものは六〇〇〇字の長さがあるが、末尾だけの短いものも多い。LINE1の文字配列はランダムではなく、その完全な配列は、三つのシンプルな機能を持つ。マネジャー、コンバーター（RNAからDNAへの変換）、ブレーカー（DNAの切断）である。マネジャー領域はタンパク質をコードせず、本物の遺伝子、すなわち遺伝子社会の成功に貢献する遺伝子が発するシグナルを真似る。そしてこの偽シグナルでポリメラーゼ（DNAを読み取る酵素）を誘導し、自らの配列をメッセンジャーRNAにコピーさせる。一方、コンバーター領域とブレーカー領域は、タンパク質をコードしている。RNAからDNAへの変換は、逆向きに働くポリメラーゼのようなもので、RNA配列からDNAコピーを作る。本物の遺伝子社会でそれを行うものもある。覚えているだろうか。第1章で見たテロメラーゼは、細胞分裂によって短くなった染色体の末端（テロメア）をそうやって再生するのだ。三つ目のブレーカー領域がコードするタンパク質は、染色体の二重らせんを切ることができる。このタイプのタンパク質も、本物の遺伝子社会に存在する。たとえば、精子細胞と卵細胞の準備段階でゲノムの半分を混ぜ合わせるのに必要な組み換えを、それは可能にしている（第3章）。

この三つの配列（マネジャー、コンバーター、ブレーカー）は、以下の順序で仕事を行う。まず、マネジャーが細胞のポリメラーゼを誘導し、LINE1の完全な配列を持つRNAコピーを作らせる。このRNAコピーは、本物のRNAコピーのように振る舞うので、疑うことを知らない細胞機構は、それを鋳型として二種のタンパク質（コンバーター・タンパク質とブレーカー・タンパク質）を作る。こうして作られたコンバーター・タンパク質は、自らを産出した当のRNA分子を捕まえ、DNAコピーに変換する。このとき、コンバーター・タンパク質は、細胞内で数百万個のRNAにまぎれているLINE1・RNAを見分けるのに、LINE1の末尾にある特別な配列を一種のバーコードのようにして用いる。次に、ブレーカー・タンパク質が任意の場所でゲノムを切断し、そこに、できたばかりのDNAコピーが挿入される。

事実上、LINE1は、疑うことを知らない本物の遺伝子の助けを利用して、ゲノムの他の部分に、自らのコピーをペーストしているのだ——それらは「セルフ・コピー&ペースター」とまさにぴったりの名前で呼ばれている［図10・2左］。このシンプルなプログラムによってLINE1は、遺伝子社会の中で増殖し、他のメンバーよりはるかに多くなる。今日、あなたのゲノムにLINE1のコピーが無数に見られるのは、そういうわけだ。

LINE1は遺伝子社会の成功に貢献していないが、ある機能——自分たちの生存を確保する機能——を遂行している。もしも、ある遺伝子社会にLINE1が一つしか含まれず、それが変異によって不活性化したら、LINE1は一巻の終わりだ。しかし、元気なLINE1コピーが同じ遺伝子社会にたくさん

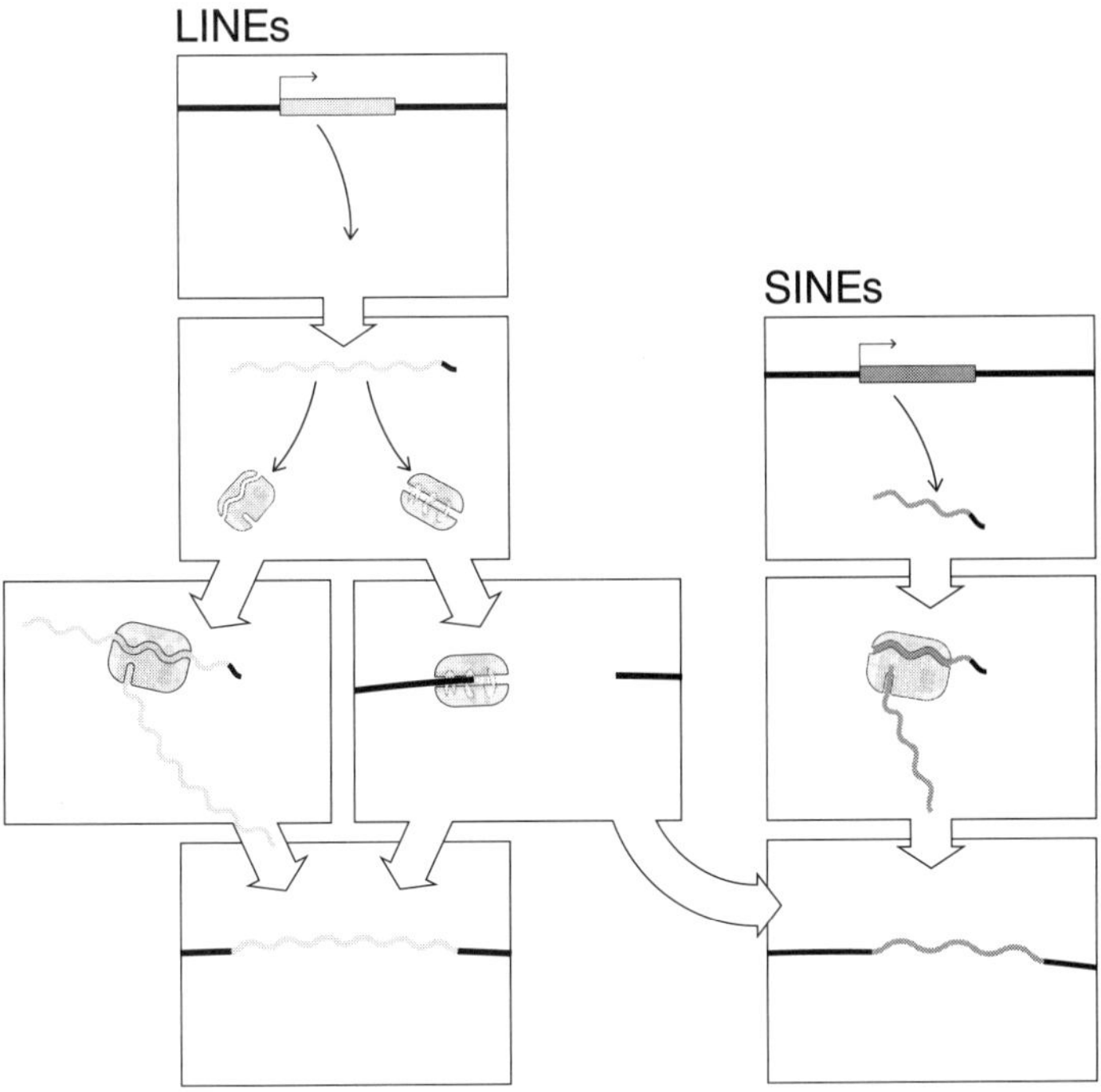

図 10・2
LINE1 は自身をコピーし、ゲノムに挿入して遺伝子社会に拡散していく。SINE は LINE1 タンパク質にただ乗りして、自身をコピーし、ゲノムにペーストする。

あれば、偶発的な変異によって取り除かれることはありそうにない。どのＬＩＮＥ１が変異によって弱くなっても、新しいＬＩＮＥ１が、コピー&ペースト機構によって作り出されるからだ。複製のスピードが消失のスピードを上回っている限り、ＬＩＮＥ１ファミリーは存続し、また数を増やしていく。それがあなたのゲノムに五〇〇万コピーも存在することからすると、複製のスピードはきわめて速いはずだ。

なぜ遺伝子社会は、こうした奔放なコピーを容認しているのだろう。ＬＩＮＥ１のただ乗りは、遺伝子社会に負担をかけているはずだ。ＤＮＡ読み取りとタンパク質生成のための機構が、ＬＩＮＥ１の利己的な目的のために利用され、また、細胞分裂の際に維持されコピーされるべきゲノムの資産も使われてしまうからだ。しかし、わたしたちやわたしたちの祖先の場合、この負担は、社会の他のメンバーを疲弊させるほどには大きくなかったので、ＬＩＮＥ１は存続しているのだ。もしその負担が十分に大きければ、ゲノムにＬＩＮＥ１を多く持つ個体は、残す子孫の数が少なくなり、結果的にＬＩＮＥ１の数も減ったはずだ。

あらゆる遺伝子は、自分たちが築いた組織には何の未練もなく、次の世代へと飛び移っていく。だが、正常な遺伝子が成功するには、互いとの協力が欠かせない。これまで見てきたように、遺伝子が次世代に進むには、まずすべての組織を構築しなければならず、それには互いと協力するしかないからだ。単独でそれができる遺伝子はない。その点では、資本主義社会も同じだ。公正なルールという制約の中で利己的に動くことで、個々人は全体の利益の最大化を助けている。遺伝子社会にとっても、個々の遺伝子の貢献は欠かせず、ゆえに通常の遺伝子は、貢献することによって、遺伝子社会における自らの生存を確かなものとしている。

すべての遺伝子は、次世代に運ばれ存続したい、という利己的な動機を共有しているが、LINE1は特別な例だ。彼らはまさにフリーローダーそのものだ。彼らは有益な存在になるのではなく、排除されるより速く増殖することによって、自らの存続を確かなものにしている。この戦略がうまくいっているので、他の方法で自分たちの生存を正当化する必要はない。存続が保証されている以上、宿主の個体に貢献しなくてもよいのである。

あなたのゲノムのうち、れっきとした遺伝子は三〇パーセントしかないことを思い出そう。残り七〇パーセントのうち、LINE1が占めるのは四分の一以下だ。では、残り部分はどうなっているのだろう。その一部は、別のフリーローダーのファミリーであるAluに占領されている。Aluファミリーは、あなたのゲノムに一〇〇万コピーも住みついている。それぞれのDNA文字数は、一〇〇字から四〇〇字だ。LINE1より数は多いが短いこのAluが、あなたのゲノムの一〇パーセントを占めている。Aluは、どのようにして生存を確保しているのだろう。彼らはSINE（短鎖散在反復配列）と呼ばれる拡大ファミリーに属している。AluはLINE1に似ているが、LINE1配列の失われた部分なのだ。この違いが両者の戦略を示唆する。両者には密接なつながりがあるが、Aluは、LINE1よりさらに狡猾なのだ。

LINE1と同じく、Aluは配列の始めに、ポリメラーゼをだましてRNAコピーを作らせる「リードミー（わたしを読んで）」信号を持っている。加えて、Aluは、LINE1とまったく同一の短いバーコード配列を持っている。だが、両者の類似はここまでだ。実のところ、これら二つの信号が、Ａｌｕのすべてなのだ。Ａｌｕはいかなるタンパク質もコードせず、ＲＮＡからＤＮＡへの変換器《コンバーター》も、ＤＮＡ遮断器《ブレーカー》も持たないのだ。では、それらなしに、Ａｌｕはどうやって自己増殖しているのだろう。

ＬＩＮＥ１のコンバーターが、自分のＲＮＡを見つけるのにバーコードを用いることを思い出そう。実を言えば、Ａｌｕは、そのバーコードとそっくり同じ配列を持っているのだ。つまりＡｌｕはそのバーコードでＬＩＮＥ１のタンパク質機構をだまして、自分のＲＮＡをＬＩＮＥ１のコピーだと思わせてＤＮＡに変換させ、ＬＩＮＥ１のブレーカーが切ったＤＮＡの切り口にそれを挿入させるのだ。このようにして、Ａｌｕは、遺伝子社会の正式なメンバーにただ乗りするだけでなく、ＬＩＮＥ１にまでただ乗りするのだ！［図10・2右］ＬＩＮＥ１のさらに上を行くこの戦略が成功していることは、Ａｌｕコピーの莫大な数が裏づけている。

Ａｌｕは、どのように進化してきたのだろう。考えられる一つのシナリオは、たまたまタンパク質をコードする部分を失ったＬＩＮＥ１配列が、無傷の身内に助けられて何とか生き延びＡｌｕになった、というものだ。もう一つのシナリオがある。本物の遺伝子が重複してできたコピーがあるとしよう。それは遺伝子社会の余剰メンバーで、その運命がどうなろうとも、遺伝子社会には影響しない。ここで、あるＬＩＮＥ１の一部がたまたまコピーされてＤＮＡに変換され、バーコードを含めたその末尾が、本物の遺伝子の余剰コピーに挿入されたとしよう。その遺伝子は、もともとＤＮＡを読み取る細胞機構を引き寄せる信号を持っている。この遺伝子は思いがけずフリーローダーの宿主になった。そして、その配列は、ポリメラーゼに読み取られ、DNAに変換され、LINE1タンパク質によってDNAの切り口に挿入された。実のところ、Aluはこの後者のシナリオから生じたらしい。と言うのも、Aluの「リードミー」信号は、他の遺伝子の「リードミー」信号に似ているからだ。

フリーローダーにフリーロードするのは、Aluに限ったことではない。社会のあるメンバーが、そのシステムを抜け駆けする方法を思いついたのであれば、他の者がそれに続くのを止めることはできない。AluがLINE1にただ乗りするのとまったく同様に、MIRと呼ばれる別のフリーローダー・ファミリーは、LINEの他のファミリー（LINE2s）に自分たちのコピーを押し込む。LINEとSINEを合わせたものが、あなたのゲノムのまるまる三分の一を占めており、その数は、あなたのれっきとした遺伝子を一万倍も上回る。フリーローダーによる負荷は、それだけではない。他にも多くのフリーローダー・ファミリーがあり、それぞれ、遺伝子社会にまったく貢献しないまま、代々、ただ乗りをしつづけ、その社会を搾取しているのだ。

このように人間のゲノムは、およそ三分の二がフリーローダーに占められているが、それでも他の種に比べれば、まだ幸運だと言える。たとえばタマネギは、ヒトゲノムの五倍に上る三〇〇億字のゲノムを持ち、アメーバの中には、ヒトゲノムより一〇〇倍大きいゲノムを持つものもいる。そうした途方もないほど多いDNA文字の大半は、LINEやSINEと同様の、フリーローディング遺伝子なのだ。フリーローダーの許容量は、その生物の生活様式に依存する。では、人間とタマネギとアメーバの共通点は何だろう。わたしたちのゲノムに蓄積されたガラクタが示すのは、わたしたちは進化の歴史の大半を通じて、小さな個体群で暮らしていたということだ。小さな個体群では、偶然の出来事が大きな意味を持ち、自然選択はそれほど働かない。そういうわけで、宿主に少々負荷をかける利己的なメンバーも生き残ることができたのだ。わたしたちのゲノムのサイズは、数千年前まで人類はごく小さな集団で暮らしていたことをある程度、反映している。

LINE1のDNA遮断器《ブレーカー》は、だいたいはランダムな場所であなたの染色体を切るが、LINE1とAluは、あなたのゲノム全体に等しく割り振られてはいない。たとえば、第7章で述べたHOX遺伝子群を含むゲノムの領域は、胚が育つ時期にボディ・プランを決める働きをするが、その領域にフリーローダーはほとんど存在しないのだ。フリーローダーは、その領域を破壊すると、自分が生きていくのに欠かせない母体を殺すことになるとわかっているので、その領域を避けているのだろうか？　そのようなことはあり得ない。フリーローダーは言うなれば盲目の詐欺師で、すべての領域を標的とする。その点では、文字を入れ替えるランダムな変異と同じだ。そして変異と同じく、そこには負の自然選択が働く。これまでに数百万回にわたってHOX遺伝子にはフリーローダーのコピーが挿入されてきただろう。しかしそうなると、まともな生命体は構築されない。HOX遺伝子に潜り込んだフリーローダーもろとも、そのゲノムは破滅に至る。現在、HOX遺伝子群を含む領域にフリーローダーがほとんどいないのはそういうわけだ。

サンマルコ寺院のスパンドレル（三角小間）

だが、DNAにフリーロードするものたちは、本当に社会にとって何の役にも立っていないのだろうか？　LINE1とAluはその胡散臭い素性ゆえに、生産的な仕事は、一切果たせないのだろうか。だが、たまたま適応上の利益をもたらした変異には必ずプラスの自然選択が働くことを思えば、あなたのゲノムに統合された何百万というフリーローダーが、適応上の利益にまったくつながらないというのは、あり得ないことのように思える。実を言えば、有益な機能を持つフリーローダーが、続々と見つかっているのだ。中には、挿入されることで遺伝子を拡大し、ゲノムの進化を促すものもある。また、ゲノムの制御領域への挿入、あるいは遺伝子マネジャーが切ったり入れたりする分子スイッチを変えることによって、遺伝子が読み取られる時期を変えるものもある。稀なケースとして、遺伝子にフリーローダーが挿入されることで宿主の適応度が高まれば、そのフリーローダー自体、遺伝子社会のれっきとしたメンバーになるだろう。また別の例では、挿入されたフリーローダーの「リードミー」信号がポリメラーゼ機構を引き寄せ、遺伝子に貢献することもある。

まったく異なる例だが、ペンギンの水かきについて考えてみよう。それは、飛ぶためには使われなくなった翼から進化した。卓越した進化生物学者、スティーヴン・J・グールドなら、水かきは「外適応」の事例だと語るだろう。外適応とは、ある目的のために進化した器官が、別の目的で使われるようになることだ。たまたま新しい機能を持つようになったフリーローディングDNAも、外適応の例である。その本来の設計は、それ自体を複製することを目的としていた。ところが、ゲノムの適切な場所にたまたま挿入されたせいで、その生物にとってプラスになる目的のために、外適応されたのだ。もっとも、それらが存続できた唯一の理由は、フリーローディングにあったことを理解しておかなければならない。フリーローダーの大半は、宿主に有益な影響を及ぼさない。ゆえにそれらが存続し得る最大の理由は、有益な働きをするからではなく、自身をコピーするのがうまいという、ただそれだけのことなのだ。「となりのサインフェルド」のクレイマーのように、時にその行動が役立ったとしても、それらはあくまでフリーローダーなのだ。それらの統合が延々と続くうちに、新たな変異が遺伝子社会に組み込まれ、当然ながら、その膨大な変異ゆえに、たまに有益なフリーローダーも現れるはずだ。

フリーローダーに何らかの機能を持たせたいという衝動が生物学者たちに見られるのは、生物学的理由というより、むしろ心理学的理由によるのだろう。遺伝子社会は、本章で述べてきたような無秩序な寄せ集めとしてではなく、効率的な組織として進化したと、わたしたちは信じたいのかもしれない。優れた科学論文はどれも人の心をつかむ物語を語るものだが、LINEやSINEについての論文に共通するストーリーは以下のとおりだ。「LINEやSINEはどれもフリーロードするガラクタだと考えられてきたが、わたしたちは、そのコピーのいくつかに適応度を高める機能があることを発見した」。これは物語としては好ましいが、あらゆるガラクタに機能があるという含みは、誤解につながる。

スティーヴン・J・グールドは、生物のすべてに適応上の利点があるという偏見が存在することを示そ

図 10・3

スパンドレル――2 本のアーチの間の三角形の空間――は建築上の理由から存在するのだが、しばしば、装飾のために外適応される。

うとした。彼は、生物の構造には、それ自体は目的を持たないものもある、それらはむしろ何らかの制限の結果なのだ、と主張した。そしてそれを説明するのに、スパンドレル（二本のアーチあるいはアーチと直角の囲いとの間にある三角形の部分〔図10・3〕）という建築モチーフ〔繰り返し使われるデザイン〕を挙げた。ベネチアのサンマルコ寺院などでは、これらのスパンドレルは豪華な装飾で覆われている。言うまでもなく、スパンドレルの本来の機能は、装飾のためのスペースを提供することではない。スパンドレルは構造上の制約の結果であり、装飾のための利用は一種の外適応なのだ。同様に、遺伝子社会のフリーローダーは、ゲノム内部の自然選択によって生じた現象である。中には外適応したものもあるかもしれないが、純粋なフリーローダーとしての起源について考えるとき、それに惑わされてはならない。

生物の最古の敵

ＳＩＮＥとＬＩＮＥは、フリーローディングがどれほど普遍的な現象であるかを垣間見させてくれる。フリーローダーが遺伝子社会を利用する様子は、第2章で見たウイルスを想起させるだろう。ウイルスは古来、フリーローディングの名手であり、わたしたちがなじんだ細胞の生活を超えた、広大で驚くほど複雑な影の社会を形成している。このウイルスの世界は実際、あまりにも膨大で、地球上に存在するゲノムの大半はウイルスのものだ。ウイルスのゲノムは小さいが、その数は細胞ゲノムの一〇倍に及ぶ。

ＬＩＮＥやＳＩＮＥに似て、ウイルスは、あなたの細胞機構を操って自分のコピーを作らせる。だが、時としてウイルスは、そうする代わりに身を潜め、攻撃の時機を待つことがある。たとえばヘルペスウイルスは姿を変えてあなたの神経細胞に忍び込み、免疫システムの監視を逃れる。すぐ仕事に取りかかるのではなく、こっそり「休眠」状態になり、数か月間あるいは数年間、眠りつづける。その後、たとえばあなたの免疫系がインフルエンザ感染で手一杯なのに気づくと覚醒する。目覚めたウイルスは、皮膚に移動し、そこで増殖し、水泡を生じさせる。その水泡がつぶれると、ウイルスのコピーがまき散らされる。その状態で、宿主が誰かと接触すると、ウイルスの小さなゲノムは疑いを知らない新たな宿主に飛び移り、そこからまた邪悪なサイクルが始まる。

ウイルス感染のいくつかは、がんの発症をもたらす深刻なリスク要因でもある。ウイルスががんを引き起こす方法は主に二つある。一つは、感染した細胞の遺伝子を直接操って、がんに対抗する八つの防衛策（第1章を思い出そう）の一つを無効にするのだ。もう一つは、がんを導く人間の遺伝子（発がん遺伝子）のコントロール領域にウイルスの配列を挿入して、その表現レベルを変えるのだ。このようにして、ウイルスは感染細胞にがんへの階段を一つ上らせる。がんが発症するには、まだいくつものステップがあるので、こうしたウイルスに感染した人が皆、がんになるわけではない。たとえば、時に乳頭腫と呼ばれるイボの原因になるヒトパピローマウイルスの感染者の大半は、深刻な結果にならない。しかし、女性では二番目に多いがんである子宮頸がんはほぼすべてが、そのウイルスへの感染から始まる。そのウイルスに感染した細胞が分裂すると、娘細胞もウイルスのコピーを継承する。いくつかのウイルスは、がんを引き起こすことで、複製能力を高めているのかもしれない。

ウイルスが攻撃するのは、人間や他の動物、細菌だけではない。それは植物、菌類、単細胞生物を含めた、あらゆる生物に取りつく。真正細菌では、休眠状態のウイルスはヘルペスよりさらに邪悪な戦略を使うことがある。細菌の細胞に潜入した後、それらは細菌のゲノムに自分のDNAを挿入する。細菌が分裂するたびに、娘細胞はゲノムが含むウイルスの忠実なコピーを継承する。細菌の生活が安楽である限り、その幸せな繁殖は休眠中のウイルスに恩恵をもたらす。だが、おそらく飢餓による危機に陥ると、休眠状態のウイルスは、宿主が死ぬ前に逃げ出すべきだと判断する。そこで、覚醒して細胞機構を乗っ取り、それを工場として、新たなウイルスを続々と生み出す。最終的に、細菌は消耗して死ぬか、逃亡しようとするウイルスに殺される。

ウイルスは細胞生物の驚くべき多様性をさらにしのぐ、目を見張るほどの多様性を見せる。特に興味深いのは、ウイルスのゲノムデータ保存システムの多様性だ。すべての細胞生物は、DNA鎖の二重らせん構造で遺伝情報を保存する。原理的には、その情報は、DNAの一本鎖、RNAの一本鎖、あるいはRNAの二重らせんでも保存できるが、動物、植物、菌類、細菌は、そのような方法を選択しなかった。細胞生物はRNAを、メッセンジャー、あるいは細胞内で特定の仕事をこなすものとして、一時的に使うだけだ。しかしウイルスは、遺伝情報を保存するのにありとあらゆる方法を用いる。DNA二重らせんを用いるものもいるが、一重らせん、ばらばらのらせん、一本鎖を用いるものもいる。さらには、RNAの二重らせんや一重らせんを用いるものもいる。DNAあるいはRNAの一重らせん構造を読み取る方法の違いを計算に入れると、その方法は全部で七通りにもなる。

ウイルスには数百万の異なる形とサイズがあり、その多様さは細胞生物をはるかに超える。驚かされるのは、すべてのウイルス間に共通する遺伝子が一つもないことだ。これもまた細胞生物とは著しく対照的だ。細胞生物では、すべてに共通する遺伝子が五〇ほどある。DNAを開く機構をコードする遺伝子、DNAを読み取るポリメラーゼ、タンパク質を作るためのリボソーム、それらはすべての細胞生物の遺伝子社会に共通するメンバーだ。ではなぜ、ウイルスには共通する遺伝子が見られないのだろう。たとえば外皮、すなわちタンパク質でできた外皮をコードする普遍的な遺伝子が存在しないのはなぜだろう。実のところ、異なるウイルスはそれぞれ異なる方法で外皮を作り、中には、外皮の遺伝子をまったく持たないものもいるのだ。それらはフリーローダー中のフリーローダーで、人間の細胞だけでなく、親戚のウイルスにも寄生する。AluがLINE1にフリーロードするのと同様に、身内の細胞にも侵入して、身内が出した外皮タンパク質を作るための指示を借用するのだ。ウイルスの遺伝子に統一性が見られないのは、彼らがフリーローディングしやすいせいかもしれない。基本的にウイルスは、重要な機能をすべて、宿主の遺伝子に委託できるのだ。

ウイルスゲノムの大半は、宿主がコードしていない機能を補うための、わずかな遺伝子しか持っていない。しかし、一〇〇〇個以上の遺伝子を擁する一〇〇万字ものゲノムを持つ巨大なウイルスもある。これらの巨大ウイルスは、宿主の細胞内でしか生きられないフリーローディング細菌と同等の複雑な構造をしており、それらの細菌と同じ戦略を用いて増殖する。両者の決定的な違いは、ウイルスは――巨大であってもなくても――宿主に侵入する際には、外皮を捨てて、ゲノムだけ持ち込むが、細菌は、ゲノムを細胞壁で守ったまま宿主に侵入することだ。

とはいえ、原理的には、ウイルスのゲノムは、タンパク質をコードする遺伝子さえ必要としない。それを体現しているのは〔きわめて単純な構造の感染性病原体〕ウイロイドだ。ウイロイドの生活様式はウイルスによく似ているが、自分を何かに入れるということさえしない。ウイロイドはフリーローディングするRNAだけの生物なのだ。そのゲノムの長さはわずか三〇〇字ほどで、タンパク質はまったくコードしていない。その代わりにウイロイドのゲノムには、獲物の機構を操作して、RNAの形でウイロイドのコピーを作らせる指示が記されている。だが、恐れる必要はない。今のところウイロイドに侵略されているのは植物だけだ。

初心者のための生物学

わかっている限り、すべての細胞生物は、地球上に生物を誕生させた古代の遺伝子社会の子孫である。その納得できる証拠は、すべての細胞生物に共通する遺伝子が五〇ほど存在することだ。だが、ウイルスはどうだろう。同じ祖先のウイルスにさかのぼるのだろうか。そして最初に生まれたのは何だろう。ウイルスか、それとも細胞か。ウイルスは「生存」をわたしたちのタンパク質に依存しているので、ウイルスだけの世界は想像しがたい。だが、証拠が示すのは、細胞が先に生まれたわけではないということだ。むしろ、最初から細胞とそのフリーローダーがいて、激しく戦っていたらしい。

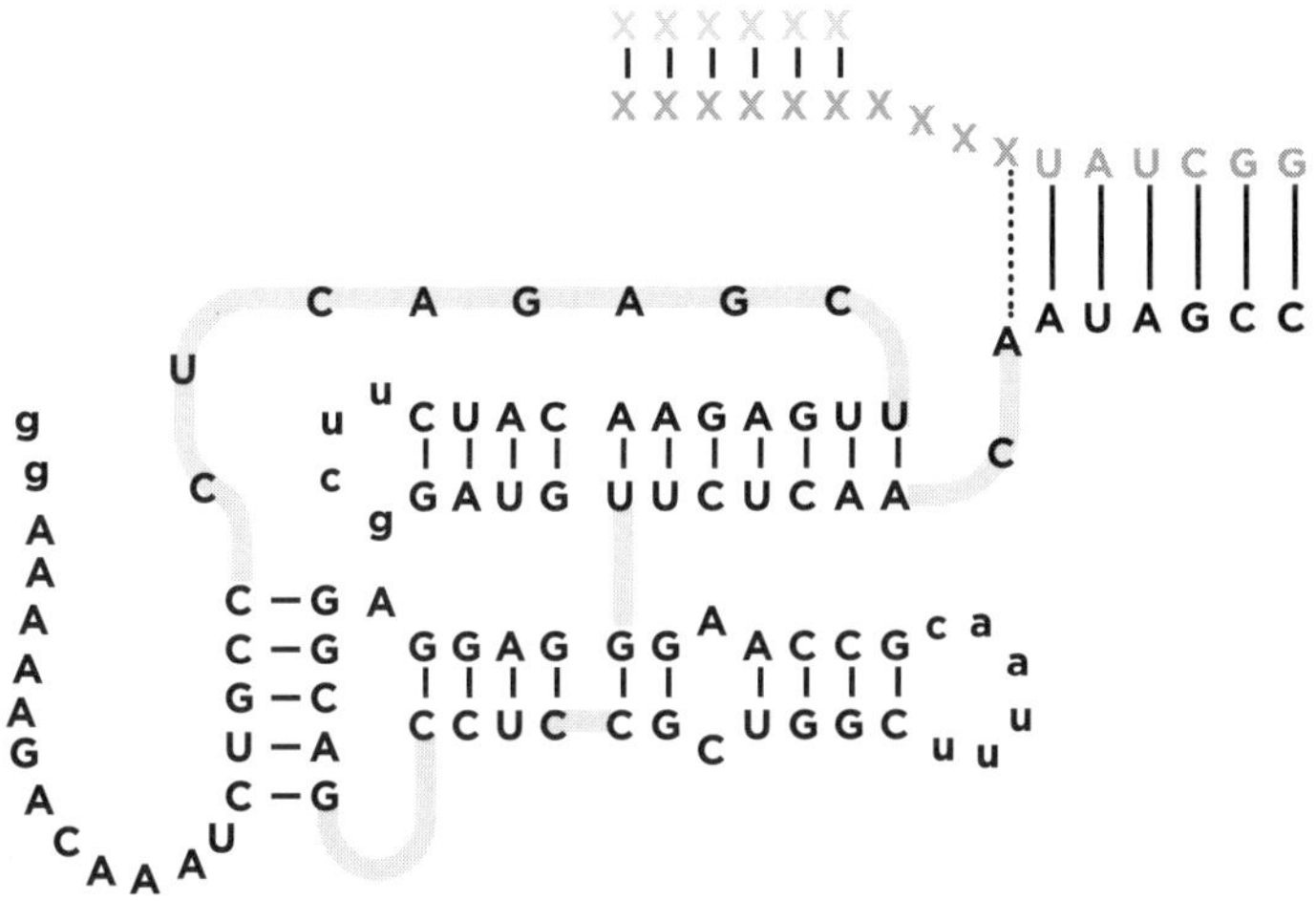

図 10・4

RNA 分子には RNA を複製する能力がある。水平と垂直の直線は相補的な RNA の文字（A–U と C–G）の結びつきを示しており、それが RNA 分子に特徴的な形態を与えている。最上部のグレーで示した文字列は、コピーされている途中の RNA。X は任意の文字を表す。

（Wochner et al. 2011 の図を改変）

今日、わたしたちが知る生命は複雑だが、最初の生命はきわめてシンプルだったはずだ。そうでなければ、誕生し得なかっただろう。今日の細胞ではDNAとRNAが情報を保存し、タンパク質が細胞内の分子機構の大半を担っている。このDNAとタンパク質はどちらが先に進化したのだろう。情報を遺伝させるDNAか、あるいは情報を処理するタンパク質か。卵が先か、ニワトリが先か、という問いと同じで、正確なところはわからない。納得できる見解はあるものの、結論は出ていない。何しろ、四〇億年前にどこかで起きたことについて語ろうとするのだから、確かな答えなど出るはずがないのだ。だが、生命がどのように進化したかについて一つの見解を得るために、現時点で最も優れていると思える仮説を見てみよう。

RNAのAとU（DNAのTに相当する）、Gと

Cは、互いと結びつきやすいので、RNAの文字配列は自らの上に折り畳むことができる。こうして文字列にコードされた情報に従って折り畳まれることで、RNA分子は三次元の構造をとる。アミノ酸鎖が自然に折り畳まれてタンパク質になるのと同じだ。折り畳まれたRNAは、小さな分子機構として働く。化学反応を促進する酵素［リボザイム］もその一つだ。原理的には、今日タンパク質が担っている機能の大半を、RNA分子はこなせる。その証拠に、今日の生物のタンパク質製造機構の一部であるリボソームは、RNAでできている。

つまり、RNAは遺伝情報をコードすると同時に、分子機構として働くこともできるのだ。この二重の能力ゆえに、少なくとも原理的には、RNAの一本のひもは遺伝情報を保持するとともに、触媒としてその増殖を促進することもできるはずだ［図10・4］。そのため、生物が誕生した当初は、遺伝情報をコードする分子と機能を実行する分子との間に明らかな線引きはなかったのだろう。DNA、タンパク質、細胞壁が登場する以前に、RNAだけで構成された「生物」世界があったと考えられる。

このような自己複製するRNAは、どのようにして現れたのだろう。生命にはエネルギーが必要であり、生命の維持に用いられたエネルギーは、二つの源に由来する。一つは、太陽光線（植物、藻類、細菌の一部による光合成を通して利用される）。もう一つは、地熱プロセスによって作られた化学エネルギーだ。光合成には複雑で特化した機構が必要とされるので、最初期の生命を支える候補にはなりそうにない。だが、海底の冷たい海水中に、熱水噴出孔が化学成分豊富な液体を吹き出すときに生じる化学反応は、今日の生物に見られる代謝の重要な部分に似ている。

細胞がエネルギーを生産するには、細胞膜が必要とされる。膜の両側でタンパク質濃度が異なることで、エネルギーが生まれるからだ。――これが、動植物の繁栄にとってミトコンドリアが欠かせない理由であったことを思い出そう（第9章）。深海の熱水噴出孔周辺で自然に生じるプロトン濃度の差は、それと同様の効果をもたらす。したがって、生命は海底の熱水噴出孔の周囲の岩の、小さな穴で生まれたと考えるのが妥当だろう。化学物質が豊富なこの環境で、最初のＲＮＡ分子が自然に合体し、初期の原始的な遺伝子社会を形成していったと想像できる。それから十分な年月が経ち、最初のＲＮＡ複製機構が生じたのだろう。そして自己複製を始めたのだ。

この最初期の遺伝子社会では、フリーローディングが横行していたはずだ。自己複製できるようになった初期のＲＮＡ分子には、自分と他者のＲＮＡ配列を見分けられなかった可能性が高い。そのため、自己複製するだけでなく、たまたま出会った他のＲＮＡも複製したのだろう。これらＲＮＡフリーローダーは、複製子に多大な負担をかけながら、複製子もろとも増殖しただろう。こうしたフリーローダーは、ウイルスの先駆者たる初期のウイロイドだった可能性が高い。この負担を緩和するために、複製子はフリーローダーを避けなければならなかった。最初に細胞膜を発達させ、それで自衛しつつ食物を取り込めた複製子は、依然としてフリーローダーに取りつかれている仲間より、はるかに有利だったはずだ。こうして作られた細胞壁には、興味深い副次的影響があった。細胞壁を持ったものたちは、海底の岩穴にへばりついていなくても生きていけるようになったのだ。こうしてそれらが内包する遺伝子社会は、周囲の海や、はるかその先へと進出していけるようになった［図10・5］。自然の歴史はそこから始まった。

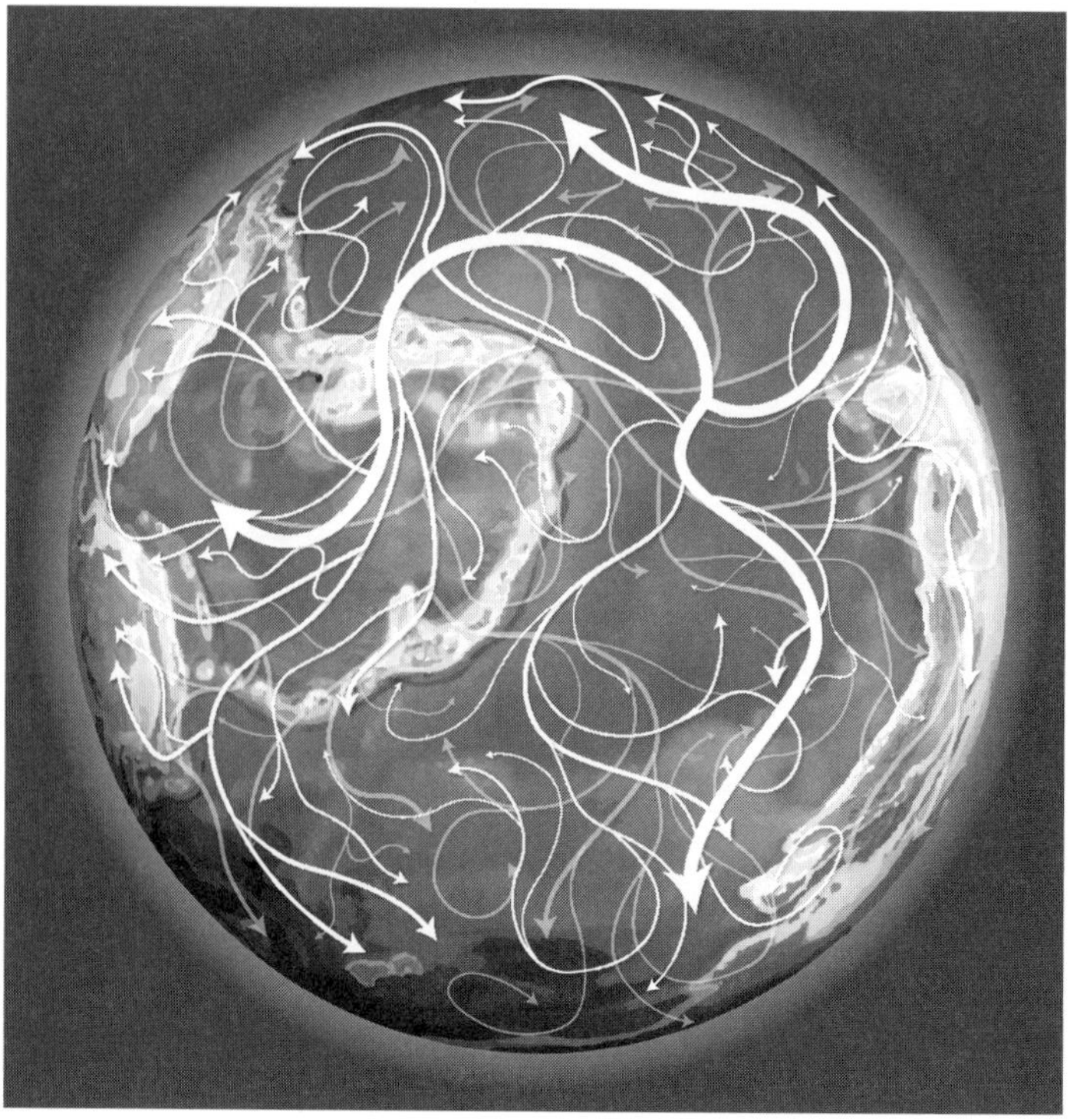

図 10・5
生命は深海底の小さな岩穴で誕生し、RNA 分子が緩やかに集まった、初期の遺伝子社会を形成していた。細胞壁が作り出されるとともに、生命は岩の家から解放され、海、そして後にはこの世界の大陸を征服し始め、今日、見られる無数の形態に進化した。

エピローグ

この全巻が一つの長い主張なので、ここで根拠となった事実やその解釈を手短かにまとめておけば、読者にとって理解の助けとなるだろう。

——チャールズ・ダーウィン

ダーウィンはその最高傑作である『種の起原』を「一つの長い主張」と呼んだ。すべての生物は、共通の祖先から生まれ、自然選択によって進化したという、自分の主張が途方もないものであり、まともに取りあってもらうには疑う余地のない証拠が必要であることを、彼は知っていた。彼はその本の冒頭で、自然選択の原則をはっきりと述べ、以下の章では、その裏づけとなる証拠を、地質学、化石、動物育種、発生生物学、分類学から挙げた。彼はこれらの事例を慎重に積み上げ、疑いようのない進化の絵を構築した。他の人——最も名高いのは同時代人のアルフレッド・ラッセル・ウォレス——が、よく似た概念を独自に思いついていたにもかかわらず、自然選択の発見という名声の大半をダーウィンが得たのは、彼がその主張をきわめて入念に構築したからだ。

本書はその「長い主張」という伝統を受け継ぎ、種の遺伝的組成を遺伝子社会として見る理由を示してきた。ドーキンスの「利己的な遺伝子」論と同じく、わたしたちも遺伝子を自然選択の標的と見ている。もっとも、わたしたちは遺伝子の関係性に焦点を移し、協力したり競争したりしながら、生物を動かす機構としてそれを捉えた。遺伝子は同盟を形成して、減数分裂や防衛システムといったプロセスをコードする。それらは網の目のような関係を構築し、それぞれ複数のプロセスに関わっている。遺伝子社会が進化するのは、たいていは偶然の産物だが、いずれにせよその社会は、常に変化しつづけている。この絶え間ない変化ゆえに、既存の社会の一部が分離し、十分な年月が経てば、新たな社会、すなわち新種が誕生する。しかし、まれなケースとして、社会は融合し、複雑性の新たな段階へ進むこともある。また、複製や他の社会からの移住によって新メンバーが導入されたときにも、変化が起きる。遺伝子が生物界にとどまるために用いてきた幾多の戦略の中で最も成功したものの一つは、フリーローディングだ。

本書を通してわたしたちは、社会における相互作用が、個々の遺伝子の成功にどのように影響するかということ、すなわち遺伝子社会の「経済的」側面に焦点を置いてきた。だが、同時に、歴史的側面も強調した。生物は進化史の産物なのだ。物理学者から生物学者に転じたマックス・デルブリュックはこう述べた。「一個の細胞が語るのは、物理的出来事よりむしろ、歴史的出来事である。（中略）いかなる細胞も、祖先たちの一〇億年に及ぶ実験という経験を携えているのだ」。本書の長い主張は、歴史のいくつもの段階に言及した。生物内部に見られる進化の現代史に始まり（第1章と第2章）、家族史（第3章）、集団の歴史（第4章と第5章）、新種の形成（第6章と第7章）、動物の形成（第8章）、最初の真核性細胞による歴史的転換点（第9章）、最後に、生命の始まり（第10章）である。歴史をさかのぼるこの旅では、進化のどのタイムスケールにおいても、遺伝子を社会として見ることが有益であることを示してきた。生命の歴史をたどるわたしたちの旅には、細菌が、基準点として同行した。

では、この歴史から、何を学べるだろう。ある意味で、人間は遺伝子社会の産物である。脳の構造を含め、その身体的特徴の多くは、アレルの産物なのだ。そうだとすれば、意識を持つ存在であるわたしたちは、自らをどのように考えるべきなのか。遺伝子は思考、感覚、衝動に影響する。見てきたように、たった一個のアレルが変化しただけで、生物にはバイアスがかかり、同種の仲間と違ってくる可能性がある。わたしたちにかかるバイアスが、必ずしも意識を持つ個人や人間全体のためになるものではなく、むしろ、利己的なアレルを支援しようとするものであることを悟ったほうがいい。クリントンが感じたように、個々人のわずかな違いは、人類が共通して持つものに比すると無に等しいのだ。

わたしたちは自らを、遺伝子の奴隷となった魂のない生存機械などではないと考えている。自らの判断が遺伝子によって偏っている場合、それに従うか、それとも反発するかを、わたしたちは決めなければならない。その歴史の大半を通じて、遺伝子社会は資源が乏しく、その結果選ばれたアレルは、他者を犠牲にしても自らの資源を最大にしようとするものだった。おそらくはそれゆえにわたしたちは、たとえば、路上にホームレスがいても、素知らぬ顔で通り過ぎたくなるのかもしれない。だが、こうした衝動に盲目的に従うのではなく、そのホームレスにいくらか小銭をあげたり、支援したりするほうがより人道的ではないかと、わたしたちは熟考できるはずだ。

遺伝子社会は本書で論じたいくつかの基本プロセスをはるかに超えて、わたしたちの判断や選択に影響を及ぼしている。一部の目立つ特徴（たとえば身なりや学歴、容姿など）が全体の評価を左右するハロー効果のようなバイアスも、遺伝子の指示によるものだ。ダニエル・カーネマンがその著書、『ファスト&スロー』〔邦訳・早川書房〕で主張したように、わたしたちはこうしたバイアスに気づき、思考プロセスを調整すれば、意思決定のあり方を大いに改善することができるはずだ。意識を持つ個人として潜在能力のすべてを用いるには、意思決定理論において検討されたバイアスだけでなく、遺伝子社会で一〇〇万年かけて進化してきたすべてのバイアスを認識する必要がある。たとえば、毒性の匂いを嫌うというような、遺伝子によるバイアスとうまく協調できる領域もあるが、人種差別に反対するときのように、遺伝子によるバイアスに意識的に歯向かうべきときもあるのだ。

わたしたちは興味深い時代に生きている。数百万年にわたってわたしたちの祖先は遺伝子社会とうまくやってきた。地球に棲む他のすべての生物は、今もそうしているようだ。だが、わたしたちは、そうした伝統の一部を超えようとし始めた。保護に値すると思う対象を、家庭から村、国家、人類すべて、さらには動物すべてへとゆっくり拡大することによって。

古い賛美歌をもじれば、ここまでわたしたちを導いたのは遺伝子社会だが、帰路でわたしたちを導くのは、人間性なのだ。

謝辞

ずいぶん前のことだが、イスラエルのレホヴォトにあるワイツマン科学研究所のドロン・ランセット教授が、同校で講座を担当すれば、本を著す助けになるだろう、と提案してくれた。その時、わたしたちは他の仕事を抱えていたが、一〇年後、二つの大学で教えることになった。その二つとは、イスラエルのハイファにあるイスラエル工科大学と、ドイツのデュッセルドルフにあるハインリッヒ・ハイネ大学で、コースの内容は生物学、コンピュータ科学、人類学だった。熱心に授業を聴き、有益なフィードバックをくれた学生たちに感謝している。

本書の出版という冒険の間、初めて本を書くわたしたちを忍耐強く導いてくれた素晴らしい代理人、マックス・ブロックマンに感謝する。

遺伝子とその相互作用についてわたしたちが知っていることの多くは、研究仲間と数年にわたって交わした有意義な議論に由来する。特に、ピア・ボーク、アントワーヌ・ダンシャン、チャールズ・デリシ、ブライアン・ホール、タマル・ハシムショニー、クレイグ・ハンター、ローレンス・ハースト、マルク・キルシュナー、ロイ・キショニー、ユージン・クーニン、ドロン・ランセット、エリック・ランダー、マイケル・レヴィット、ビル・マーティン、ロン・ミロ、クサバ・パル、バラース・パプ、レオン・ペシュキン、イツァク・ピルペル、ベンジャミン・ポドビレウィッツ、アビブ・レゲブ、ダニエル・セグレ、チーピン・ウェンたちに感謝したい。

本書の初期版を読み、評してくれたガル・アビタル、ミハル・ギロン゠ヤナイ、ヴラド・グリシュケビッチ、クラウス・ハートマン、グリュン・キッセンマン、ニナ・ニプラス、クラウディア・ラーソン、ヴェロニカ・マウリーノ、アッシャー・モシエ、アビタル・ポルスキー、ジョセフ・ライアン、アントニオ・ロドリゲス、レオナ・サムソン、アレックス・シャレク、オリ・スピーゲルマン、フロリアン・ワグナー、アキム・ワンバッハ、パメラ・ワイントラウブ、モシェ・ヤナイ、レイチェル・ヤナイ、そして『遺伝子の社会』をさらによいものにする方法を指摘してくれた他のたくさんの友人や学生に感謝する。

執筆に専念できる最も静かで美しい場所を、ペネドの丘で提供してくれたベッティーナ、クラウス、ブルーノ・ハートマンに感謝する。また、編集段階ですばらしい環境を提供してくれたハーバード大学ラドクリフ高等研究所に感謝する。

スティーブン・リーは本書にすばらしいイラストを描いてくれた。わたしたちの度重なる変更の依頼に、彼は、驚異的な忍耐強さをもって応じてくれた。また、何枚か、イラストの下書きを描いてくれたタマル・ハシムショニーに感謝する。

スーザン・ジーン・ミラーは最終的な編集の段階で、立派な仕事をしてくれた。また、ハーバード大学出版の編集者、トーマス・ラビヤン、マイケル・フィッシャー、ローレン・エズデイルの支援に感謝する。

そして何より、最初から最後まで揺るぎなく支援してくれた、愛する家族に感謝している。

訳者あとがき

本書は二人の生物学者、イタイ・ヤナイとマルティン・レルヒャーの共著です。ヤナイはニューヨーク大学医学部教授、レルヒャーはデュッセルドルフのハインリッヒ・ハイネ大学のバイオインフォマティクス教授です。二〇年ほど前、二人はそれぞれリチャード・ドーキンスの傑作『利己的な遺伝子』に触発されて、進化生物学の道を歩み始めます。「生物とは遺伝子と呼ばれる利己的な分子を保存するべく盲目的にプログラムされたロボット機械だ」というドーキンスの見方に彼らは衝撃を受けました。

みなさまもご存知の通り、その後、遺伝子の研究は画期的な前進をとげ、今も革新がつづいています。その最前線にいる著者らは、「ゲノム革命が起きた後も、『利己的な遺伝子』は依然として、本質的に正しいままだ」としながら、「遺伝子の複雑な相互作用、競争と協力を理解するには、より包括的な視点が必要とされるようになった」と述べます。その視点となるのが、本書のタイトルにしてテーマであるTHE SOCIETY OF GENES ——「遺伝子の社会」です。

遺伝子の社会には、所属する生物によって仕事を変える器用で勤勉な労働者もいれば、何の働きもせず、数ばかり増やす居候もいます。本書では以下のような多彩なテーマにそって、遺伝子の社会の実像と、そのダイナミックな進化のしくみを解き明かしていきます――がん、免疫システム、有性生殖（セックス）、人種の違いと差別、遺伝子の相互作用、遺伝子の社会の分断とそれがもたらす進化、遺伝子のマネジャーと労働者、新たな遺伝子の誕生、種と種の融合、ただ乗りする遺伝子。

また、遺伝子の社会は常に変化しつづけています。人間の場合、一文字が変異したアレル（対立遺伝子）が、そうでないアレルを凌駕して七〇億人という全人類に広がる確率は一四〇億分の一。それでも、著者らの計算によると、地球規模の遺伝子の社会では、一世代ごとに三〇個の新たなアレルが先代のアレルにとってかわっているそうです。進化を生物単位ではなく、遺伝子単位で見る。すなわち自然選択を生物に作用するものとしてではなく、将来の世代のゲノムにおける優位をめぐって互いと激しく競い合う遺伝子に作用するものとして捉える――「遺伝子の社会」という新たな視点は、生物世界の実像をかつてない角度から見ることを可能にします。

「利己的な遺伝子という概念は二〇〇〇年代までわたしたちを先導した。この先はその概念を拡大し、『遺伝子の社会』を考えることで、もっと容易に進んでいくことができるだろう」と著者。SOCIETY OF GENES を「遺伝子の社会」と訳しましたが、訳し終えた今、この SOCIETY という言葉に、「社会」というだけでは表現しきれない、強いエネルギーと躍動を感じています。

ＮＴＴ出版の柴俊一氏には、意義深い本書をご紹介いただき、刊行にいたるまできめ細やかなご指導をいただきました。この場をお借りして心より感謝申し上げます。

野中香方子

Nature Education 3, 58.

Timmis, J. N., M. A. Ayliffe, C. Y. Huang, and W. Martin. 2004. Endosymbiotic gene transfer: Organelle genomes forge eukaryotic chromosomes.（内部共生的な遺伝子の導入：真核生物の染色体を築くオルガネラのゲノム）*Nature Reviews Genetics* 5, 123-135.

van der Giezen, M., and J. Tovar. 2005. Degenerate mitochondria.（ミトコンドリアの退化）*EMBO reports* 6, 525-530.

Woese, C. R., and G. E. Fox. 1977. Phylogenetic structure of the prokaryotic domain: The primary kingdoms.（原核生物ドメインの系統構成：プライマリ王国）*Proceedings of the National Academy of Sciences of the USA* 74, 5088-5090.

第10章　フリーローダーとの勝ち目のない戦い

Doolittle, W. F., and C. Sapienza. 1980. Selfish genes, the phenotype paradigm and genome evolution.（利己的な遺伝子，表現型のパラダイムとゲノムの進化）*Nature* 284, 601-603.

Gould, S. J., and R. C. Lewontin. 1979. The spandrels of San Marco and the Panglossian paradigm: A critique of the adaptationist programme.（サンマルコ寺院のスパンドレルと，楽観主義者のパラダイム：適応主義者のプログラムへの批判）*Proceedings of the Royal Society of London* B 205, 581-598.

Gould, S. J., and E. S. Vrba. 1982. Exaptation; a missing term in the science of form.（外適応：形態の科学に欠けている言葉）*Paleobiology* 8, 4-15.

Gregory, T. R. 2005. *The evolution of the genome*. Burlington, MA: Elsevier Academic.

Kovalskaya, N., and R. W. Hammond. 2014. Molecular biology of viroid-host interactions and disease control strategies.（ウイロイドとホストの相互作用と疾病制御戦略にまつわる分子生物学）*Plant Science* 228, 48-60.

Martin, W. F., J. Baross, D. Kelley, and M. J. Russel. 2008. Hydrothermal vents and the origin of life.（熱水噴出孔と生命の起源）*Nature Reviews: Microbiology* 6, 805-814.

Martin, W. F., F. L. Sousa, and N. Lane. 2014. Energy at life's origin.（生命の起源のエネルギー）*Science* 344, 1092-1093.

Orgel, L. E., and F. H. C. Crick. 1980. Selfish DNA—the ultimate parasite.（利己的なDNA：究極の寄生）*Nature* 284, 604-607.

Wochner, A., J. Attwater, A. Coulson, and P. Holliger. 2011. Ribozyme-catalyzed transcription of an active ribozyme.（リボザイムの活性化によるリボザイムを触媒とする転写）*Science* 332, 209-212.

エピローグ

Delbrück, M. 1949. A physicist looks at biology.（生物学に注目した物理学者）*Transactions of The Connecticut Academy of Arts and Sciences* 38, 173-190.

subgenome.（人間の嗅覚の完全なサブゲノム）*Genome Research* 11, 685-702.

Kirschner, M., and J. Gerhart. 2005. *The plausibility of life: Resolving Darwin's dilemma*. New Haven, CT: Yale University Press. マーク・W・カーシュナー，ジョン・C・ゲルハルト『ダーウィンのジレンマを解く――新規性の進化発生理論』赤坂甲治監訳，滋賀陽子訳，みすず書房，2008年.

Knight, R. and B. Buhler. 2015. *Follow your gut: The enormous impact of tiny microbes*. New York: Simon & Schuster.

Ohno, S. 1970. *Evolution by gene duplication*. Berlin: Springer-Verlag.

Pal, C., B. Papp, and M. J. Lercher. 2005. Adaptive evolution of bacterial metabolic networks by horizontal gene transfer.（遺伝子の水平伝播による，細菌の代謝ネットワークの適応的進化）*Nature Genetics* 37, 1372-1375.

Popa, O., E. Hazkani-Covo, G. Landan, W. Martin, and T. Dagan. 2011. Directed networks reveal genomic barriers and DNA repair bypasses to lateral gene transfer among prokaryotes.（有向ネットワークはゲノムの障壁を明らかにし，原核生物では遺伝子の水平伝播によってDNAが修復され得る）*Genome Research* 21, 599-609.

Quignon, P., M. Giraud, M. Rimbault, P. Lavigne, S. Tacher, E. Morin, E. Retout, A. S. Valin, K. Lindblad-Toh, J. Nicolas, et al. 2005. The dog and rat olfactory receptor repertoires.（イヌとラットの嗅覚受容体レパートリ）*Genome biology* 6, R83.

Schechter, A. N. 2008. Hemoglobin research and the origins of molecular medicine.（ヘモグロビン研究と分子医学の起源）*Blood* 112, 3927-3938.

第9章　物陰の知られざる生命

Bodeman, J. 2003年6月11日放送のラジオ番組「ディス・アメリカン・ライフ」"20 Act in 60 Minutes" でのインタビュー．Act fifteen. Mister Prediction.

Ciccarelli, F. D.,T. Doerks, C. von Mering, C. J. Creevey, B. Snel, and P. Bork. 2006. Toward automatic reconstruction of a highly resolved tree of life.（高解析の生命の樹形図の自動再構築に向けて）*Science* 311, 1283-1287.

Koonin, E. V. 2012. *The logic of chance: The nature and origin of biological evolution*. Upper Saddle River, NJ: Pearson Education.

Koonin, E. V., and M. Y. Galperin. 2003. *Sequence-evolution-function: Computational approaches in comparative genomics*. Boston: Kluwer Academic.

Lane, N., and W. Martin. 2010. The energetics of genome complexity.（ゲノム複雑性のエネルギー論）*Nature* 467, 929-934.

Margulis, L., and D. Sagan. 2002. *Acquiring genomes: A theory of the origins of species*. New York: Basic Books.

Martin, W., and E. V. Koonin. 2006. Introns and the origin of nucleus-cytosol compartmentalization.（イントロンと核－細胞質ゾル区画の起源）*Nature* 440, 41-45.

Martin, W., and M. Mentel. 2010. The origin of mitochondria.（ミトコンドリアの起源）

Caenorhabditis elegans by Drosophila Hox proteins.（ショウジョウバエのHoxタンパク質を用いて特定した線虫（カエノラブディティス・エレガンス）のanteroposterior細胞の運命）*Nature* 377, 229-232.

King, M. C., and A. C. Wilson. 1975. Evolution at two levels in humans and chimpanzees.（人類とチンパンジーにおける二段階の進化）*Science* 188, 107-116.

McLean, C. Y., P. L. Reno, A. A. Pollen, A. I. Bassan, T. D. Capellini, C. Guenther, V. B. Indjeian, X. Lim, D. B. Menke, B. T. Schaar, et al. 2011. Human-specific loss of regulatory DNA and the evolution of human-specific traits.（人類に特有の調節DNAの喪失と，人類に特有の特徴の進化）*Nature* 471, 216-219.

Milo, R., S. Itzkovitz, N. Kashtan, R. Levitt, S. Shen-Orr, I. Ayzenshtat, M. Sheffer, and U. Alon. 2004. Superfamilies of evolved and designed networks.（進化し設計されたネットワークのスーパーファミリー）*Science* 303, 1538-1542.

Molina, N., and E. van Nimwegen. 2009. Scaling laws in functional genome content across prokaryotic clades and lifestyles.（原核生物のクレードとライフスタイル全般に見られる機能的ゲノムのスケール法則）*Trends in genetics* 25, 243-247.

Ptashne, M. 2004. *A genetic switch: Phage Lambda revisited.* Cold Spring Harbor. NY: Cold Spring Harbor Laboratory Press. Mark Ptashne『遺伝子スイッチ——遺伝子制御とファージλ絵とき』住和久・瀬川規訳，オーム社，1989年（原書初版は1986年，改訂版は2004年）.

Shen-Orr, S. S., R. Milo, S. Mangan, and U. Alon. 2002. Network motifs in the transcriptional regulation network of Escherichia coli.（大腸菌の転写調整ネットワークに見られるネットワークモチーフ）*Nature Genetics* 31, 64-68.

Somel, M., X. Liu, and P. Khaitovich. 2013. Human brain evolution: Transcripts, metabolites and their regulators.（人間の脳の進化．転写，代謝，調節）*Nature reviews Neuroscience* 14, 112-127.

第8章　窃盗、模倣、イノベーションの根

Brändén, C.-I., and J. Tooze. 2009. *Introduction to protein structure.* New York: Garland Science. Carl Branden, John Tooze『タンパク質の構造入門』勝部幸輝ほか訳，ニュートンプレス，2000年（2nd ed. からの訳，原書初版は1991年）.

Carroll, S. B. 2006. *The making of the fittest: DNA and the ultimate forensic record of evolution.* New York: W. W. Norton.

Deschamps, J. 2008. Tailored Hox gene transcription and the making of the thumb.（人為的なHox遺伝子の転写と親指の成長）*Genes & Development* 22, 293-296.

Gilad, Y., O. Man, S. Paabo, and D. Lancet. 2003. Human specific loss of olfactory receptor genes.（人に特有の嗅覚受容体遺伝子の喪失）*Proceedings of the National Academy of Sciences of the USA* 100, 3324-3327.

Glusman, G., I. Yanai, I. Rubin, and D. Lancet. 2001. The complete human olfactory

Mikkelsen,T. S., L. W. Hillier, E. E. Eichler, M. C. Zody, D. B. Jaffe, S. P. Yang, W. Enard, I. Hellmann, K. Lindblad-Toh, T. K. Altheide, et al. 2005. Initial sequence of the chimpanzee genome and comparison with the human genome.（初めて解読されたチンパンジーのゲノム配列，及びヒトゲノムとの比較）*Nature* 437, 69-87.

Pääbo, S. 2015. *Neanderthal man: In search of lost genomes*. New York: Basic Books. スヴァンテ・ペーボ『ネアンデルタール人は私たちと交配した』野中香方子訳，文藝春秋，2015年.

Patterson, N., D. J. Richter, S. Gnerre, E. S. Lander, and D. Reich. 2006. Genetic evidence for complex speciation of humans and chimpanzees.（人類とチンパンジーの複雑な種文化の遺伝子レベルでの証拠）*Nature* 441, 1103-1108.

Reich, D., R. E. Green, M. Kircher, J. Krause, N. Patterson, E. Y. Durand, B. Viola, A. W. Briggs, U. Stenzel, P. L. Johnson, et al. 2010. Genetic history of an archaic hominin group from Denisova Cave in Siberia.（シベリアのデニソワ洞窟で発見された古代のホミニンの遺伝子レベルの歴史）*Nature* 468, 1053-1060.

Specter, M. 2012. Germs are us.（細菌はわたしたちと同じだ）*The New Yorker*, October 22.

第7章　要は、どう使うかだ。

Bateson, W. 1894. *Materials for the study of variation treated with especial regard to discontinuity in the origin of species*. New York: Macmillan.

Benko, S., C. T. Gordon, D. Mallet, R. Sreenivasan, C. Thauvin-Robinet, A. Brendehaug, S. Thomas, O. Bruland, M. Davisd, M. Nicolino, et al. 2011. Disruption of a long distance regulatory region upstream of sox9 in isolated disorders of sex development.（SOX9遺伝子上流の遠くにある調節領域を破壊すると性転換が起きる）*Journal of Medical Genetics* 48, 825-830.

Carroll, S. B. 2005. Evolution at two levels: On genes and form.（進化は遺伝子と形状の二段階で起きる）*PLoS Biology* 3, 1159-116.

Enard, W., P. Khaitovich, J. Klose, S. Zollner, F. Heissig, P. Giavalisco, K. Nieselt-Struwe, E. Muchmore, A. Varki, R. Ravid, et al. 2002. Intra-and interspecific variation in primate gene expression patterns.（霊長類の遺伝子の発現パターンに見られる種内，種間のバリエーション）*Science* 296, 340-343.

Gerhart, J., and M. Kirschner. 1997. *Cell, embryos, and evolution: Toward a cellular and developmental understanding of phenotypic variation and evolutionary adaptability*. Malden, MA: Blackwell Science.

Haesler, S., K. Wada, A. Nshdejan, E. E. Morrisey, T. Lints, E. D. Jarvis, and C. Scharff. 2004. FoxP2 expression in avian vocal learners and non-learners.（歌を習うトリと習わないトリのFoxP2遺伝子発現）*The Journal of Neuroscience* 24, 3164-3175.

Hunter, C. P., and C. Kenyon, 1995. Specification of anteroposterior cell fates in

656-662.

Trinh, J., and M. Farrer. 2013. Advances in the genetics of Parkinson disease.（パーキンソン病の遺伝学の進歩）*Nature Reviews Neurology* 9, 445-454.

Visscher, P. M., M. A. Brown, M. I. McCarthy, and J. Yang. 2012. Five years of GWAS discovery.（GWAS発見の5年間）*America Journal of Human Genetics* 90, 7-24.

Weinreich, D. M., N. F. Delaney, M. A. DePristo, and D. L. Hartl. 2006. Darwinian evolution can follow only very few mutational paths to fitter proteins.（ダーウィン流進化は，より適応的なタンパク質へ向かうわずかな変異においてのみ起きる）*Science* 312, 111-114.

Yanai, I., C. DeLisi. 2002. The society of genes: Networks of functional links between genes from comparative genomics.（遺伝子の社会：比較ゲノム解析が明かす遺伝子間の機能的ネットワーク）*Genome Biology* 3, reseach0064.

Zimmer, C. 2008. *Microcosm:* E. coli *and the new science of life*. New York: Pantheon Books. ジンマー『大腸菌』（前出）

第6章　チューマン・ショー

Abi-Rached, L., M. J. Jobin, S. Kulkarni, A. McWhinnie, K. Dalva, L. Gragert, F. Babrzadeh, B. Gharizadeh, M. Luo, F. A. Plummer, et al. 2011. The shaping of modern human immune systems by multiregional admixture with archaic humans.（現生人類の免疫システムは，多地域に暮らす古代人類の混血によって形成された）*Science* 334, 89-94.

Barton, N. H., D. E. G. Briggs, J. A. Eisen, D. B. Goldstein, and N. H. Patel. 2007. *Evolution*. Cold Spring Harbor, NY: Cold Spring Harbor laboratory Press. ニコラス・H・バートンほか『進化――分子・個体・生態系』宮田隆・星山大介監訳，メディカル・サイエンス・インターナショナル，2009年.

de Waal, F. B. M. 2001.*Tree of origin: What prime behavior can tell us about human social evolution*. Cambridge, MA: Harvard University Press.

Ely, L. L., M. Leland, M. Martino,W. Swett, and C. M. Moore. 1998. Technical note: Chromosomal and mtDNA analysis of Oliver.（学術的記録：オリバーの染色体とmtDNAの分析結果）*American Journal of Physical Anthropology* 105, 395-403.

Green, R. E., J. Krause, A. W. Briggs, T. Maricic, U. Stenzel, M. Kircher, W. Patterson, H. Li, W. Zhai, M. H. Fritz, et al. 2010. A draft sequence of the Neandertal genome.（ネアンデルタールのドラフト・ゲノム）*Science* 328, 710-722.

Lalueza-Fox, C., and M. T. Gillbert. 2011. Paleogenomics of archaic hominins.（古代のホミニンに関する古遺伝学）*Current Biology* 21, R1002-1009.

Lynch, M. 2010. Rate, molecular spectrum, and consequences of human mutation.（ヒトの変異に関する近年の分子スペクトルとその結果）*Proceedings of the National Academy of Sciences of the USA* 107, 961-968.

West, S. A., and Gardner. 2010. Altruism, spite, and greenbeards.（利他主義，悪意，緑のひげ）*Science* 327, 1341-1344.

第5章　複雑な社会に暮らす放埒な遺伝子たち

Bencharit, S., C. L. Morton, Y. Xue, P. M. Potter, and M. R. Redinbo. 2003. Structural basis of heroin and cocaine metabolism by a promiscuous human drug-processing enzyme.（人間の薬物を処理する酵素が，無差別さゆえにヘロインやコカインも代謝する仕組み）*Nature Structural Biology* 10, 349-356.

Benko, S., J. A. Fantes, J. Amiel, D. J. Kleinjan, S. Thomas, J. Ramsay, N. Jamshidi, A. Essafi, S. Heaney, C. T. Gordon, et al. 2009. Highly conserved non-coding elements on either side of SOX9 associated with Pierre Robin sequence.（ピエール・ロバン症候群に関連するSOX9 遺伝子の前後のノンコーディング領域は高頻度で保存される）*Nature Genetics* 41, 359-364.

Collins, F. S. 2010. *The language of life: DNA and the revolution in personalizsd medicine*. New York: Harper. フランシス・S・コリンズ『遺伝子医療革命――ゲノム科学がわたしたちを変える』矢野真千子訳，NHK出版，2011年.

Danchin, A. 2002. *The Delphic boat: What genomes tell us*. Cambridge, MA: Harvard University Press.

Franke, A., D. P. McGovern, J. C. Barrett, K. Wang, G. L. Radford-Smith, T. Ahmad, C. W. Lees, T. Balschun, J. Lee, R. Roberts, et al. 2010. Genome-wide meta-analysis increases to 71 the number of confirmed Crohn's disease susceptibility loci.（ゲノムワイドのメタ分析により，71のクローン病感受性遺伝子座が特定された）*Nature Genetics* 42, 1118-1125.

Ginsburg, G. S., and H. F. Willard. 2013. *Gennomic and personalized medicine*. Waltham, MA: Academic Press.

Orel, V. 1984. *Mendel*. New York: Oxford University Press.

Orth, J. D., T. M. Conrad, J. Na, J. A. Lerman, H. Nam, A. M. Feist, and B. O. Palsson. 2011. A comprehensive genome-scale reconstruction of Escherichia coli metabolism-2011.（大腸菌代謝の包括的なゲノムスケールでの再構築）2011. *Molecular Systems Biology* 7, 535.

Rees, J. L., and R. M. Harding. 2012. Understanding the evolution of human pigmentation: Recent contributions from population genetics.（人間の色素形成の進化．集団遺伝学により最近わかったこと）*Journal of Investigative Dermatology* 132, 846-853.

Szappanos, B., K. Kovacs, B. Szamecz, F. Honti, M. Costanzo, A. Baryshnikova, G. Gelius-Dietrich, M. J. Lercher, M. Jelasity, C. L. Myers, et al. 2011. An integrated approach to characterize genetic interaction networks in yeast metabolism.（酵母菌の代謝における遺伝的相互作用ネットワークを特徴づける統合的アプローチ）*Nature Genetics* 43,

Falush, D., T. Wirth, B. Linz, J. K. Pritchard, M. Stephens, M. Kidd, M. J. Blaser, D. Y. Graham, S. Vacher, G. I. Perez-Peresz, et al. 2003. Traces of human migrations in helicobacter pylori populations.（ピロリ菌の個体群にみる人類の移動の痕跡）*Science* 299, 1582-1585.

Ferreira, A., I. Marguti, I. Bechmann, V. Jeney, A. Chora, N. R. Palha, S. Rebelo, A. Henri, Y. Beuzard, and M. P. Soares. 2011. Sickle hemoglobin confers tolerance to Plasmodium infection.（鎌状赤血球症はマラリアへの耐性をもたらす）*Cell* 145, 398-409.

Freedman, B. I., and T. C. Register. 2012. Effect of race and genetics on vitamin D metabolism, bone and vascular health.（人種と遺伝的構造がビタミンD代謝，骨，血管の健康状態にもたらす影響）*Nature Reviews Nephrology* 8, 459-466.

Graur, D., and W. H. Li. 2000. *Fundamentals of molecular evolution. Sunderland.* MA: Sinauer Associates. Wen-Hsiung Li, Dan Graur『分子の進化——遺伝子レベルでみる生物の進化』館野義男・山崎由紀子訳，広川書店，1994年（原書初版は1991年）

Hancock, A. M., D. B. Witonsky, G. Alkorta-Aranburu, C. M. Breall, A. Gebremedhin, R. Sukernik, G. Utermann, J. K. Pritchard, G. Coop, and A. Di Rienzo. 2011. Adaptations to climate-mediated selective pressures in humans.（気候変動による選択圧への人類の進化的適応）*PLoS Genetics* 7, e1001375.

Jablonski, N. G. 2012. Human skin pigmentation as an example of adaptive evolution.（進化的適応の一例としての人類の肌の色）*Proceedings of the American Philosophical Society* 156, 45-57.

——. 2012b. *Living color: The biological and social meaning of skin color.* Berkeley: University of California Press.

Lander, E. S. 2011. Initial impact of the sequencing of the human genome.（ヒトゲノム解読の初期の影響）*Nature* 470, 187-197.

Levy, S., G. Sutton, P. C. Ng, L. Feuk, A. L. Halpern, B. P. Walenz, N. Axelrod, J. Huang, E. F. Kirkness, G. Denisov, et al. 2007. The diploid genome sequence of an individual human.（ある個人の二倍体ゲノム配列）*PLoS Biology* 5, e254.

Monod, J. 1971. *Chance and necessity: An essay on the natural philosophy of modern biology.* 1st American ed. New York: Knopf. ジャック・モノー『偶然と必然——現代生物学の思想的な問いかけ』渡辺格・村上光彦訳，みすず書房，1972年（原書仏版はJacques Monod, *Le Hasard et la Nécessité. Essai sur la philosophie naturelle de la biologie moderne,* éditions du Seuil, 1970）.

Weber, N., S. P. Carter, S. R. Dall, R. J. Delahay, J. L. McDonald, S. Bearhop, and R. A. McDonald. 2013. Badger social networks correlate with tuberculosis infection.（結核感染によるアナグマの社会ネットワークの変化）*Current biology* CB 23, R915-916.

Wells, S. 2002. *The journey of man: A genetic odyssey.* New York: Random House. スペンサー・ウェルズ『アダムの旅——Y染色体がたどった大いなる旅路』和泉裕子訳，バジリコ，2007年.

Haber, J. E. 2013. *Genome Stability: DNA repair and recombination*. New York: Garland Science.

Holman, L., and H. Kokko. 2014. The evolution of genomic imprinting: Costs, benefits and long-term consequences.（ゲノムインプリンティングの進化：コスト，利益，長期的結果）*Biological Reviews* 89, 568-587.

Kuroiwa, A., S. Handa, C. Nishiyama, E. Chiba, F. Yamada, S. Abe, and Y. Matsuda. 2011. Additional copies of CBX2 in the genomes of males of mammals lacking SRY, the Amami spiny rat (Tokudaia osimensis) and the Tokunoshima spiny rat (Tokudaia tokunoshimensis).（SRYのない哺乳類Amami spiny rat（*Tokudaia osimensis*）とTokunoshima spiny rat（*Tokudaia tokunoshimensis*）のオスのゲノムに見られるCBX2の過剰なコピー）*Chromosome Research* 19, 635-644.

Murdoch, J. L., B. A. Walker, and V. A. McKusick. 1972. Parental age effects on the occurrence of new mutations for the Marfan syndrome.（マルファン症候群を導く変異の発生に影響する親の年齢）*Annals of human genetics* 35, 331-336.

Ridley, M. 2003. *Nature via nurture: Genes, experience, and what makes us human*. New York: HarperCollins. マット・リドレー『やわらかな遺伝子』中村桂子・斉藤隆央訳，紀伊國屋書店，2004年.

——. 2011. *Genome: The autobiography of a species in 23 chapters*. New York: MJF Books.

Stearns, S. C. 2009. Principles of evolution, ecology and behavior. <http://oyc.yale.edu/ecology-and-evolutionary-biology/eeb-122>.

United Nations Population Fund. 2011. *Report of the international workshop on skewed sex ratios at birth: Addressing the issue and the way forward*. New York: UNFPA.

Zimmer, C. 2008. *Microcosm:* E. Coli *and the new science of life*. New York: Pantheon Books. カール・ジンマー『大腸菌——進化のカギを握るミクロな生命体』矢野真千子訳，日本放送出版協会（NHK出版），2009年.

第4章　クリントン・パラドックス

Bhattacharya, T., J. Stanton, E. Y. Kim, K. J. Kunstman, J. P. Phair, L. P. Jacobson, and S. M. Wolinsky. 2009. CCL3L1 and HIV/AIDS susceptibility.（CCL3L1とHIV/AIDS感受性）*Nature Medicine* 15, 1112-1115.

Bollongino, R., J. Burger, A. Powell, M. Mashkour, J. D. Vigne, and M. G. Thomas. 2012. Modern taurine cattle descended from small number of near-eastern founders.（現代の畜牛は近東にいた少数の牛の子孫である）*Molecular Biology and Evolution* 29, 2101-2104.

Burger, J., M. Kirchner, B. Bramanti, W. Haak, and M. G. Thomas. 2007. Absence of the lactase-persistence-associated allele in early Neolithic Europeans.（新石器時代のヨーロッパ人には乳糖不耐性をもたらす対立遺伝子がなかった）*Proceedings of the National Academy of Sciences of the United States of America* 104, 3736-3741.

London: Arrow. ベン・メズリック『ラス・ヴェガスをブッつぶせ!』真崎義博訳，アスペクト，2003年（原書初版は2003年）.

Rechavi, O., L. Houri-Ze'evi, S. Anava, W. S. Goh, S. Y. Kerk, G. J. Hannon, and O. Hobert. 2014. Starvation-induced transgenerational inheritance of small RNAs in C. elegans.（飢餓が招いた線虫の小さなRNAの遺伝）*Cell* 158, 277-287.

Sander, J. D., and J. K. Joung. 2014. CRISPR-CAS systems for editing, regulating and targeting genomes.（ゲノムの編集，調整，ターゲティングのためのCRISPR-CASシステム）*Nature Biotechnology* 32, 347-355.

Sorek, R., V. Kunin, and P. Hugenholtz. 2008. CRISPR-A widespread system that provides acquired resistance against phages in bacteria and archaea.（CRISPR：細菌と古細菌にファージへの抵抗性を獲得させる，広く普及したシステム）*Nature reviews Microbiology* 6, 181-186.

Stern, A., L. Keren, O. Wurtzel, G. Amitai, and R. Sorek. 2010. Self-targeting by CRISPR: Gene regulation or autoimmunity?（CRISPRによる自己標的：遺伝子の調整か自己免疫か？）*Trends in Genetics* 26, 335-340.

World Health Organization（WHO）. *Bresatfeeding*. 2015. <http://www.who.int/topics/breastfeeding/>.

第3章　セックスの目的は何か?

Baym. M., T. Lieberman, E. Kelsic, R. Chait, and R. Kishony. 2015. 細菌の進化の実験は以上のハーバード大学医学大学院の科学者によって行われた.

Burt, A., and R. Trivers. 2006. *Genes in conflict: The biology of selfish genetic elements*. Cambridge, MA: Belknap Press of Harvard University Press. Austin Burt, Robert Trivers『せめぎ合う遺伝子——利己的な遺伝因子の生物学』藤原晴彦監訳，遠藤圭子訳，共立出版，2010年.

Dawkins, R. 1976. *The selfish gene*. Oxford: Oxford University Press. リチャード・ドーキンス『利己的な遺伝子』日高敏隆・岸由二・羽田節子・垂水雄二訳，紀伊國屋書店，2006年ほか.

Diamond, J. M. 1997. *Why is sex fun? The evolution of human sexuality*. New York: Harper Collins. ジャレド・ダイアモンド『人間の性はなぜ奇妙に進化したのか』長谷川寿一訳，草思社，2013年（1999年刊の改題）.

Ellegren, H. 2011. Sex-chromosome evolution: Recent progress and the influence of male and female heterogamety.（性染色体の進化：その最近の進化と，雌雄異型配偶子性の影響）*Nature reviews Genetics* 12, 157-166.

Flot, J. F., B. Hespeels, X. Li, B. Noel, I. Arkhipova, E. G. J. Danchin, A. Heinol, B. Henrissat, R. Koszul, J. M. Aury, et al. 2013. Genomic evidence for ameiotic evolution in the bdelloid rotifer Adineta vaga.（ヒルガタワムシ（*Adineta vaga*）の遺伝子に残る非減数分裂進化の証拠）*Nature* 500, 453-457.

——. 2007. *The biology of cancer*. New York: Garland Science. ロバート・ワインバーグ『がんの生物学』武藤誠・青木正博訳，南江堂，2008年.

Wolchok, J. D. 2014. New drugs free the immune system to fight cancer.（がんとの闘いで免疫システムに負けない新薬）*Scientific American* 310, no. 5. <http://www.scientificamerican.com/article/new-drug-free-the-immune-system-to-fight-cancer/>.

第2章　敵はあなたをどう見ているか

Barrangou, R., C. Fremaux, H. Deveau, M. Richards, P. Boyaval, S. Moineau, D. A. Romero, and P. Horvath. 2007. CRISPR provides acquired resistance against viruses in prokaryotes.（CRISPRは原核生物にウイルスへの耐性を持たせる）*Science* 315, 1709-1712.

Bartick, M., and A. Reinhold. 2010. The burden of suboptimal breastfeeding in the United States: A pediatric cost analysis.（米国における母乳育児の減少がもたらすコスト：小児医療のコスト分析）*Pediatrics* 125, e1048-1056.

Freeland, S. J., R. D. Knight, L. F. Landweber, and L. D. Hurst. 2000. Early fixation of an optimal genetic code.（最適な遺伝コードの初期定着）*Molecular biology and evolution* 17, 511-518.

Goldsby, R. A., T. K. Kindt, B. A. Osborne, and J. Kuby. 2003. *Immunobiology*. 5th ed. New York: W. H. Freeman and Company.

Iranzo, J., A. E. Lobkovsky, Y. I. Wolf, and E. V. Koonin. 2013. Evolutionary dynamics of the prokaryotic adaptive immunity system CRISPR-Cas in an explicit ecological context.（明確な生態学的コンテクストにおける原核生物の免疫防御システムCRISPR-CASの進化的力学）*Journal of Bacteriology* 195, 3834-3844.

Janeway, C. A., P. Travers, M. Walport, and M. Shlomchik. 2001. *Immunobiology*. 6th ed. New York: Garland Publishing. Charles A. Janeway, Jr.ほか『免疫生物学——免疫系の正常と病理』笹月健彦監訳，南江堂，2003年（5th ed. からの訳）.

Jones, S. 2000. *Darwin's ghost: The origin of species updated*. New York: Random House.

Judson, H. F. 1996. *The eighth day of creation: Makers of the revolution in biology*. Plainview, NY: CSHL Press. H・F・ジャドソン『分子生物学の夜明け——生命の秘密に挑んだ人たち』野田春彦訳，東京化学同人，1982年（原書初版は1979年）.

Levy, A., M. G. Goren, I. Yosef, O. Auster, M. Manor, G. Amitai, R. Edgar, U. Qimron, and R. Sorek. 2015. CRISPR adaptation biases explain preference for acquisition of foreign DNA.（CRISPR適応のバイアスが外来DNA獲得における好みを説明する）*Nature* 520, 505-510.

Makarova, K. S., Y. I. Wolf, and E. V. Koonin. 2013. Comparative genomics of defense systems in archaea and bacteria.（古細菌とバクテリアの防御システムの競争的ゲノム）*Nucleic Acids Research* 41, 4360-4377.

Mezrich, B. 2004. *Bringing down the house: How six students took Vegas for Millions*.

第1章　八つの簡単なステップを経て進化するがん

Buffenstein, R. 2008. Negligible senescence in the longest living rodent, the naked mole-rat: Insights from a successfully aging species.（最も長命なネズミ，ハダカデバネズミの緩慢な老化．上手に年をとる種から得られる洞察）*Journal of Comparative Physiology B* 178, 439-445.

Coyne, J. A. 2009. *Why evolution is true*. New York: Viking. ジェリー・A・コイン『進化のなぜを解明する』塩原通緒訳，日経BP社，2010年.

Darwin, C. 1897. *The origin of species by means of natural selection, or the preservation of favoured races in the struggle for life*. London: J. Murray. ダーウィン『種の起原』八杉龍一訳，岩波文庫，1973年ほか.

Dawkins, R. 1996. *The blind watchmaker: Why the evidence of evolution reveals a universe without design*. New York: Norton. リチャード・ドーキンス『盲目の時計職人——自然淘汰は偶然か?』日高敏隆監修，中嶋康裕ほか訳，早川書房，2004年.

Dennett, D. C. 1995. *Darwin's dangerous idea: Evolution and the meanings of life*. New York: Simon & Schster. ダニエル・C・デネット『ダーウィンの危険な思想——生命の意味と進化』山口泰司監訳，石川幹人ほか訳，青土社，2000年.

Hanahan, D., and R. A. Weinberg. 2011. Hallmarks of cancer: The next generation.（がんのホールマーク，次の世代）*Cell* 144, 646-674.

Krebs, J. E., B. Lewin, S. T. Kilpatrick, and E. S. Goldstein. 2014. *Lewin's Genes XI*. Burlington, MA: Jones & Bartlett Learning.

Lander, E. S., L. M. Linton, B. Birren, C. Nusbaum, M. C. Zody, J. Baldwin, K. Devon, K. Dewar, M. Doyle, W. Fitz Hugh, et al. 2001. Initial sequencing and analysis of the human genome.（ヒトゲノムの初めての解読と分析）*Nature* 409, 860-921.

Lynch, M. 2007. *The origins of genome architecture*. Sunderland, MA: Sinauer Associates.

Tabin, C. J., S. M. Bradley, C. I. Bargmann, R. A. Weinberg, A. G. Papageorge, E. M. Scolnick, R. Dhar, D. R. Lowy, and E. H. Chang. 1982. Mechanism of activation of a human oncogene.（ヒトのがん細胞が活性化するメカニズム）*Nature* 300, 143-149.

Venter, J. C., M. D. Adams, E. W. Myers, P. W. Li, R. J. Mural, G. G. Sutton, H. O. Smith, M. Yandell, C. A. Evans, R. A. Holt, et al. 2001. The sequence of the human genome.（ヒトゲノムの配列）*Science* 291, 1304-1351.

Watson, J. D. 2008. *Molecular biology of the gene*. San Francisco: Pearson. J・D・ワトソンほか『ワトソン 遺伝子の分子生物学』中村桂子ほか訳，東京電機大学出版局，2010年.

Weinberg, R. A. 1998. *One renegade cell: How cancer begins*. New York: Basic Books. ロバート・ワインバーグ『裏切り者の細胞がんの正体』中村桂子訳，草思社，1999年.

アルファベット、数字

ま

や

ら

わ

イタイ・ヤナイ（Itai Yanai）
ニューヨーク大学医学部教授（生化学・分子薬理学）・計算医学研究所所長。ハーバード大学、ワイツマン科学研究所（イスラエル）、イスラエル工科大学（テクニオン）准教授（生物学）・テクニオンゲノムセンター所長を経て現職。

マルティン・レルヒャー（Martin Lercher）
デュッセルドルフのハインリッヒ・ハイネ大学教授（生物情報学）。ケンブリッジ大学でPhD（理論物理学）取得後、バース大学（イギリス）とハイデルベルクのヨーロッパ生物学研究センターでゲノムを研究。

野中香方子（のなか・きょうこ）
翻訳家。お茶の水女子大学卒業。訳書＝ロバーツ『人類20万年 遥かなる旅路』（文藝春秋）、フランシス『エピジェネティクス 操られる遺伝子』（ダイヤモンド社）、メスーディ『文化進化論』（NTT出版）など。

遺伝子の社会

2016年10月19日　初版第1刷発行

著　者　イタイ・ヤナイ　マルティン・レルヒャー
訳　者　野中香方子

発行者　長谷部敏治

発行所　NTT出版株式会社
〒141-8654 東京都品川区上大崎3-1-1 JR東急目黒ビル
営業担当　TEL 03(5434)1010　FAX 03(5434)1008
編集担当　TEL 03(5434)1001
http://www.nttpub.co.jp/

装　幀　松田行正＋杉本聖士

印刷・製本　株式会社 暁印刷

ISBN 978-4-7571-6069-9　C0045